Springer-Lehrbuch

Konstantin Meskouris · Erwin Hake

Statik der Stabtragwerke

Einführung in die Tragwerkslehre

Zweite Auflage

 Springer

Prof. Dr.-Ing. Konstantin Meskouris
RWTH Aachen
Lehrstuhl für Baustatik und Baudynamik
Mies-van-der-Rohe-Straße 1
52074 Aachen
Deutschland

Dr.-Ing. Erwin Hake
Josef-Ponten-Straße 71
52072 Aachen
Deutschland

ISBN 978-3-540-88992-2   ISBN 978-3-540-88993-9 (eBook)

DOI 10.1007/978-3-540-88993-9

Springer-Lehrbuch ISSN 0937-7433

Bibliografische Information der Deutschen Nationalbibliothek
Die Deutsche Nationalbibliothek verzeichnet diese Publikation in der Deutschen Nationalbibliografie;
detaillierte bibliografische Daten sind im Internet über http://dnb.d-nb.de abrufbar.

Satz und Herstellung: le-tex publishing services oHG, Leipzig
Einbandgestaltung: WMX Design GmbH, Heidelberg

Gedruckt auf säurefreiem Papier

9 8 7 6 5 4 3 2 1

springer.de

Vorwort zur zweiten Auflage

Das vorliegende Buch ist auf die klassische Baustatik ausgerichtet und beschränkt sich auf Verfahren für die Handrechnung. Dies hat sich bei der ersten Auflage bewährt, so dass es nicht angezeigt erschien, in der zweiten Auflage wesentliche Änderungen vorzunehmen, zumal im Jahre 2005 ergänzend das Buch „Baustatik in Beispielen" im Springer-Verlag erschienen ist. Dieses enthält eine größere Anzahl detailliert ausgearbeiteter Zahlenbeispiele aus der Stabstatik, die sowohl mittels Handrechnung als auch anhand der auf einer CD-ROM beigefügten Rechenprogramme untersucht werden. So wurden in diese zweite Auflage nur einige Aktualisierungen im Hinblick auf geänderte Baubestimmungen eingearbeitet und bekannt gewordene Druckfehler beseitigt.

Die Autoren danken dem Springer-Verlag für die gute Zusammenarbeit und die gediegene Ausstattung des Buches. Unser besonderer Dank geht an Frau Ulke für die Umsetzung der Zeichnungen der ersten Auflage in die gewünschte digitale Form.

Aachen, August 2008

Konstantin Meskouris
Erwin Hake

Vorwort zur ersten Auflage

Das vorliegende Lehrbuch ist aus dem Manuskript der Lehrveranstaltungen „Bausta-tik I" an der RWTH Aachen entstanden. Es behandelt die klassische Stabstatik und beschränkt sich dementsprechend auf Verfahren für die Handrechnung sowie auf geometrisch und physikalisch lineare Aufgaben.

Zur Darstellung der statischen Zusammenhänge wird unter Voraussetzung bau-mechanischer Grundkenntnisse jeweils ein möglichst anschaulicher und mathema-tisch einfacher Zugang gewählt. Der gesamte Lehrstoff und sämtliche behandelten Verfahren werden mit meist praxisbezogenen Beispielen belegt, übliche Idealisie-rungen und gebräuchliche Näherungen deutlich hervorgehoben.

Als Folge einer notwendigen Beschränkung des Stoffes fanden nur zwei Metho-den zur Berechnung statisch unbestimmter Tragwerke Berücksichtigung: das Kraft-größenverfahren und das Drehwinkelverfahren.

Das Buch soll im Hinblick auf elektronische Berechnungen zum einen als Grund-lage für die matriziellen Verfahren dienen, die in den Lehrveranstaltungen „Bausta-tik II" ihren Platz haben, und zum anderen das Handwerkszeug für Kontrollen von Computerergebnissen zur Verfügung stellen. Besonderer Wunsch der Verfasser ist, dass der Leser außerdem ein gesundes statisches Gefühl für die Beanspruchungen, die Lastabtragung und den Wirkungsmechanismus von Tragwerken erwirbt.

Die Autoren danken Frau Anke Madej für die druckreife Erstellung des Manu-skripts und dem Verlag für die gediegene Ausstattung des Buches.

<table>
<tr><td>Aachen, Mai 1999</td><td>Konstantin Meskouris</td></tr>
<tr><td></td><td>Erwin Hake</td></tr>
</table>

Inhaltsverzeichnis

Kapitel 1
Einführung in die Statik der Tragwerke

1.1 Vorbemerkungen

1.1.1 Definition und Aufgabe der Baustatik

Die Statik stellt ein Teilgebiet der Mechanik dar. Während die Mechanik allgemein die Bewegungs- und Kraftzustände von Körpern in den verschiedenen Aggregatzuständen beschreibt, beschränkt sich die Statik auf die Untersuchung zeitunabhängiger Kraft- und Verformungszustände (Ruhezustände) von festen Körpern, d. h. auf deren Gleichgewichtszustand. Die Baustatik basiert auf der Statik und entwickelt Verfahren zur Anwendung auf Tragwerke.

Aufgabe der Baustatik ist es, die Kraft- und Verformungszustände von Tragwerken unter dem Gesichtspunkt der Verhältnismäßigkeit der Mittel hinreichend genau zu bestimmen, um wirtschaftliche, standsichere und gebrauchstaugliche Konstruktionen zu erzielen.

Die exakten mechanischen Zusammenhänge im wirklichen Tragwerk sind äußerst kompliziert. Deshalb ist man in der Praxis auf mehr oder weniger genaue Näherungen angewiesen. Zur Bewältigung ihrer Aufgabe arbeitet die Baustatik mit bestimmten Modellvorstellungen. Eine Vielzahl von Idealisierungen überführt das wirkliche Tragwerk und die wirklichen Einwirkungen in das mechanische Modell. Der Ingenieur muss sich dieser Idealisierungen bewusst sein, um die Verwendbarkeit ingenieurwissenschaftlicher Theorien beurteilen zu können. Nach der Entscheidung für ein bestimmtes Tragwerksmodell wird dieses für die zu erwartenden Lasten in ungünstigster Kombination berechnet. Ergebnis dieser Berechnung sind die Schnittgrößen und Verformungen, die als Grundlage für eine Bemessung z. B. im Massivbau, Stahlbau oder Holzbau benötigt werden. Die statische Berechnung liefert also die extremen Beanspruchungen und Verformungen, die im Rahmen der Bemessung den zulässigen, materialabhängigen Werten gegenübergestellt werden. Dabei sind die zulässigen Schnittgrößen mit Sicherheitsbeiwerten belegt, die einen ausreichenden Abstand vom rechnerischen Bruchzustand gewährleisten.

K. Meskouris, E. Hake, *Statik der Stabtragwerke*
© Springer 2009

1.1.2 Tragwerksformen und deren Idealisierung

Alle Tragwerke sind dreidimensionale Strukturen. In der Statik der Tragwerke arbeitet man jedoch meist idealisierend mit ein- oder zweidimensionalen Modellen, weil diese rechnerisch einfacher zu behandeln sind und in aller Regel zu vertretbar genauen Ergebnissen führen.

1.1.2.1 Dreidimensionale Tragelemente: Raumelemente

Wenn wie bei dem in Bild 1.1-1 beispielhaft dargestellten Element die Abmessungen in allen drei Koordinatenrichtungen von gleicher Größenordnung sind, ist keine Reduzierung der Dimensionen für die Berechnung möglich.

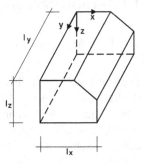

Bild 1.1-1 Räumliches Trag-
element

1.1.2.2 Zweidimensionale Tragelemente: Flächenträger

Elemente, bei denen eine der drei Abmessungen, die Dicke, klein ist gegenüber den beiden anderen, werden idealisierend als zweidimensional angesehen (siehe Bild 1.1-2). Man spricht dann von Flächenelementen, aus denen Flächenträger oder Flächentragwerke gebildet werden können. Bei zweidimensionalen Elementen wird der Verschiebungszustand in Dickenrichtung durch den Verschiebungszustand der Mittelfläche (Bezugsfläche) ausgedrückt. Ebene Flächentragwerke werden als Platten oder als Scheiben bezeichnet, je nachdem ob sie quer zu ihrer Ebene belastet sind und dadurch Biegeverformungen erleiden oder nur in ihrer Ebene beansprucht werden, was entsprechende Dehnungen und Schubverzerrungen zur Folge hat. Schalenelemente weisen eine einfach oder doppelt gekrümmte Mittelfläche auf.

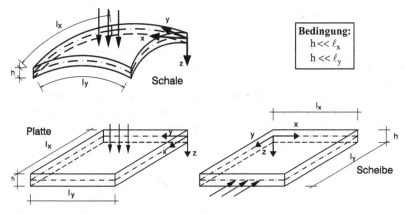

Bild 1.1-2 Flächenelemente

1.1.2.3 Eindimensionale Tragelemente: Stäbe

Elemente, bei denen zwei der drei Abmessungen klein sind gegenüber der dritten, der Länge, bezeichnet man als Stäbe (siehe Bild 1.1-3). Sie werden idealisierend als eindimensional angesehen und durch die Achse als Verbindungslinie der Querschnittsschwerpunkte ersetzt. Bei einem geraden Stab, der nur in seiner Längsrichtung beansprucht wird, spricht man von einem Dehnstab. In querbelasteten und in gekrümmten Stäben treten in der Regel Querkräfte und Biegemomente auf. Im Folgenden werden nur Tragwerke behandelt, die sich aus Stäben zusammensetzen.

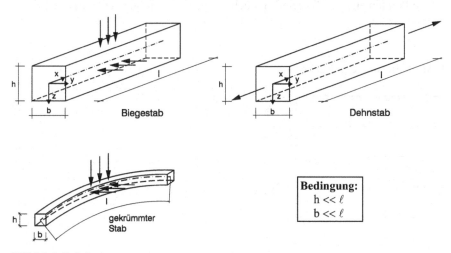

Bild 1.1-3 Stabelemente

1.1.2.4 Beispiel zur Modellfindung

Zur wirklichkeitsnahen Abbildung eines Tragwerks werden die genannten ein- und zweidimensionalen Elemente häufig kombiniert. Übergänge zwischen den Tragwerksmodellen sind oft fließend.

Die geeignete Idealisierung komplizierter Tragwerke zu einfach berechenbaren Systemen setzt Verständnis für die tatsächliche Lastabtragung voraus. Das folgende Beispiel (Bild 1.1-4) soll die Probleme verdeutlichen.

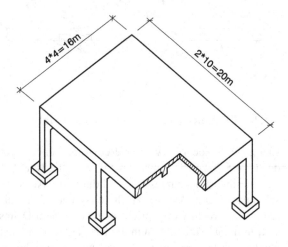

Bild 1.1-4 Beispiel für die Modellfindung

Die Problematik des Tragwerksmodells zeigt sich an folgenden Fragen zur Modellfindung:

1. Modellierung der Decke

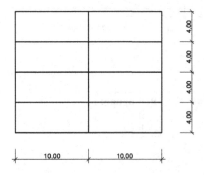

Tragwerksmodell **Plattensystem**:

- Sind die Unterzüge feste Auflager oder nachgiebig (federnde Auflager)?
- Sind die Platten in die Randträger eingespannt, so dass die Randträger tordiert werden, oder nicht?

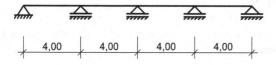

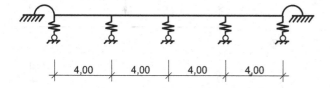

Tragwerksmodell **Durchlaufträger**:

- Darf die Tragwirkung in Querrichtung vernachlässigt werden?
- Sind die Unterzüge als starre Auflager oder als nachgiebig anzusehen?
- Muss am Rand eine elastische Einspannung angenommen werden?

2. Modellierung des Rahmentragwerks (ohne Decke)

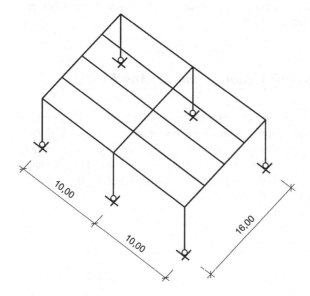

Tragwerksmodell **räumlicher Rahmen**:

- Darf vernachlässigt werden, dass die Schwerachsen der Haupt- und Nebenträger in unterschiedlicher Höhe liegen?
- Dürfen die Fundamente als Gelenke idealisiert werden oder wirkt der Baugrund als (nachgiebige) Einspannung?
- Wie sind die Querschnitte der Träger und Stützen abzuschätzen, die doch erst aufgrund der Berechnungsergebnisse festgelegt werden können, aber schon zu Beginn bekannt sein müssen?
- Inwieweit wirkt die Deckenplatte mit?

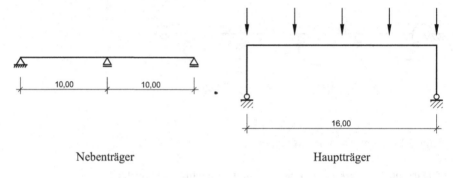

Nebenträger   Hauptträger

Tragwerksmodell **ebenes Stabwerk**:

- Dürfen beim Nebenträger die einspannende Wirkung der Hauptträger und deren Nachgiebigkeit vernachlässigt werden?
- In welcher Höhe sind die Gelenke anzunehmen: in Oberkante Fundament, in Unterkante Fundament oder dazwischen?

1.1.3 Idealisierung der Auflagerungen und der Anschlüsse

Für die Berechnung müssen auch die Verbindungspunkte der einzelnen Tragwerkselemente mit dem Baugrund und untereinander idealisiert werden, d. h. die Auflager und die Anschlüsse. Die Auflagertypen und die Verbindungselemente werden in die statische Berechnung als mechanische Modelle eingeführt, die das wirkliche Verhalten des Tragwerks an diesen Anbindungspunkten möglichst gut beschreiben.

Bei den Auflagern unterscheidet man folgende Typen:

- verschiebliche Auflager
- unverschiebliche (feste) Auflager
- Einspannungen
- Federungen.

Anschlüsse werden unterteilt in

- Normalkraftmechanismen
- Querkraftmechanismen
- Gelenke.

Reibungskräfte, wie sie in der Realität bei Anschlüssen und verschieblichen Auflagern immer auftreten, werden in der Berechnung meistens vernachlässigt. Eine nahezu starre Einspannung ist nur schwer zu verwirklichen. Trotzdem wird in der statischen Berechnung oft von diesem Idealzustand ausgegangen. Bei bestimmten Anschlüssen und Auflagerungen, z. B. bei elastischem Baugrund, kann der Effekt der Nachgiebigkeit oft nicht vernachlässigt werden. Dann sind die Lager für die Berechnung durch Federn zu ersetzen, die die Nachgiebigkeiten für Verschiebungen und Verdrehungen realistisch erfassen.

Dementsprechend kann man auch bei Bedarf die Weichheit eines Anschlusses durch ein entsprechendes fiktives Federelement berücksichtigen.

In Tabelle 1.1 werden die gebräuchlichen Symbole für Lagerungen und Anschlüsse den entsprechenden Ausführungsmöglichkeiten gegenübergestellt.

Tabelle 1.1 Lagerungen und Anschlüsse

Lagerungen		Anschlüsse	
Symbol	Ausführungsmöglichkeit	Symbol	Ausführungsmöglichkeit
Bewegliches Gelenklager	Rollenlager	Gelenk $M = 0$	
Festes Gelenklager	Linienkipplager	Normalkraftmechanismus $N = 0$	Hülse
Einspannung		Querkraftmechanismus $Q = 0$	

1.1.4 Geometrische Idealisierung

In der Regel bleiben die Verformungen der Tragwerke unter planmäßiger Beanspruchung so klein, dass die Gleichgewichtsbedingungen mit ausreichender Genauigkeit am unverformten System formuliert werden dürfen (Theorie erster Ordnung). Dies hat den großen Vorteil, dass einerseits die Lage der Lastangriffspunkte lastunabhängig und deshalb bekannt ist und sich andererseits lineare Beziehungen zwischen Belastung und Schnittgrößen sowie Verformungen ergeben, sofern für den Baustoff Proportionalität zwischen Spannungen und Dehnungen besteht (HOOKEsches Gesetz). Diese vereinfachte Betrachtungsweise ist nicht erlaubt bei Stabilitätsproblemen, z. B. beim Knicken von Stäben. Hierbei ist das Gleichgewicht am verformten System (Theorie zweiter Ordnung) zu betrachten. Allgemein müssen Effekte nach der Theorie 2. Ordnung berücksichtigt werden, wenn sie für die Sicherheit des Systems von Bedeutung sind. Zur Illustration soll eine eingespannte Stütze dienen, an deren Kopf die Einzellast P mit einem Hebelarm der Länge e angreift. Aus Tabelle 1.2 erkennt man, dass die Theorie 2. Ordnung nichtlinear ist, so dass eine Superposition verschiedener Lösungsanteile unmöglich wird. Dies ist der Grund, weshalb bei der Theorie 2. Ordnung die für die Sicherheitsuntersuchung maßgebliche Belastung, die mit dem Sicherheitsbeiwert γ multiplizierte Gebrauchslast, als Ganzes aufgebracht werden muss. Bei Druckbeanspruchung wie im vorliegenden Fall sind die resultierenden Schnittkräfte und Verformungen größer als die γ-fachen Werte des mit der Gebrauchslast beaufschlagten Systems.

Tabelle 1.2 Gegenüberstellung der Theorien 1. und 2. Ordnung

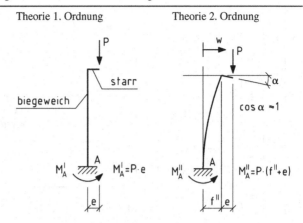

	Theorie 1. Ordnung	Theorie 2. Ordnung
Formulierung des Gleichgewichts am	unverformten System	verformten System
Verformung im Verhältnis zu den Systemabmessungen	vernachlässigbar klein (≈ 0)	endlich, aber klein ($\ll 1$)
Beziehung zwischen Belastung und Schnitt- sowie Verformungsgrößen	linear, so dass Superposition erlaubt	bei Auftreten von Normalkräften nichtlinear, dann Superposition nicht möglich
Aufzubringende Belastung	Gebrauchslast	γ-fache Gebrauchslast

1.2 Zustandsgrößen

Unter Zustandsgrößen versteht man sämtliche im und am Tragwerk auftretenden Kraft- und Weggrößen. Allgemein werden Zustandsgrößen in Einwirkungen und Auswirkungen unterteilt, wobei unter den Einwirkungen äußere Kraft- und Verformungsgrößen zu verstehen sind, welche im Tragwerk innere Kraft- und Verformungsgrößen hervorrufen. In Anlehnung an DIN 1080 Teil 2 lassen sich die Zustandsgrößen wie folgt gliedern (Tabelle 1.3):

Tabelle 1.3 Gliederung der Zustandsgrößen

Zustandsgrößen							
⇒	Einwirkungen, Einprägungen	⇒	Einwirkende Kraftgrößen / Lastgrößen	⇒	Lasten		$G, P, F,$ q, p, q
				⇒	Lastmomente		$M_L, M_{TL},$ m_L, m_{TL}
		⇒	Eingeprägte Weggrößen / Verzerrungen	⇒	Dehnungen	Axialdehnung ε_T / Verkrümmung $\kappa_{\Delta T}$	
				⇒	Gleitungen		γ
			Verschiebungen	⇒	Lagerverschiebungen		Δs_A Δs_B
				⇒	Lagerverdrehungen		$\Delta\varphi_A$ $\Delta\varphi_B$
⇒	Auswirkungen, verursachte Wirkungen	⇒	Verursachte Kraftgrößen / Schnittgrößen	⇒	Schnittmomente	Biegemomente M / Torsionsmomente M_T	
				⇒	Schnittkräfte	Längskräfte N / Querkräfte Q	
			Stützgrößen	⇒	Lagermomente		M_A, M_B
				⇒	Lagerkräfte		A, B, H_A, H_B
		⇒	Verursachte Weggrößen / Verzerrungen	⇒	Gleitungen		γ
				⇒	Dehnungen	Axialdehnung ε / Verkrümmung κ	
			Verschiebungsgrößen	⇒	Verschiebungen		u, v, w, δ
				⇒	Verdrehungen		$\theta, \varphi, \psi, \tau$

Für unsere Zwecke ist es vorteilhaft, die Zustandsgrößen wie folgt zu klassifizieren:

	Kraftgrößen	**Weggrößen**
äußere Größen	Lasten	Verschiebungsgrößen
innere Größen	Schnittgrößen	Verzerrungen

Die einzelnen Gruppen von Zustandsgrößen dieser Tabelle (Lasten, Verschiebungsgrößen, Schnittgrößen und Verzerrungen) werden in den Abschnitten 1.2.2 bis 1.2.5 behandelt.

1.2.1 Schnittprinzip, Vorzeichendefinition

Der Ruhezustand eines Körpers wird durch die Gleichgewichtsbedingungen beschrieben. Im dreidimensionalen Raum können für einen Körper sechs unabhängige Gleichgewichtsbedingungen aufgestellt werden, die den sechs Freiheitsgraden entsprechen: den Verschiebungen in x-, y- und z-Richtung sowie den Verdrehungen um diese Achsen. Für die Berechnung eines Tragwerks in einer Ebene entfallen die drei Bedingungen, die einer Bewegung aus der Systemebene heraus zugeordnet sind.

Gleichgewichtsbedingungen im Raum

Kräftegleichgewicht: $\quad\sum F_x = 0 \qquad \sum F_y = 0 \qquad \sum F_z = 0 \quad (1.2.1)$

Momentengleichgewicht: $\quad\sum M_x = 0 \qquad \sum M_y = 0 \qquad \sum M_z = 0$

Gleichgewicht in der x-z-Ebene

Kräftegleichgewicht: $\quad\sum F_x = 0 \qquad\qquad\qquad \sum F_z = 0 \quad (1.2.2)$

Momentengleichgewicht: $\quad\sum M_y = 0$

Werden für einen Körper oder einen Systemteil im Raum mehr als sechs oder in der Ebene mehr als drei Gleichgewichtsbedingungen aufgestellt, so ergeben sich lineare Abhängigkeiten zwischen den Gleichungen.

Für jeden aus einem Tragwerk durch einen fiktiven Schnitt herausgetrennten Teil herrscht Gleichgewicht unter der Wirkung der im Schnitt vorhandenen inneren Kraftgrößen. Für die Formulierung des Gleichgewichts am ebenen System ergeben sich damit (entsprechend Bild 1.2-1) drei Möglichkeiten:

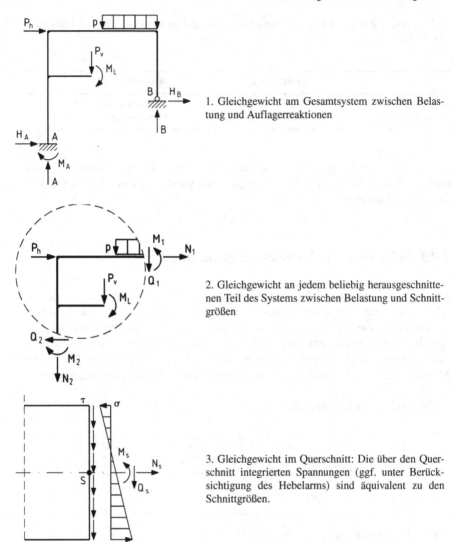

1. Gleichgewicht am Gesamtsystem zwischen Belastung und Auflagerreaktionen

2. Gleichgewicht an jedem beliebig herausgeschnittenen Teil des Systems zwischen Belastung und Schnittgrößen

3. Gleichgewicht im Querschnitt: Die über den Querschnitt integrierten Spannungen (ggf. unter Berücksichtigung des Hebelarms) sind äquivalent zu den Schnittgrößen.

Bild 1.2-1 Beispiel zur Formulierung des Gleichgewichts am Gesamtsystem, am Teilsystem und im Querschnitt

Für die inneren Kraftgrößen ebener Tragwerke wird die Vorzeichendefinition nach Bild 1.2-2 gewählt. Die gestrichelte Linie kennzeichnet die Seite des Stabes, auf der die als positiv definierten Biegemomente Zugspannungen hervorrufen.

Bild 1.2-2 Positive Schnittgrößen ebener Stabwerke

1.2.2 Lasten (äußere Kraftgrößen)

Die äußeren Kraft- bzw. Lastgrößen verursachen an den Tragwerken Auflagerreaktionen, Schnittgrößen und Verformungen. Sie treten in Form von einzelnen oder längenbezogenen Kräften und Momenten auf und werden in

* ständige Lasten (Eigengewicht) und
* nichtständige Lasten (Verkehr, Wind, Schnee)

unterteilt. Im Rahmen dieses Buches werden nur vorwiegend ruhende Lasten, d. h. keine dynamischen Effekte, berücksichtigt. Angaben über die Größe der Lasten findet man in Normen und Richtlinien, z. B. in DIN 1055-100: Einwirkungen auf Tragwerke, Grundlagen der Tragwerksplanung, Sicherheitskonzept und Bemessungsregeln. Für bestimmte Bauwerke und Einwirkungen gibt es besondere Richtlinien (z. B. DIN-Fachbericht 101 für den Brückenbau oder DIN 4149 für durch Erdbeben beanspruchte Hochbauten).

In absehbarer Zeit sollen die nationalen Normen durch ein gesamteuropäisches Regelwerk, die sogenannten Eurocodes, abgelöst werden, die auf einem einheitlichen Sicherheitskonzept aufbauen. Tabelle 1.4 gibt einen diesbezüglichen Überblick, Bild 1.2-3 stellt die Zusammenhänge zwischen den einzelnen Eurocodes dar.

Die einwirkenden Lasten werden meist durch folgende statische Größen repräsentiert:

		Dimension	Einheit
Einzelkraft	F, P, V, H	$[F]$	kN
Einzelmoment	M_L	$[F \cdot \ell]$	kNm
Linienkräfte	g, p, q	$[F/\ell]$	kN/m
Linienmomente	m	$[F \cdot \ell/\ell]$	kNm/m

Dabei werden Einzelkräfte und Einzelmomente immer durch Großbuchstaben gekennzeichnet, Linienkräfte und Linienmomente durch Kleinbuchstaben. Zur Bezeichnung des Ortes, der Richtung oder der Ursache werden diesen Buchstaben häufig Indizes zugefügt. Bild 1.2-4 zeigt hierfür ein Beispiel.

Belastungen in Form von Linienmomenten können zum Beispiel aus exzentrischen, stabparallelen Linienkräften entstehen. In der Praxis sind solche Momentenbelastungen meist ohne Bedeutung. Trotzdem wird m_y im Folgenden der Vollständigkeit halber berücksichtigt.

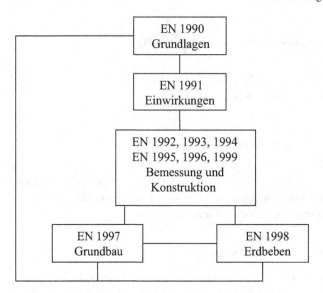

Bild 1.2-3 Abhängigkeiten zwischen den Eurocodes

Tabelle 1.4 Überblick über die Eurocodes

	Kurztitel	Inhalt
EN 1990	Grundlagen	Prinzipien und Anforderungen zur Gebrauchstauglichkeit, Trag-sicherheit und Dauerhaftigkeit von Tragwerken, Bemessung nach Grenzzuständen mit Teilsicherheitsbeiwerten, Zuverlässigkeitsan-forderungen.
EN 1991 (EC 1)	Einwirkungen	Verschiedene Einwirkungen auf Tragwerke mit Entwurfshinwei-sen.
EN 1992 (EC 2)	Betonbau	Bemessung und Konstruktion von Hoch- und Ingenieurbauten aus Beton.
EN 1993 (EC 3)	Stahlbau	Bemessung und Konstruktion von Stahlbauten und Stahlbauteilen.
EN 1994 (EC 4)	Verbundbau	Bemessung und Konstruktion von Verbundtragwerken und Ver-bundbauteilen.
EN 1995 (EC 5)	Holzbau	Bemessung und Konstruktion von Hochbauten und Ingenieurbau-werken bzw. Bauteilen aus Holz oder Holzwerkstoffen, die geklebt oder mit mechanischen Verbindungsmitteln zusammengefügt sind.
EN 1996 (EC 6)	Mauerwerksbau	Bemessung und Konstruktion von Hoch- und Ingenieurbauwerken bzw. Teilen davon, die mit unbewehrtem, bewehrtem, vorgespann-tem oder eingefasstem Mauerwerk ausgeführt werden.
EN 1997 (EC 7)	Grundbau	Geotechnische Aspekte und Anforderungen an die Festigkeit, Standsicherheit und Dauerhaftigkeit von Bauwerken.
EN 1998 (EC 8)	Erdbeben	Bemessung und Konstruktion von Bauwerken des Hoch- und Inge-nieurbaus in Erdbebengebieten.
EN 1999 (EC 9)	Aluminiumbau	Bemessung und Konstruktion von Tragwerken und Bauteilen aus Aluminium.

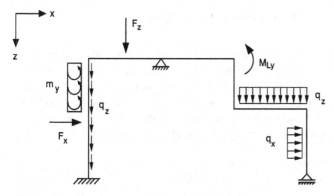

Bild 1.2-4 Ebenes Tragwerk mit äußeren Kraftgrößen

Die Auflagergrößen sind keine äußere Belastung, sondern stellen die Reaktion auf die äußeren Einwirkungen dar. Sie werden jedoch hier als äußere Lasten angesehen, die zur Herstellung des Gleichgewichts erforderlich sind.

Die vertikalen Auflagerkräfte werden stets nach oben positiv definiert. Die positiven Wirkungsrichtungen der horizontalen Auflagerkräfte und der Einspannmomente werden jeweils vor der Berechnung in einer baustatischen Skizze vereinbart, da es hierfür keine festen Regeln gibt.

Die Auflagergrößen werden wie folgt bezeichnet (siehe Bild 1.2-5):

- vertikale Auflagerkräfte $A, B...$ $[F]$ kN
- horizontale Auflagerkräfte $H_A, H_B...$ $[F]$ kN
- Auflagermomente $M_A, M_B...$ $[F \cdot \ell]$ kNm

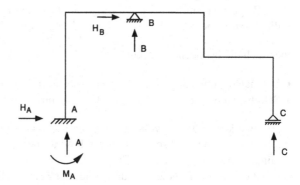

Bild 1.2-5 Beispiel für die Bezeichnung von Auflagerkräften

1.2.3 Verschiebungsgrößen (äußere Weggrößen)

Verschiebungen und Verdrehungen von Stabquerschnitten werden als äußere Weggrößen definiert. Im allgemeinen räumlichen Fall sind das die Verschiebungskomponenten u_x, u_y und u_z in Richtung der kartesischen Koordinaten sowie die entsprechenden Verdrehungen φ_x, φ_y und φ_z. Wird im ebenen Fall die Systemebene durch das x-z-System beschrieben, so bezeichnet man die Größen u_x, u_z und φ_y üblicherweise mit u, w und φ. Dimensionen und Einheiten sind dabei:

- Verschiebungen u, w $[\ell]$ m
- Verdrehungen φ $[-]$ rad oder Grad.

Äußere Weggrößen werden einerseits durch äußere Lasten verursacht, sie können jedoch auch als primäre Einwirkungen vorgegeben werden, wobei man von „eingeprägten Verformungen" spricht. Beispiele dafür sind Baugrundbewegungen bzw. Lagerverschiebungen oder -verdrehungen.

Eingeprägte äußere Weggrößen rufen in statisch bestimmten Systemen nur Verformungen, jedoch keine Schnittgrößen und Auflagerreaktionen hervor. In statisch unbestimmten Systemen (siehe Abschnitt 2.2) entstehen durch die Behinderung dieser Verformungen Zwängungen.

1.2.4 Schnittgrößen (innere Kraftgrößen)

Innere Kraftgrößen eines Stabwerks sind zum einen

- die Längs- oder Normalkräfte N $[F]$ kN
- die Querkräfte Q $[F]$ kN
- die Biegemomente M $[F \cdot \ell]$ kNm
- die Torsionsmomente M_T $[F \cdot \ell]$ kNm ,

aber auch die bezogenen Größen

- Normalspannung σ $[F/A]$ N/mm^2
- Schubspannung τ $[F/A]$ N/mm^2 .

Tragwerke werden gewöhnlich in einem globalen, orthogonalen, rechtsdrehenden System mit den Achsen X, Y und Z beschrieben, dessen Z-Achse zum Erdmittelpunkt gerichtet ist. Die X-Y-Ebene ist demnach horizontal. Ebene Systeme werden in die X-Z-Ebene gelegt, so dass Y aus der Zeichenebene nach vorn herauszeigt. (Falls keine Verwechslungen zu befürchten sind, verwendet man zur Bezeichnung des globalen Systems auch kleine Buchstaben.)

Zur Bestimmung der inneren Kraftgrößen muss für jeden Stab des Tragwerks ein lokales Bezugssystem mit den Achsen x, y und z gewählt werden, um die positiven Richtungen zu definieren. Bei ebenen Stabtragwerken kann anstelle der lokalen Koordinatensysteme zur Festlegung des Bezugssystems die „gestrichelte Linie" (siehe Bild 1.2-6) eingeführt werden, die diejenige Seite des Stabes kennzeichnet, auf der durch ein positives Biegemoment Zugspannungen entstehen.

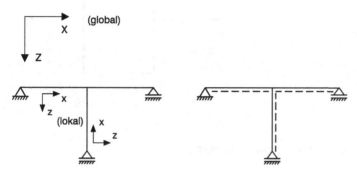

Bild 1.2-6 Festlegung lokaler Koordinaten

Wird ein Stab so orientiert, dass seine gestrichelte Linie unten liegt, dann weist x nach rechts und z nach unten. Bei einem in gleicher Weise orientierten Stabelement wird das linke Schnittufer als negativ, das rechte als positiv bezeichnet. Es gilt: Eine Schnittgröße ist positiv, wenn ihr Vektor am positiven Schnittufer in Richtung der entsprechenden positiven Koordinatenachse zeigt.

1.2.5 Verzerrungen (innere Weggrößen)

Verzerrungen sind dimensionslose, den Schnittgrößen zugeordnete (korrespondierende) Weggrößen. Am Stabelement eines ebenen Systems wirken als Schnittgrößen die Normalkraft N, die Querkraft Q und das Biegemoment M. Bei räumlicher Beanspruchung kann das Torsionsmoment M_T hinzukommen. Im Folgenden werden die entsprechenden Verzerrungen untersucht.

1.2.5.1 Längsdehnung (Axialdehnung) ε infolge N

Das differentielle Stabelement der Länge dx verlängert sich infolge der Normalkraft N um das Maß du (siehe Bild 1.2-7). Die Längsdehnung ε wird als Quotient aus Längenänderung und Ursprungslänge definiert, d. h.

$$\varepsilon = \frac{du}{dx} \, . \tag{1.2.3}$$

Die beiden Punkte P_1, P_2 verschieben sich relativ zueinander in x-Richtung um

$$du = \varepsilon \cdot dx \, . \tag{1.2.4}$$

Bild 1.2-7 Elementverformung
infolge N

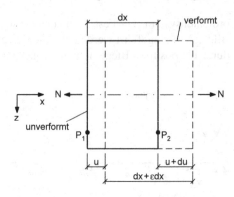

1.2.5.2 Schubverzerrung (Gleitung) γ infolge Q

Querkräfte verursachen Schubverzerrungen γ. Aus Bild 1.2-8 liest man $dw_s = dx \tan\gamma$ ab, was sich wegen der Kleinheit der Schubverformungen auf

$$\gamma = \frac{dw_s}{dx} \tag{1.2.5}$$

vereinfacht. Die beiden Querschnitte verschieben sich relativ zueinander in z-Richtung um

$$dw_s = \gamma \cdot dx \, . \tag{1.2.6}$$

In Bild 1.2-8 wurde vereinfachend näherungsweise vorausgesetzt, dass alle Fasern des Elements die gleiche Verzerrung γ erfahren, obwohl die durch Q hervorgerufenen Schubspannungen nicht über den Querschnitt konstant sind. Näheres hierzu wird in Abschnitt 1.3.2.2 im Zusammenhang mit der Hypothese von BERNOULLI ausgeführt.

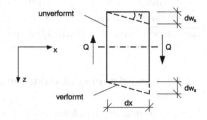

Bild 1.2-8 Elementverformung
infolge Q

1.2.5.3 Verkrümmung κ infolge M

Ein Stabelement der Länge dx verkrümmt sich unter der Wirkung des Biegemoments M, so dass seine ursprünglich parallelen Endquerschnitte um $d\varphi$ gegeneinander verdreht werden. Bei geraden Stäben wird κ auch oft vereinfachend als Krümmung statt als Verkrümmung bezeichnet.

Bild 1.2-9 Elementverformung
infolge M

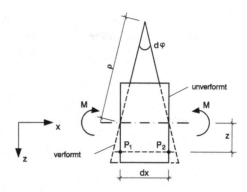

Mit dem Krümmungsradius ρ gilt nach Bild 1.2-9

$$\mathrm{d}x = \varrho \cdot \mathrm{d}\varphi \ . \tag{1.2.7}$$

Der Reziprokwert des Krümmungsradius ρ wird als Verkrümmung κ definiert:

$$\kappa = \frac{1}{\varrho} = \frac{\mathrm{d}\varphi}{\mathrm{d}x} \ . \tag{1.2.8}$$

Die beiden Punkte P_1, P_2 im Abstand z von der Stabachse verschieben sich relativ zueinander in x-Richtung um

$$\mathrm{d}u(z) = z \cdot \mathrm{d}\varphi = z\kappa \, \mathrm{d}x \ . \tag{1.2.9}$$

1.2.5.4 Verdrillung ϑ' infolge M_T

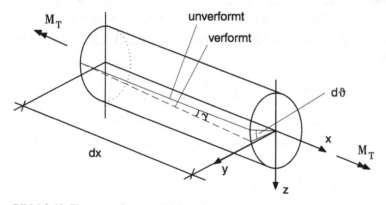

Bild 1.2-10 Elementverformung infolge M_T

Infolge einer Torsionsbeanspruchung verdrehen sich die beiden Endquerschnitte des in Bild 1.2-10 dargestellten, infinitesimalen Elements relativ zueinander um $d\vartheta$, wobei $\vartheta = \varphi_x$ als Drehung um die x-Achse zu verstehen ist. Die Verzerrung

$$\vartheta' = \frac{d\vartheta}{dx} \qquad (1.2.10)$$

wird als Verdrillung oder auch als Verwindung bezeichnet. Mit ihr ergibt sich

$$d\vartheta = \vartheta' \, dx \; . \qquad (1.2.11)$$

1.2.5.5 Verzerrungen infolge lastfreier Einwirkungen

Verzerrungen entstehen nicht nur infolge von Schnittgrößen, sondern können auch durch lastfreie Einwirkungen wie Temperatur, Kriechen und Schwinden hervorgerufen werden. Angaben darüber finden sich unter Anderem in DIN 1045-1 (bzw. EN 1992-1-1) für Stahlbeton- und Spannbetonbauten oder in DIN 1053 für Mauerwerk.

1.2.6 Arbeitsanteile eines differentiellen Stabelementes

Die Verschiebungsgrößen von Tragwerken werden an späterer Stelle nach dem Prinzip der virtuellen Arbeit ermittelt. Zur Vorbereitung hierauf werden in diesem Abschnitt die äußeren und inneren Arbeitsanteile eines differentiellen Stabelements formuliert. Die Tragwerke erleiden unter den inneren und äußeren Kraftgrößensystemen Verschiebungen und Verdrehungen. Dabei wird mechanische Arbeit verrichtet. Werden die Verdrehungen ebenso wie die Verschiebungen und die äußeren Kraftgrößen als Vektoren dargestellt, dann ist für die in den vorhergehenden Abschnitten vorgestellten Zustandsgrößen folgende Schreibweise zweckmäßig:

- Die äußeren Kraftgrößen eines beliebigen Punktes werden durch den Vektor P beschrieben:

$$P = \begin{bmatrix} F \\ M \end{bmatrix} \qquad F = \begin{bmatrix} F_x \\ F_y \\ F_z \end{bmatrix} \qquad M = \begin{bmatrix} M_x \\ M_y \\ M_z \end{bmatrix} \qquad (1.2.12)$$

- Die äußeren Weggrößen eines beliebigen Punktes werden durch den Vektor V beschrieben:

$$V = \begin{bmatrix} u \\ \varphi \end{bmatrix} \qquad u = \begin{bmatrix} u_x \\ u_y \\ u_z \end{bmatrix} \qquad \varphi = \begin{bmatrix} \varphi_x \\ \varphi_y \\ \varphi_z \end{bmatrix} \qquad (1.2.13)$$

Erleidet der Lastangriffspunkt eine differentielle Verschiebung du und eine differentielle Verdrehung dφ, so verrichten die äußeren Lasten F und M die differentielle Arbeit:

$$dA_a = F^T \, du + M^T \, d\varphi$$
$$\text{mit} \quad F^T \, du = F_x \, du_x + F_y \, du_y + F_z \, du_z \tag{1.2.14}$$
$$\text{und} \quad M^T \, d\varphi = M_x \, d\varphi_x + M_y \, d\varphi_y + M_z \, d\varphi_z \, .$$

- Für ein ebenes Tragwerk werden die inneren Kraftgrößen in einem Querschnitt durch den Vektor σ beschrieben:

$$\sigma = \begin{bmatrix} N \\ Q \\ M \end{bmatrix} . \tag{1.2.15}$$

- Die inneren Weggrößen eines ebenen Tragwerks werden im Vektor ε zusammengefasst:

$$\varepsilon = \begin{bmatrix} \varepsilon \\ \gamma \\ \kappa \end{bmatrix} . \tag{1.2.16}$$

Für die differentielle Arbeit der inneren Kraftgrößen eines ebenen Tragwerks erhält man unter Verwendung von (1.2.4), (1.2.6) und (1.2.8) die Beziehung

$$-dA_i = \sigma^T \cdot \varepsilon \, dx = N\varepsilon \, dx + Q\gamma \, dx + M\kappa \, dx \, , \tag{1.2.17}$$

sofern dieses Tragwerk nur in seiner Ebene beansprucht wird. Im allgemeinen Fall einer räumlichen Tragwirkung muss bei den Schnittgrößen Q, M sowie bei der Verzerrungen γ, κ zwischen den beiden Richtungen y und z unterschieden werden. Außerdem ist das Torsionsmoment M_T zu erfassen. Es gilt dann mit (1.2.11)

$$\begin{aligned} -dA_i &= N\varepsilon \, dx + Q_y \gamma_y \, dx + Q_z \gamma_z \, dx \\ &+ M_T \vartheta' \, dx + M_y \kappa_y \, dx + M_z \kappa_z \, dx \, . \end{aligned} \tag{1.2.18}$$

Dabei sind y und z die Hauptachsen des betrachteten Querschnitts.

Das negative Vorzeichen der inneren Arbeit erklärt sich aus dem Umstand, dass positive Schnittgrößen positiven Verzerrungen stets Widerstand entgegensetzen.

1.3 Grundgleichungen

Die Gleichungen, die die Zustandsgrößen, d. h. die Einwirkungen und Auswirkungen, miteinander verknüpfen, bezeichnet man als Grundgleichungen, wobei zwischen drei Gruppen unterschieden wird:

- den Gleichgewichtsbedingungen zur Erfüllung der statischen Verträglichkeit,
- den kinematischen Beziehungen zur Erfüllung der geometrischen Verträglichkeit und
- dem Materialgesetz.

Diese Aussagen gelten für jeden Punkt des Kontinuums.

1.3.1 Gleichgewicht

Die Gleichgewichtsbedingungen stellen die Kopplung zwischen den inneren und äußeren Kraftgrößen dar.

1.3.1.1 Gleichgewicht eines geraden Stabes in der Ebene

Es herrscht Gleichgewicht, wenn die Resultierende aller Kräfte und die Summe aller Momente verschwinden. Diese Forderung wird für das Gesamtsystem und für jeden Teil dieses Systems, d. h. auch für den einzelnen Stab, entsprechend den drei Freiheitsgraden der Ebene in drei voneinander unabhängigen Gleichgewichtsbedingungen ausgedrückt, die als Bestimmungsgleichungen für die Lagerreaktionen und die Schnittgrößen benutzt werden können. Weitere (linear abhängige) Gleichgewichtsbedingungen lassen sich zu Proben verwenden. Für die Formulierung der drei unabhängigen Gleichgewichtsbedingungen bestehen folgende Möglichkeiten:

- Kräftegleichgewicht in zwei beliebigen, verschiedenen Richtungen und Momentengleichgewicht um einen beliebigen Punkt A, z. B. in der x-z-Ebene

$$\sum F_x = 0, \quad \sum F_z = 0, \quad \sum M_A = 0. \tag{1.3.1}$$

- Momentengleichgewicht um zwei beliebige Punkte A, B und Kräftegleichgewicht in einer beliebigen Richtung, die allerdings nicht senkrecht zur Verbindungslinie $\overline{AB}$ verlaufen darf, z. B.

$$\sum F_z = 0, \quad \sum M_A = 0, \quad \sum M_B = 0 \quad (z \text{ nicht } \perp \overline{AB}). \tag{1.3.2}$$

Verliefe $z \perp \overline{AB}$, dann würde bei der Formulierung des Gleichgewichts eine Resultierende, die längs $\overline{AB}$ wirkt, nicht erfasst.
- Momentengleichgewicht um drei beliebige Punkte A, B, C, die nicht auf einer Geraden liegen:

$$\sum M_A = 0 \quad \sum M_B = 0, \quad \sum M_C = 0 \quad (C \text{ nicht auf } \overline{AB}). \tag{1.3.3}$$

Läge C auf einer Geraden durch A und B, dann könnte das Gleichgewicht durch eine resultierende Kraft, die längs dieser Linie wirkt, verletzt werden.

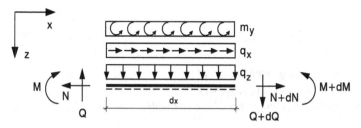

Bild 1.3-1 Infinitesimales Balkenelement mit Belastung und Schnittgrößen

Unter der Voraussetzung vernachlässigbarer Verformungen (Theorie 1. Ordnung) lauten die drei Gleichgewichtsbedingungen für ein infinitesimales Balkenelement (siehe Bild 1.3-1):

Kräftegleichgewicht in x- und z-Richtung:

$$\sum F_x = 0: \quad N + dN - N + q_x\,dx = 0 \tag{1.3.4}$$

$$\sum F_z = 0: \quad Q + dQ - Q + q_z\,dx = 0. \tag{1.3.5}$$

Momentengleichgewicht (um das rechte Ende):

$$\sum M_y = 0: \quad M + dM - M + m_y\,dx + q_z\,dx\,dx/2 - Q\,dx = 0. \tag{1.3.6}$$

In (1.3.6) ist der Term mit q_z von zweiter Ordnung klein und deshalb vernachlässigbar.

Damit lassen sich die Gleichgewichtsbedingungen in folgender Form schreiben:

$$\frac{dN}{dx} = -q_x \tag{1.3.7}$$

$$\frac{dQ}{dx} = -q_z \tag{1.3.8}$$

$$\frac{dM}{dx} = -m_y + Q. \tag{1.3.9}$$

Aus den beiden letzten Gleichungen ergibt sich

$$\frac{d^2M}{dx^2} = -q_z - \frac{dm_y}{dx}. \tag{1.3.10}$$

Die Gleichgewichtsbedingungen schreiben sich als matrizielle Differentialgleichung in der Form

$$-\begin{bmatrix} q_x \\ q_z \\ m_y \end{bmatrix} = \begin{bmatrix} d_x & 0 & 0 \\ 0 & d_x & 0 \\ 0 & -1 & d_x \end{bmatrix} \cdot \begin{bmatrix} N \\ Q \\ M \end{bmatrix} \tag{1.3.11}$$

oder

$$-p = D_G \cdot \sigma \qquad (1.3.12)$$

mit $d_x = \mathrm{d}(\ldots)/\mathrm{d}x$

σ = Vektor der Schnittgrößen (N, Q, M)

p = Vektor der Lastgrößen (q_x, q_z, m_y)

D_G = Matrix zur Beschreibung des Gleichgewichts.

Durch einfache Integration erhält man aus den vorstehenden Differentialbeziehungen für den Fall, dass q_x, q_z und m_y konstant sind,

$$N(x) = \int \frac{\mathrm{d}N}{\mathrm{d}x}\,\mathrm{d}x = N(x_0) - \int_{x_0}^{x} q_x\,\mathrm{d}x = N(x_0) - q_x \cdot (x - x_0) \qquad (1.3.13)$$

$$Q(x) = \int \frac{\mathrm{d}Q}{\mathrm{d}x}\,\mathrm{d}x = Q(x_0) - \int_{x_0}^{x} q_z\,\mathrm{d}x = Q(x_0) - q_z \cdot (x - x_0) \qquad (1.3.14)$$

$$M(x) = \int \frac{\mathrm{d}M}{\mathrm{d}x}\,\mathrm{d}x = M(x_0) + \int_{x_0}^{x} (-m_y + Q)\,\mathrm{d}x$$

$$= M(x_0) + \int_{x_0}^{x} \left[-m_y + Q(x_0) - q_z \cdot (x - x_0) \right]\,\mathrm{d}x$$

$$= M(x_0) + Q(x_0) \cdot (x - x_0) - m_y \cdot (x - x_0) - \frac{1}{2} q_z \cdot (x - x_0)^2 . \qquad (1.3.15)$$

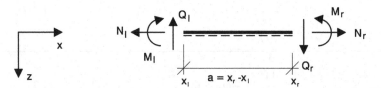

Bild 1.3-2 Endliches Balkenelement der Länge a

Für das in Bild 1.3-2 dargestellte Balkenelement der Länge a mit konstanten Lasten q_x, q_z, m_y gilt damit

$$\begin{bmatrix} N \\ Q \\ M \end{bmatrix}_r = \begin{bmatrix} 1 & 0 & 0 \\ 0 & 1 & 0 \\ 0 & a & 1 \end{bmatrix} \cdot \begin{bmatrix} N \\ Q \\ M \end{bmatrix}_\ell - \begin{bmatrix} q_x \cdot a \\ q_z \cdot a \\ m_y \cdot a + \frac{1}{2} \cdot q_z \cdot a^2 \end{bmatrix} . \qquad (1.3.16)$$

Diese Formeln werden auch Feldübertragungsgleichungen genannt. Sie ermöglichen es, aus den Schnittgrößen des einen Stabendes diejenigen des anderen Stabendes zu berechnen. Man erkennt, dass von den sechs Stabendschnittgrößen eines ebenen Stabelementes nur drei als unabhängige Größen vorgebbar, die restlichen drei dagegen aus den Gleichgewichtsbedingungen bestimmbar und damit abhängig sind. Es gibt verschiedene Möglichkeiten, die abhängigen und die unabhängigen Größen festzulegen. Bei der hier vorgestellten Herleitung wurden die linksseitigen Schnittkräfte als unabhängige Größen und die rechtsseitigen als die abhängigen festgelegt (siehe Bild 1.3-3).

Bild 1.3-3 Unabhängige und abhängige Stabendschnittgrößen entsprechend (1.3.16)

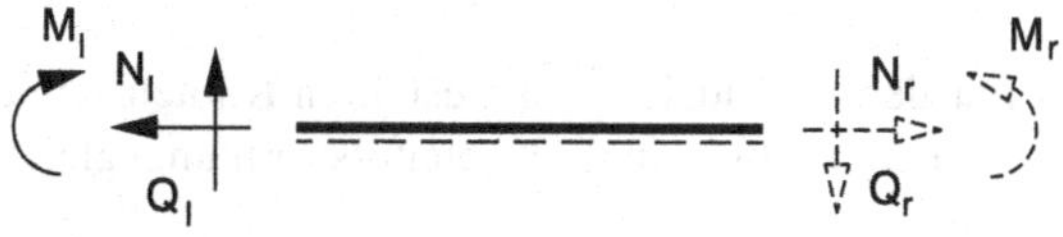

Eine andere, zweckmäßige Möglichkeit wird in Bild 1.3-4 gezeigt:

Bild 1.3-4 Zweckmäßige Wahl der unabhängigen und abhängigen Stabendschnittgrößen

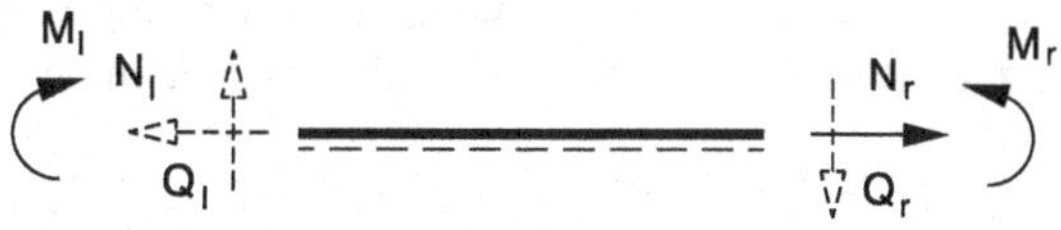

Nach der Bestimmung der unabhängigen Größen M_l, M_r, N_r können die abhängigen Größen aus folgenden Gleichungen berechnet werden:

$$Q_r = \frac{M_r - M_l}{a} - \frac{1}{2} q_z \cdot a + m_y \tag{1.3.17}$$

$$Q_l = \frac{M_r - M_l}{a} + \frac{1}{2} q_z \cdot a + m_y \tag{1.3.18}$$

$$N_l = N_r + q_x \cdot a \,. \tag{1.3.19}$$

Diese Beziehungen gelten (wie schon erwähnt) nur für konstante Lasten q_x, q_z und m_y.

Für Stäbe ohne Belastung vereinfachen sich die Gleichungen auf den homogenen Anteil:

$$Q_r = \frac{M_r - M_l}{a} \tag{1.3.20}$$

$$Q_l = \frac{M_r - M_l}{a} \tag{1.3.21}$$

$$N_l = N_r \,. \tag{1.3.22}$$

Für kompliziertere Belastungen müssen entsprechende inhomogene Lösungen gefunden werden.

Außer den Feldübertragungsgleichungen werden Knotengleichungen benötigt, in denen das Gleichgewicht an den Knoten formuliert wird.

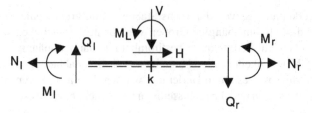

Bild 1.3-5 Knoten k innerhalb eines geraden Stabes mit inneren und äußeren Kraftgrößen

Für den in Bild 1.3-5 dargestellten Knoten k mit den drei Einwirkungen H, V, M_L lautet die sogenannte Knotenübertragungsgleichung:

$$\begin{bmatrix} N \\ Q \\ M \end{bmatrix}_r = \begin{bmatrix} N \\ Q \\ M \end{bmatrix}_l - \begin{bmatrix} H \\ V \\ M_L \end{bmatrix}. \qquad (1.3.23)$$

Für einen Knoten, der unterschiedlich geneigte Stäbe miteinander verbindet (siehe z. B. Bild 1.3-6), sind Knotengleichungen in der Form

$$\sum F_x = \sum F_z = \sum M_k = 0 \qquad (1.3.24)$$

aufzustellen.

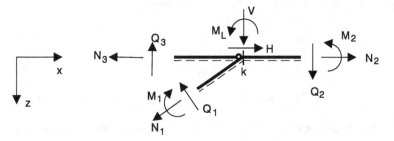

Bild 1.3-6 Allgemeiner Knoten k mit inneren und äußeren Kraftgrößen

Ist ein Tragwerk so strukturiert und gelagert, dass die hier vorgestellten Feldübertragungs- und Knotengleichungen ausreichen, um sämtliche Stabendschnittgrößen zu berechnen, dann bezeichnet man es als statisch bestimmt (siehe Abschnitt 2.2).

1.3.1.2 Das räumliche Gleichgewicht eines geraden Stabelements

Zu den drei Gleichgewichtsbedingungen der x-z-Ebene kommen im Raum drei Bedingungen hinzu. Nach der Theorie 1. Ordnung gilt:

Kräftegleichgewicht in y-Richtung:

$$\sum F_y = 0: \quad Q_y + \mathrm{d}Q_y - Q_y + q_y\,\mathrm{d}x = 0\,. \tag{1.3.25}$$

Momentengleichgewicht um die x- und die z-Achse:

$$\sum M_x = 0: \quad M_T + \mathrm{d}M_T - M_T + m_x\,\mathrm{d}x = 0 \tag{1.3.26}$$

$$\sum M_z = 0: \quad M_z + \mathrm{d}M_z - M_z + m_z\,\mathrm{d}x + Q_y\,\mathrm{d}x = 0\,. \tag{1.3.27}$$

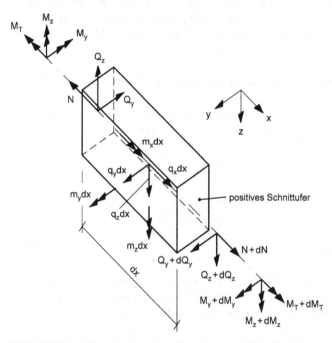

Bild 1.3-7 Darstellung der Schnittgrößen eines räumlichen Stabelements

Die Differentialbeziehungen lauten entsprechend (1.3.7) bis (1.3.9):

$$
\begin{aligned}
\frac{\mathrm{d}N}{\mathrm{d}x} &= -q_x\,, & \frac{\mathrm{d}M_T}{\mathrm{d}x} &= -m_x \\[4pt]
\frac{\mathrm{d}Q_y}{\mathrm{d}x} &= -q_y\,, & \frac{\mathrm{d}M_y}{\mathrm{d}x} &= -m_y + Q_z \\[4pt]
\frac{\mathrm{d}Q_z}{\mathrm{d}x} &= -q_z\,, & \frac{\mathrm{d}M_z}{\mathrm{d}x} &= -m_z - Q_y\,.
\end{aligned}
\tag{1.3.28}
$$

Auch hier lassen sich unabhängige und abhängige Schnittgrößen analog zum ebenen Fall definieren.

1.3.2 Kinematik

Die kinematischen Beziehungen beschreiben den Zusammenhang zwischen den äußeren und inneren Weggrößen, d. h. zwischen den Verschiebungsgrößen (Abschnitt 1.2.3) und den Verzerrungen (Abschnitt 1.2.5).

Ebenso wie bei der Gleichgewichtsformulierung nach der Theorie 1. Ordnung setzt man auch bei den kinematischen Betrachtungen kleine Verformungen voraus, legt also den kinematischen Beziehungen wie den Gleichgewichtsbedingungen näherungsweise das unverformte Tragwerk zugrunde. Dies gilt nicht nur für die Stabverformungen und die Knotenbewegungen, sondern auch für die Querschnittsverzerrungen. Der unverzerrte Stabquerschnitt dient als Bezugsgröße für die Spannungen und Dehnungen, obwohl sich in Wirklichkeit die Querschnittsfläche infolge Querdehnung z. B. unter einer Zugbeanspruchung geringfügig verkleinert.

1.3.2.1 Kinematik eines geraden Stabelementes in der Ebene

In Abschnitt 1.2.5 wurde bereits der Zusammenhang zwischen den Verzerrungen und den Verschiebungsgrößen hergeleitet. Es ergab sich dort

- für die Dehnung:
$$\varepsilon = \frac{du}{dx} \qquad (1.2.3)$$

- für die Gleitung:
$$\gamma = \frac{dw_s}{dx} \qquad (1.2.5)$$

- für die Krümmung:
$$\kappa = \frac{d\varphi}{dx} . \qquad (1.2.8)$$

Der Winkel φ ist in der Zeichenebene im Gegenuhrzeigersinn positiv und bezeichnet die Neigung der Biegelinie w infolge M. Die Gleitung γ ist entgegengesetzt positiv definiert und stellt die Neigung von w infolge Q dar. Somit gilt

$$\frac{dw}{dx} = -\varphi + \gamma \qquad (1.3.29)$$

bzw.

$$\gamma = \varphi + \frac{dw}{dx} . \qquad (1.3.30)$$

In matrizieller Schreibweise ergibt sich:

$$\begin{bmatrix} \varepsilon \\ \gamma \\ \kappa \end{bmatrix} = \begin{bmatrix} d_x & 0 & 0 \\ 0 & d_x & 1 \\ 0 & 0 & d_x \end{bmatrix} \begin{bmatrix} u \\ w \\ \varphi \end{bmatrix} \qquad (1.3.31)$$

oder

$$\boldsymbol{\varepsilon} = \boldsymbol{D}_K \cdot \boldsymbol{u} \qquad (1.3.32)$$

mit $\boldsymbol{\varepsilon}$ = Vektor der Verzerrungen $(\varepsilon, \gamma, \kappa)$

$\boldsymbol{u}$ = Vektor der Verschiebungsgrößen (u, w, φ)

$\boldsymbol{D}_K$ = Matrix zur Beschreibung der kinematischen Zusammenhänge

1.3.2.2 Normalenhypothese (BERNOULLI)

Jacob BERNOULLI hat eine Hypothese aufgestellt, die für die technische Biegelehre von zentraler Bedeutung ist. Danach bleiben die zur Balkenachse senkrechten ebenen Querschnitte bei der Verformung eben und stehen weiterhin senkrecht
zur Stabachse. Das entspricht einer Vernachlässigung der Schubverzerrungen γ im
Querschnitt. Die BERNOULLI-Hypothese stimmt bei schlanken Stäben sehr gut
mit der Wirklichkeit überein, weniger dagegen bei gedrungenen Bauteilen. Nach
BERNOULLI folgt aus (1.3.29) mit $\gamma = 0$:

$$\varphi = -\frac{dw}{dx} \quad \text{und} \quad \kappa = \frac{d\varphi}{dx} = -\frac{d^2w}{dx^2} \ .$$

Damit lauten die kinematischen Beziehungen der technischen Biegelehre, auch
„Balkentheorie" genannt:

$$\varepsilon = \frac{du}{dx} \qquad (1.3.33)$$

$$\varphi = -\frac{dw}{dx} \qquad (1.3.34)$$

$$\kappa = -\frac{d^2w}{dx^2} \ . \qquad (1.3.35)$$

1.3.2.3 Starrkörperverschiebungen

Unter einer Starrkörperverschiebung versteht man eine verzerrungsfreie Verformung, d. h. es treten weder Dehnungen noch Gleitungen noch Verkrümmungen auf.

Das Element der Länge a mit den Endknoten ℓ und r erfährt eine Translation und
eine Rotation. Aus Bild 1.3-8 liest man ab:

$$u_r = u_\ell \qquad (1.3.36)$$

$$w_r = w_\ell - a \cdot \varphi_\ell \qquad (1.3.37)$$

$$\varphi_r = \varphi_\ell \ . \qquad (1.3.38)$$

Bild 1.3-8 Starrkörperverschiebung

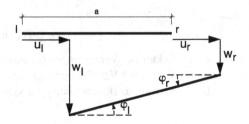

1.3.3 Materialgesetz

Das Werkstoffverhalten wird durch die Spannungs-Verzerrungs-Beziehungen bzw. durch das sogenannte Materialgesetz ausgedrückt. Der Werkstoff verhält sich in Wirklichkeit zumeist hochgradig nichtlinear. Die tatsächliche Materialbeanspruchung unter Gebrauchslasten (Berechnung ohne Sicherheitsbeiwerte) kann aber in der Regel unterhalb der Proportionalitätsgrenze angenommen werden. Siehe hierzu das σ-ε-Diagramm eines Baustahl-Zugversuches in Bild 1.3-9.

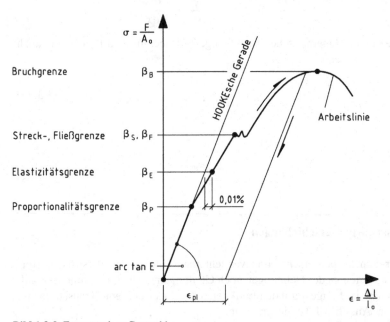

Bild 1.3-9 Zugversuch an Baustahl

In der klassischen Baustatik beschränkt man sich auf den linear-elastischen Bereich und ersetzt die Arbeitslinie (σ-ε-Verlauf) durch ihre Tangente im Koordinatenursprung. Diese Gerade wird durch das HOOKEsche Gesetz beschrieben. Es lautet für reinen Zug und Druck:

$$\sigma = E \cdot \varepsilon\,,\tag{1.3.39}$$

für Schub:

$$\tau = G \cdot \gamma \qquad (1.3.40)$$

mit E als Elastizitätsmodul und G als Schubmodul.

Werden die Schubverzerrungen entsprechend der Hypothese von BERNOULLI vernachlässigt, so erübrigt sich (1.3.40), da die Querkräfte vorteilhafter aus Gleichgewichtsbetrachtungen als über τ zu ermitteln sind.

1.3.3.1 Reine Dehnung

Für den Fall einer reinen Zug- oder Druckbeanspruchung liefert das Gleichgewicht im Querschnitt unter Verwendung von (1.3.39)

$$N = \int_A \sigma \, dA = \int_A E\varepsilon \, dA = E\varepsilon \int_A dA = EA\varepsilon \qquad (1.3.41)$$

bzw.

$$\varepsilon = \frac{\Delta l}{l} = \frac{\sigma}{E} = \frac{N}{EA} \, . \qquad (1.3.42)$$

ε ist dimensionslos. Das Produkt EA mit der Dimension einer Kraft wird als Dehnsteifigkeit D bezeichnet: $D = EA$.

1.3.3.2 Reine Schubverzerrung

Die Querkraft Q im Querschnitt ergibt sich durch Integration der Schubspannungen zu

$$Q = \int_A \tau(z) \, dA = \int_A G\gamma(z) \, dA = G\gamma \int_A \frac{\gamma(z)}{\gamma} \, dA = G\alpha_Q A\gamma = GA_Q\gamma \, . \qquad (1.3.43)$$

Das Produkt GA_Q wird als Schubsteifigkeit S bezeichnet: $S = GA_Q$.

γ stellt den Mittelwert der Schubverzerrungen im Querschnitt dar.

Der Faktor α_Q hängt von der Querschnittsform ab und gibt das Verhältnis von wirksamer zu vorhandener Querschnittsfläche an (siehe nachstehende Tabelle).

Querschnitt	α_Q
Kreis	0,87
Rechteck	0,83
I-Profil (Stegfläche A_{Steg})	A_{Steg}/A

1.3.3.3 Reine Biegung

Bei reiner Biegebeanspruchung erfährt die Schwerachse des Stabs keine Dehnung
(vgl. Bild 1.2-9). Mit z als Abstand des betrachteten Punktes von der Schwerachse
(nach unten positiv) erhält man

$$\varepsilon(z)\,dx = d\varphi \cdot z \qquad\qquad (1.3.44)$$

$$\varepsilon(z) = \frac{d\varphi}{dx} \cdot z = \kappa \cdot z\,. \qquad\qquad (1.3.45)$$

Das Gleichgewicht im Querschnitt drückt sich dann aus in

$$M = \int_A \sigma(z)z\,dA = \int_A E\varepsilon(z)z\,dA = \int_A E\kappa z^2\,dA = E\kappa \int_A z^2\,dA = EI\kappa\,. \quad (1.3.46)$$

Das Produkt EI wird als Biegesteifigkeit B bezeichnet: $B = EI$.

1.3.3.4 Verdrillung

Das Stabelement kann zusätzlich zu den Schnittgrößen in der Ebene N, Q, M durch
ein Torsionsmonent M_T beansprucht werden. Dann lautet die Gleichgewichtsbedin-
gung im Querschnitt

$$M_T = \int_A \tau_T(r) \cdot r\,dA = \int_A \gamma(r) \cdot Gr\,dA \qquad\qquad (1.3.47)$$

mit r als Abstand des betrachteten Punktes von der Stabachse. Unter der Annahme,
dass γ und τ proportional zu r sind (vgl. Bild 1.2-10), was sich in

$$\gamma\,dx = r\,d\vartheta \qquad\qquad (1.3.48)$$

ausdrückt, erhält man

$$M_T = \int_A r\frac{d\vartheta}{dx} \cdot Gr\,dA = G\vartheta' \int r^2\,dA = GI_T\vartheta'\,. \qquad (1.3.49)$$

$\vartheta' = \frac{d\vartheta}{dx}$ stellt die Verdrillung oder Verwindung des Stabes dar.
    Das Produkt GI_T wird als ST. VENANTsche Torsionssteifigkeit T bezeichnet:
$T = GI_T$.
    Für Rechteckquerschnitte mit $h > b$ kann I_T aus

$$I_T = hb^3\left[\frac{1}{3} - 0{,}21\frac{b}{h}\left(1 - \frac{b^4}{12h^4}\right)\right] \qquad (1.3.50)$$

Querschnitt	Bedingung	I_T
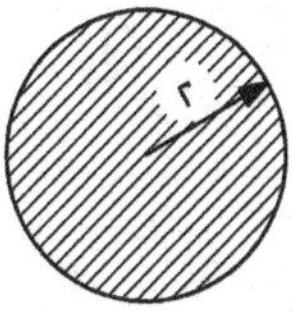		$\dfrac{\pi r^4}{2}$
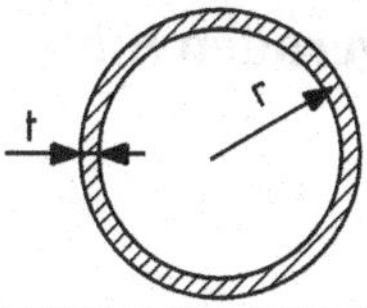	$\dfrac{t}{r} \ll 1$	$2\pi r^3 t$
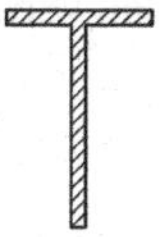	$\dfrac{t_i}{b_i} \ll 1$	$\dfrac{1}{3}\sum_i b_i t_i^{\,3}$

Bild 1.3-10 Torsionsträgheitsmomente I_T für den Kreisquerschnitt, für den dünnen Kreisring und für offene, dünnwandige Querschnitte

berechnet werden. Die Werte für den Kreisquerschnitt, für den dünnen Kreisring und für offene, dünnwandige Querschnitte entnimmt man Bild 1.3-10.

1.3.3.5 Zusammenfassung des Elastizitätsgesetzes in Matrizenform

Für Stäbe, die nur in der Systemebene beansprucht werden, gilt

$$\begin{bmatrix} N \\ Q \\ M \end{bmatrix} = \begin{bmatrix} EA & 0 & 0 \\ 0 & GA_Q & 0 \\ 0 & 0 & EI \end{bmatrix} \cdot \begin{bmatrix} \varepsilon \\ \gamma \\ \kappa \end{bmatrix}. \qquad (1.3.51)$$

Bei räumlicher Beanspruchung gilt

$$\begin{bmatrix} EA & 0 & 0 & 0 & 0 & 0 \\ 0 & GA_{Qy} & 0 & 0 & 0 & 0 \\ 0 & 0 & GA_{Qz} & 0 & 0 & 0 \\ 0 & 0 & 0 & GI_T & 0 & 0 \\ 0 & 0 & 0 & 0 & EI_y & 0 \\ 0 & 0 & 0 & 0 & 0 & EI_z \end{bmatrix} \cdot \begin{bmatrix} \varepsilon \\ \gamma_y \\ \gamma_z \\ \vartheta' \\ \kappa_y \\ \kappa_z \end{bmatrix}. \qquad (1.3.52)$$

A_{Qy} und A_{Qz} sind im Allgemeinen wegen der unterschiedlichen Koeffizienten α_Q nicht gleich. In Bild 1.3-11 ist dargestellt, dass Querkräfte fast ausschließlich von denjenigen Teilen des Querschnitts aufgenommen werden, die in ihrer Richtung verlaufen, d. h. beim I-Querschnitt Q_z vom Steg und Q_y von den Flanschen.

Bild 1.3-11 Mitwirkung
der Querschnittteile bei
Schubbeanspruchung

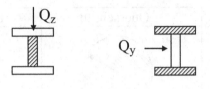

1.4 Grundbeziehungen ebener Tragwerke mit geraden Stäben

1.4.1 Gliederung der Zustandsgrößen

In Bild 1.4-1 wird noch einmal die Gliederung der Zustandsgrößen veranschaulicht.

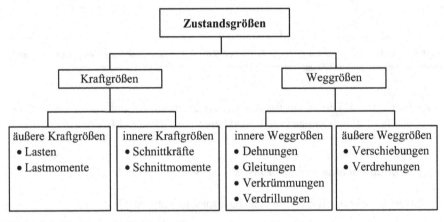

Bild 1.4-1 Gliederung der Zustandsgrößen

1.4.2 Verknüpfung der Zustandsgrößen

Wie in den vorangegangenen Abschnitten erläutert, beschreiben

- die Gleichgewichtsbedingungen den Zusammenhang zwischen den inneren und den äußeren Kraftgrößen,
- die kinematischen Beziehungen den Zusammenhang zwischen den inneren und äußeren Weggrößen,
- das Materialgesetz den Zusammenhang zwischen den inneren Kraftgrößen und den inneren Weggrößen.

Dies lässt sich für statisch bestimmte Stabwerke (siehe Abschnitt 2.2) in einem Schema darstellen (siehe Bild 1.4-2).

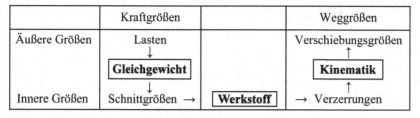

	Kraftgrößen		Weggrößen
Äußere Größen	Lasten ↓ **Gleichgewicht** ↓		Verschiebungsgrößen ↑ **Kinematik** ↑
Innere Größen	Schnittgrößen →	**Werkstoff**	→ Verzerrungen

Bild 1.4-2 Verknüpfung der Zustandsgrößen

Unter Verwendung von (1.3.11), (1.3.31) und (1.3.51) erhält man hieraus Bild 1.4-3.

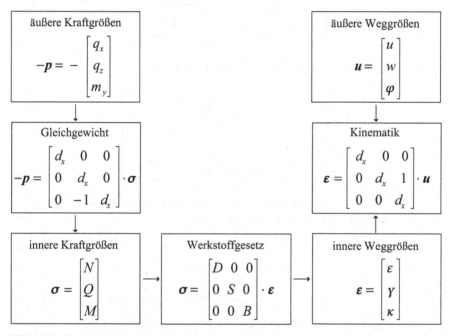

Bild 1.4-3 Grundbeziehungen zwischen den Zustandsgrößen

1.4.3 Gesamtdifferentialgleichung

Verbindet man alle Zustandsgrößen durch die in Bild 1.4-3 genannten Gleichungen, so erhält man die Gesamtdifferentialgleichung, die die äußeren Kraftgrößen mit den äußeren Weggrößen verbindet:

Ausgangspunkt ist das Gleichgewicht:

$$
\begin{bmatrix} -q_x \\ -q_z \\ -m_y \end{bmatrix} = \begin{bmatrix} \dfrac{\mathrm{d}N}{\mathrm{d}x} \\[2mm] \dfrac{\mathrm{d}Q}{\mathrm{d}x} \\[2mm] -Q + \dfrac{\mathrm{d}M}{\mathrm{d}x} \end{bmatrix} . \tag{1.4.1}
$$

Mit dem Werkstoffgesetz ergibt sich

$$
\begin{bmatrix} -q_x \\ -q_z \\ -m_y \end{bmatrix} = \begin{bmatrix} \dfrac{\mathrm{d}(EA \cdot \varepsilon)}{\mathrm{d}x} \\[2mm] \dfrac{\mathrm{d}(GA_Q \cdot \gamma)}{\mathrm{d}x} \\[2mm] -GA_Q \cdot \gamma + \dfrac{\mathrm{d}(EI \cdot \kappa)}{\mathrm{d}x} \end{bmatrix} \tag{1.4.2}
$$

und weiter nach Einsetzen der kinematischen Beziehungen

$$
\begin{bmatrix} -q_x \\ -q_z \\ -m_y \end{bmatrix} = \begin{bmatrix} \dfrac{\mathrm{d}(EA \cdot u')}{\mathrm{d}x} \\[2mm] \dfrac{\mathrm{d}(GA_Q(w' + \varphi))}{\mathrm{d}x} \\[2mm] -GA_Q(w' + \varphi) + \dfrac{\mathrm{d}(EI \cdot \varphi')}{\mathrm{d}x} \end{bmatrix} . \tag{1.4.3}
$$

Unter der Voraussetzung, dass die Querschnittswerte auf Stablänge konstant sind, ergeben sich damit die Differentialgleichungen zu:

$$
-q_x = EA \cdot u'' \tag{1.4.4}
$$

$$
-q_z = GA_Q \cdot (w'' + \varphi') \tag{1.4.5}
$$

$$
-m_y = -GA_Q \cdot (w' + \varphi) + EI \cdot \varphi'' . \tag{1.4.6}
$$

Die Differentialgleichungen für Querkraft und Moment sind gekoppelt.

Gleichung (1.4.6) wird nach x differenziert und zu Gleichung (1.4.5) hinzuaddiert, so dass sich ersatzweise

$$
-q_z - m_y' = EI \cdot \varphi''' \tag{1.4.7}
$$

ergibt. Wird aufgrund der BERNOULLI-Hypothese $\varphi = -w'$ (siehe (1.3.34)) gesetzt, so verschwindet (1.4.5), und die beiden verbleibenden Gleichungen lauten

$$
-q_x = EA \cdot u'' \tag{1.4.8}
$$

$$
q_z + m_y' = EI \cdot w'''' . \tag{1.4.9}
$$

Nach deren Lösung ergeben sich die Zustandsgrößen aus den Gleichungen

$$N = EA \cdot u' \tag{1.4.10}$$

$$M = EI \cdot \kappa = -EI \cdot w'' \tag{1.4.11}$$

$$Q = M' + m_y = -EI \cdot w''' + m_y \,. \tag{1.4.12}$$

Da m_y nur äußerst selten eine praktische Bedeutung hat, vereinfachen sich (1.4.9) und (1.4.12) in der Regel auf

$$q_z = EI \cdot w'''' \tag{1.4.13}$$

und

$$Q = -EI \cdot w''' \,. \tag{1.4.14}$$

Kapitel 2
Stabtragwerke

Stabtragwerke, auch Stabwerke genannt, sind dreidimensionale Strukturen, die sich aus geraden oder gekrümmten Stäben zusammensetzen. Die Stäbe sind biegesteif oder mittels geeigneter Mechanismen, z. B. durch Gelenke, miteinander verbunden. Der Begriff Stab wurde in Abschnitt 1.1.2.3 definiert.

Die Berechnung räumlicher Stabwerke ist kompliziert und aufwendig. Deshalb zerlegt man das reale Tragwerk nach Möglichkeit gedanklich in ebene Teilstrukturen. Dies führt in den meisten Fällen zu vertretbar genauen Ergebnissen.

Je nach Verbindungsart der Einzelstäbe wird zwischen biegesteifen Stabtragwerken, Fachwerken und Mischformen unterschieden. Die speziellen Eigenschaften dieser Systeme werden in Kapitel 4 behandelt.

Hier seien noch einmal die vereinfachenden Annahmen der Stabwerktheorie zusammengefasst:

- Die Stäbe werden als eindimensional angesehen und durch die Achse als Verbindungslinie der Querschnittsschwerpunkte ersetzt.
- Es wird vorausgesetzt, dass alle Einwirkungen zeitlich unveränderlich sind, so dass keine dynamischen Effekte auftreten.
- Bei der Formulierung des Gleichgewichts werden die Tragwerksverformungen als vernachlässigbar klein angenommen, d. h. es wird nach der Theorie 1. Ordnung gerechnet.
- Entsprechend der Normalenhypothese von BERNOULLI werden die Schubverformungen vernachlässigt. Die Querschnitte bleiben eben.
- Es wird das linearelastische Materialgesetz nach HOOKE verwendet.

2.1 Konstruktionselemente

Stabtragwerke kann man sich für eine detaillierte Betrachtung aus

- Stabelementen,
- Stützungen und
- Knotenpunkten

zusammengesetzt denken. Diese Elemente werden im Folgenden einzeln besprochen.

2.1.1 Stabelemente

Stabelemente sind eindimensionale Traggebilde, die durch ihre Beanspruchung und ihre Geometrie charakterisiert werden. Man unterscheidet zwischen

- geraden Stabelementen (z. B. Balken, Stützen und Fachwerkstäbe) und
- gekrümmten Stabelementen (z. B. Kreisringträger und Bögen).

Während Fachwerkstäbe definitionsgemäß nur Normalkräfte erhalten, sind bei den anderen Elementen folgende Beanspruchungen möglich:

- zentrische Normalkraftbeanspruchung (N allein),
- Beanspruchung durch Normalkraft, Biegemoment und Querkraft (N, M, Q) als allgemeiner Fall bei ebenen Systemen, die in ihrer Ebene belastet sind,
- Beanspruchung durch Querkraft, Biegung und Torsion (Q_z, M_y, M_T) bei ebenen Systemen, die senkrecht zu ihrer Ebene belastet sind,
- räumliche Beanspruchung durch Normalkraft plus Querkraftbiegung in zwei Ebenen und Torsion (N, Q_y, Q_z, M_T, M_y, M_z) als allgemeiner Fall der räumlichen Beanspruchung.

Balken sind in der Regel vorwiegend biegebeansprucht. Etwaige Normalkräfte spielen dabei nur eine untergeordnete Rolle.

2.1.2 Stützungen und Lager

Jeder Lagerpunkt eines ebenen Tragwerks weist drei Freiheitsgrade auf, denen drei Lagerreaktionen entsprechen. Somit ergeben sich drei duale Paare von Zustandsgrößen:

- Horizontalverschiebung – horizontale Lagerkraft
- Vertikalverschiebung – vertikale Lagerkraft
- Verdrehung – Einspannmoment

Bei starren Lagerungen kann jeweils eine der beiden korrespondierenden Größen dieser drei Paare vorgegeben werden, während die andere zu berechnen ist. Aus diesem Zusammenhang lassen sich sämtliche möglichen Lagerungsformen herleiten. Die gebräuchlichsten sind in Bild 2.1-1 zusammengestellt.

Je nachdem, wie viele Kraftkomponenten das Lager übertragen kann, wird es als ein-, zwei- oder dreiwertig bezeichnet. So ist z. B. eine starre Einspannung in der Lage, drei Kraftgrößen (F_x, F_z, M_y) zu übertragen, das Lager ist daher dreiwertig. Ein bewegliches Gelenklager kann dagegen nur die Kraftkomponente senkrecht zu seiner Bewegungsrichtung übertragen, es ist somit einwertig.

Diese Überlegungen kann man auf den räumlichen Fall übertragen. Dabei ist zu beachten, dass jeder Punkt im Raum sechs Freiheitsgrade aufweist.

Bezeichnung	vorgegeben	unbekannt
Starre Einspannung 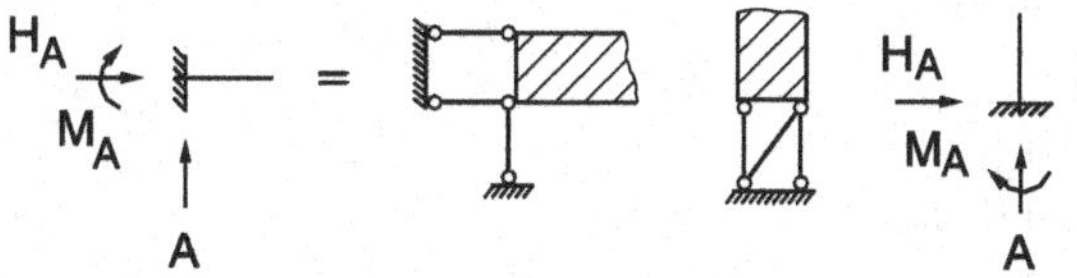 H_A, M_A, A	$u=0$ $w=0$ $\varphi=0$	H_A A M_A
Verschiebliche Einspannung 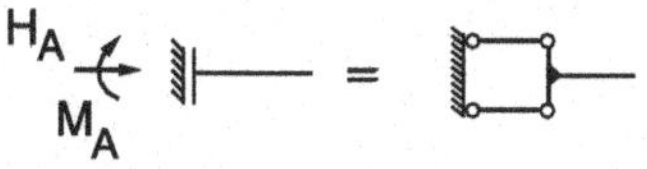 H_A, M_A	$u=0$ $A=0$ $\varphi=0$	H_A w M_A
Festes Gelenklager 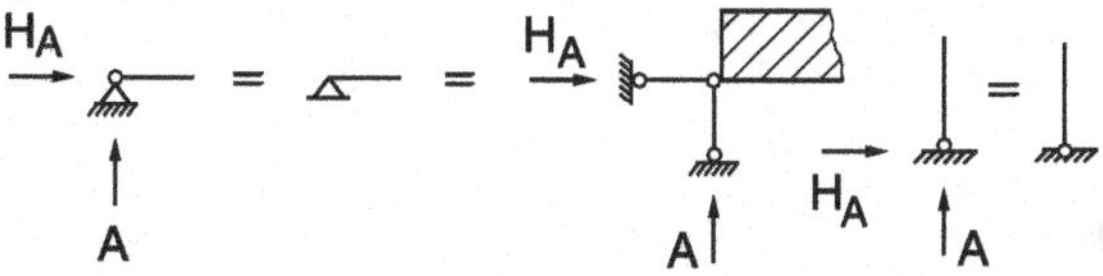 H_A, A	$u=0$ $w=0$ $M_A=0$	H_A A φ
Bewegliches Gelenklager horizontal 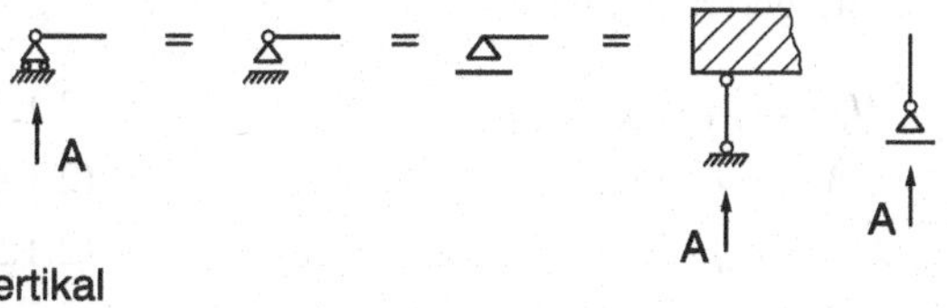	$H_A=0$ $w=0$ $M_A=0$	u A φ
vertikal 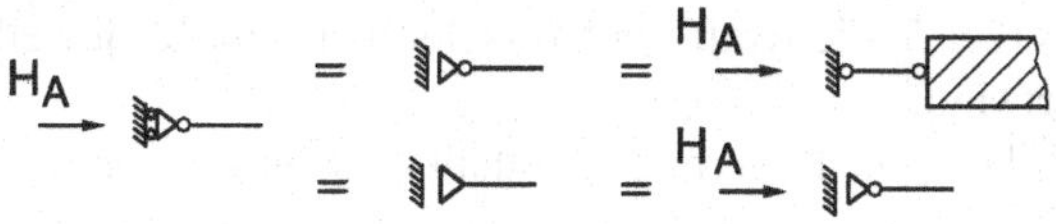 H_A	$u=0$ $A=0$ $M_A=0$	H_A w φ
Freies Ende  A	$H_A=0$ $A=0$ $M_A=0$	u w φ

Bild 2.1-1 Gebräuchliche starre Lagerungen in der Ebene

Wie in Abschnitt 1.1.3 bereits erwähnt, kann es erforderlich sein, elastisch nachgiebige Lagerungen für die Berechnung durch äquivalente Federn zu ersetzen. Hierfür kommen Dehnfedern und Biegedrehfedern in Betracht. Dabei gilt

$$N = c_N \cdot \Delta s \tag{2.1.1}$$

$$M = c_M \cdot \varphi \tag{2.1.2}$$

mit N = Federkraft [kN]

      Δs = Federweg [m]

      c_N = Dehnfedersteifigkeit [kN/m]

      M = Federmoment [kNm]

      φ = Verdrehung der Feder [–]

      c_M = Drehfedersteifigkeit [kNm]

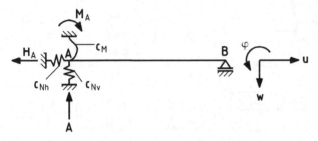

Bild 2.1-2 Federnd gelagerter Balken

Für den in Bild 2.1-2 dargestellten Lagerpunkt A ergeben sich damit nach Ermittlung der drei Weggrößen die Auflagerreaktionen zu

$$H_A = c_{Nh} \cdot u_A \qquad (2.1.3)$$

$$A = c_{Nv} \cdot w_A \qquad (2.1.4)$$

$$M_A = c_M \cdot \varphi_A . \qquad (2.1.5)$$

Man beachte, dass in (2.1.3) bis (2.1.5) die Kraft- und Verschiebungsgrößen jeweils entgegengesetzt positiv definiert sind.

Weitere Ausführungen über elastische Lagerungen enthält Abschnitt 5.5.2.

2.1.3 Knotenpunkte und Anschlüsse

Ebenso wie bei den Lagerungen gilt auch für Anschlüsse, dass von jedem der drei bzw. sechs dualen Zustandsgrößenpaare entweder die Kraft- oder die Weggröße vorgegeben und somit bekannt ist, während die jeweils korrespondierende Größe berechnet werden muss. In Bild 2.1-3 sind die gebräuchlichsten Anschlüsse ebener Stabwerke zusammengestellt.

Bezeichnung	vorgegeben	unbekannt
fester Anschluss 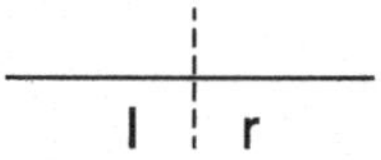 l ⋮ r	$u_l = u_r$ $w_l = w_r$ $\varphi_l = \varphi_r$	N Q M
Gelenk 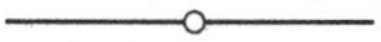	$u_l = u_r$ $w_l = w_r$ $M = 0$	N Q $\Delta\varphi$
Längskraftmechanismus 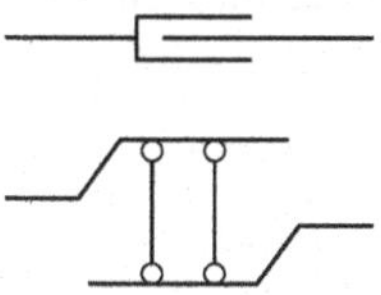	$N = 0$ $w_l = w_r$ $\varphi_l = \varphi_r$	Δu Q M
Querkraftmechanismus 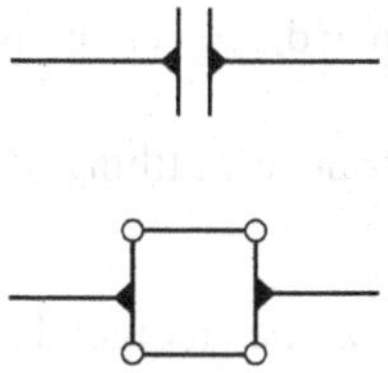	$u_l = u_r$ $Q = 0$ $\varphi_l = \varphi_r$	N Δw M

Bild 2.1-3 Gebräuchliche Anschlüsse ebener Stabwerke

2.2 Aufbau von Stabtragwerken

Die topologischen Eigenschaften des Stabtragwerks, d. h. Form, Anzahl und Anordnung seiner Stäbe, Lager und Anschlüsse, bestimmen sein mechanisches Verhalten.

Ein Tragwerk kann statisch bestimmt, statisch unbestimmt oder verschieblich (statisch unterbestimmt) sein. Ist die Schnittkraftbestimmung allein durch die Gleichgewichtsbedingungen möglich, nennt man das Tragwerk statisch bestimmt. Bei ebenen Systemen stehen je Stabelement drei, bei räumlichen Systemen sechs Gleichgewichtsbedingungen zur Verfügung.

1. Statisch unterbestimmte Systeme

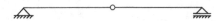

- Sie sind als Tragwerke *unbrauchbar!*
- Gleichgewicht ist allenfalls nur für spezielle Lastfälle möglich.
- Sie sind kinematisch verschieblich.

2. Statisch bestimmte Systeme

- Zur Bestimmung der Auflagerreaktionen und der Schnittgrößen reichen die Gleichgewichtsbedingungen aus.
- Angaben über die Steifigkeitseigenschaften werden nur zur Berechnung der Verformungen benötigt, nicht dagegen zur Schnittgrößenermittlung.

3. Statisch unbestimmte Systeme

- Zur Bestimmung der Schnittgrößen und Auflagerreaktionen sind zusätzlich zu den Gleichgewichtsbedingungen Formänderungsbedingungen in die Berechnung einzuführen.
- Die Steifigkeitseigenschaften gehen sowohl in die Schnittgrößenermittlung als auch in die Verformungsberechnung ein.

Als Grad n der statischen Unbestimmtheit wird die Anzahl der zu befriedigenden Formänderungsbedingungen bezeichnet. Demnach gilt für ein Stabwerk mit

$$n < 0: \quad w\text{-fach kinematisch verschieblich mit } w = -n$$
$$n = 0: \quad \text{statisch bestimmt}$$
$$n > 0: \quad n\text{-fach statisch unbestimmt.}$$

Die beiden letzten Aussagen treffen nur zu, wenn das Tragwerk kinematisch unverschieblich ist. Hierfür ist $n \geq 0$ eine notwendige, aber keine hinreichende Bedingung, da ein System z. B. innerlich statisch unbestimmt und gleichzeitig äußerlich verschieblich sein kann. Man spricht dann vom „Ausnahmefall der Statik". Einige Beispiele hierfür werden in den Bildern 2.2-2, 2.2-3, 2.2-6 und 2.2-7 angegeben. Zum Nachweis der kinematischen Unverschieblichkeit wird auf Abschnitt 3.2.4 verwiesen.

In vielen Fällen kann der Grad n der statischen Unbestimmtheit durch einfache Überlegungen oder auch durch „scharfes Hinsehen" ermittelt werden. Man erkennt z. B. unmittelbar, dass ein an seinen Enden gelenkig gelagerter Durchlaufträger über

m Felder (siehe Bild 2.2-1) $(m-1)$-fach statisch unbestimmt ist, weil für die Berechnung der $m+2$ Auflagerreaktionen nur drei unabhängige Gleichgewichtsbedingungen zur Verfügung stehen.

Bild 2.2-1 Durchlaufträger über m Felder

Ist der Grad n der statischen Unbestimmtheit nicht ohne weiteres erkennbar, so kann er mit Hilfe von Aufbau-, Abbau- oder Abzählkriterien ermittelt werden, wobei letzteren wegen ihrer systematischen Anwendbarkeit die größere Bedeutung zukommt. Die genannten Kriterien werden in den folgenden Abschnitten behandelt.

2.2.1 Abzählkriterien

Bei den sogenannten Abzählkriterien wird die Anzahl der unbekannten Kraftgrößen der Anzahl der verfügbaren Gleichgewichtsbedingungen gegenübergestellt. Die Differenz n, d. h. das Defizit an Gleichungen, gibt den Grad der statischen Unbestimmtheit bzw. die Anzahl der zusätzlich zu formulierenden Formänderungsbedingungen an.

Je nachdem, ob man von den für einen Knoten oder für einen Stab zur Verfügung stehenden Gleichgewichtsbedingungen ausgeht, erhält man unterschiedliche Abzählkriterien.

2.2.1.1 Abzählkriterien für Fachwerke

Für Fachwerke geht man zweckmäßig von einer Betrachtung der Knoten aus. Da dort das Momentengleichgewicht per se erfüllt ist, verbleiben in der Ebene zwei, im Raum drei Gleichgewichtsbedingungen. Als Unbekannte treten die Auflagerkräfte und die Stabkräfte auf. Damit erhält man

$$n = a + s - 2k \qquad \text{für ebene Fachwerke} \qquad (2.2.1)$$

$$n = a + s - 3k \qquad \text{für räumliche Fachwerke} . \qquad (2.2.2)$$

Darin bedeuten:

a die Anzahl der möglichen Auflagerkräfte

s die Anzahl der Fachwerkstäbe

k die Anzahl der Fachwerkknoten.

In Bild 2.2-2 sind einige Beispiele für die Anwendung des Kriteriums (2.2.1) dargestellt.

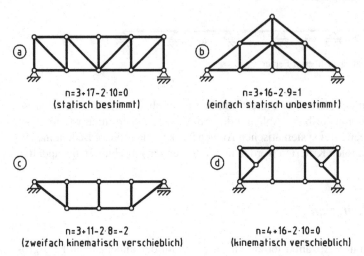

$$n=3+17-2\cdot10=0$$
(statisch bestimmt)

$$n=3+16-2\cdot9=1$$
(einfach statisch unbestimmt)

$$n=3+11-2\cdot8=-2$$
(zweifach kinematisch verschieblich)

$$n=4+16-2\cdot10=0$$
(kinematisch verschieblich)

Bild 2.2-2 Beispiele zur Anwendung des Abzählkriteriums auf ebene Fachwerke

Aus den Ergebnissen lassen sich für die vier dargestellen Systeme folgende Schlüsse ziehen:

1. Die Stabkräfte können allein mit Hilfe von $\sum H = \sum V = 0$ an den Knoten berechnet werden.
2. Wenn eine der beiden oberen Diagonalen entfernt wird, bleibt das Fachwerk kinematisch unverschieblich und ist statisch bestimmt.
3. Es fehlen zwei Diagonalen, um das System auszusteifen.
4. Das System ist äußerlich einfach unbestimmt, aber innerlich einfach verschieblich und deshalb unbrauchbar. Man darf es trotz $n = 0$ nicht als statisch bestimmt bezeichnen.

In Bild 2.2-3 ist das bekannteste Beispiel für den Ausnahmefall der Statik dargestellt, bei dem ein Tragwerk trotz $n = 0$ unbrauchbar ist.

Bild 2.2-3 Bekanntestes Beispiel für den „Ausnahmefall der Statik"

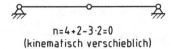

$$n=4+2-3\cdot2=0$$
(kinematisch verschieblich)

2.2.1.2 Abzählkriterien für biegesteife Stabwerke

Geht man von den Knotengleichgewichtsbedingungen aus, so lautet das Abzählkriterium für biegesteife Stabwerke in allgemeiner Form

$$n = (a + s \cdot p) - (g \cdot k + r) \, . \tag{2.2.3}$$

Darin bedeuten:

a die Anzahl der möglichen Auflagerreaktionen

s die Anzahl der unabhängigen Schnittgrößen je Stabelement

p die Anzahl aller Stabelemente

g die Anzahl der Gleichgewichtsbedingungen je Knoten

k die Anzahl aller Knotenpunkte einschließlich der Auflagerknoten

r die Summe aller Nebenbedingungen zwischen den Stabelementen.

Die Auflagerreaktionen und die Schnittgrößen stellen die Unbekannten des Systems dar. Je nachdem, ob es sich um ein ebenes oder räumliches Tragwerksmodell handelt, ist die Anzahl der zu bestimmenden Schnittgrößen verschieden. Ebenso stehen für jeden Knoten je nach Modell unterschiedlich viele Gleichgewichtsbedingungen zur Verfügung. Hinzu kommen Nebenbedingungen an den Verbindungspunkten der Stabelemente, z. B. $M = 0$ an einem Gelenk.

Die Summe r der Nebenbedingungen ist identisch mit der Anzahl der am betreffenden System bekannten Schnittgrößen. Beispiele hierfür sind in Bild 2.2-4 dargestellt.

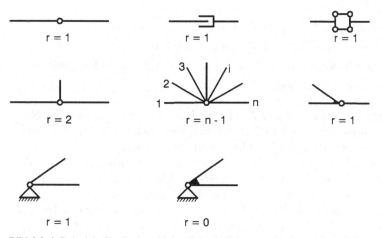

Bild 2.2-4 Beispiele für die Anzahl der Nebenbedingungen in ebenen Stabwerken

Die' Anzahl der unabhängigen Stabendschnittgrößen je Stabelement und der unabhängigen Gleichgewichtsbedingungen je Knoten beträgt

- beim ebenen Stabwerk: $s = g = 3$
- beim räumlichen Stabwerk: $s = g = 6.$

Damit ergibt sich

$$n = a + 3(p - k) - r \qquad \text{für ebene Stabwerke} \qquad (2.2.4)$$

$$n = a + 6(p - k) - r \qquad \text{für räumliche Stabwerke.} \qquad (2.2.5)$$

Gerade Stäbe räumlicher Stabwerke, die an ihren beiden Enden durch Kugelgelenke angeschlossen sind, können keine Torsion aufnehmen. Dies ist im Kriterium (2.2.5) zu berücksichtigen, indem n um die Anzahl der um ihre Achse drehbaren Stäbe erhöht wird.

Wie schon gesagt, kann man bei der Aufstellung eines Abzählkriteriums auch von einer Gleichgewichtsbetrachtung der einzelnen, durch Mechanismen miteinander verbundenen Tragwerkselemente (sogenannte Scheiben) ausgehen. Es ergeben sich dann Formeln, deren Anwendung ein gewisses Verständnis für die Tragwerksstruktur voraussetzt, aber andererseits in der Regel den lästigen Aufwand für das Abzählen nach den Kriterien (2.2.4) und (2.2.5) verringert. Auf der genannten Basis erhält man

$$n = a + z + 3m - 3p \qquad \text{für ebene Stabwerke} \qquad (2.2.6)$$

$$n = a + z + 6m - 6p \qquad \text{für räumliche Stabwerke.} \qquad (2.2.7)$$

Darin bedeuten:

a die Anzahl der Auflagerreaktionen

z die Summe der Zwischenkräfte an den Mechanismen

m die Anzahl der geschlossenen biegesteifen Maschen ohne Mechanismus

p die Anzahl der Scheiben.

Im letzten Term des Kriteriums (2.2.7) ist für jeden geraden, mit zwei Kugelgelenken angeschlossenen Stab der Faktor 6 durch 5 zu ersetzen, da das Momentengleichgewicht um die Stabachse nicht formuliert werden kann.

Die Anzahl z der Zwischenkräfte ergibt sich durch Summation über alle Mechanismen des Systems. Für die gebräuchlichsten Mechanismen ebener Systeme werden die übertragbaren Schnittgrößen in Bild 2.2-5 angegeben.

Zur Anwendung der Kriterien (2.2.6) und (2.2.7) auf ebene und räumliche Stabwerke finden sich einige Beispiele in Bild 2.2-6 bzw. 2.2-7. Mit Hilfe der Kriterien (2.2.4) und (2.2.5) würde man dieselben Ergebnisse erhalten.

Die kinematische Verschieblichkeit des Systems d in Bild 2.2-7 besteht darin, dass sich der horizontale geschlossene Rahmen in seiner Ebene ungehindert um den eingespannten Stiel drehen kann.

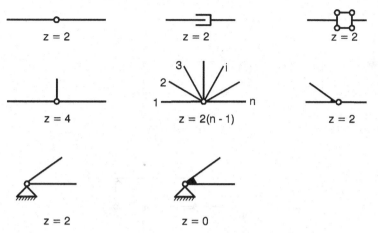

Bild 2.2-5 Anzahl der Zwischenkräfte an Mechanismen ebener Stabwerke

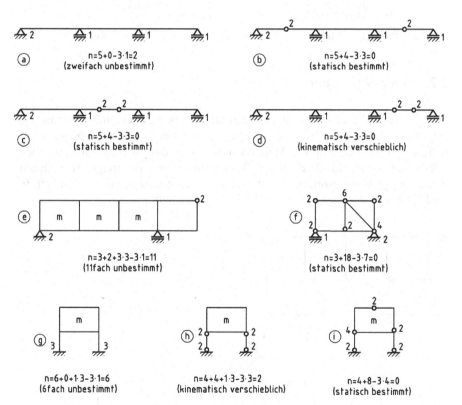

Bild 2.2-6 Beispiele zur Anwendung des Kriteriums (2.2.6) auf ebene biegesteife Stabwerke

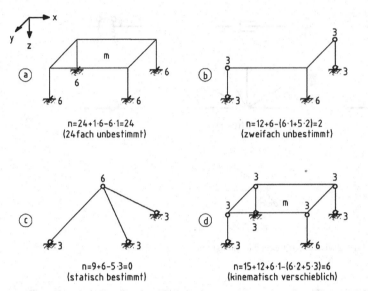

Bild 2.2-7 Beispiele zur Anwendung des Kriteriums (2.2.7) auf räumliche Stabwerke

2.2.2 Abbaukriterium

In vielen Fällen ist es vorteilhaft, die statische Unbestimmtheit eines Systems wie folgt zu bestimmen: Man reduziert das gegebene System durch das Schneiden von Stäben oder das Einfügen von Mechanismen soweit, dass es gerade noch in allen seinen Teilen unverschieblich bleibt. Die bei dieser Prozedur freigesetzte Anzahl von Schnittgrößen entspricht dann dem Grad n der statischen Unbestimmtheit. In Bild 2.2-8 wird die Methode an drei Beispielen illustriert.

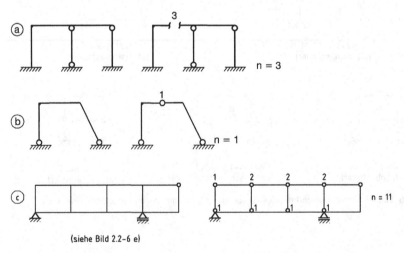

Bild 2.2-8 Beispiele zur Anwendung des Abbaukriteriums auf ebene Stabwerke

2.2.3 Aufbaukriterium

Das im vorigen Abschnitt beim Abbaukriterium angewandte Prinzip lässt sich in dem Sinn umkehren, dass ein System gedanklich aus statisch bestimmten Tragwerksteilen (z. B. Einzelstäben) unter Beachtung eventueller Maßungenauigkeiten dieser Teile zusammengesetzt (aufgebaut) wird. Die Anzahl der dabei bis zum Erhalt des geplanten Tragwerks entstehenden Zwängungen entspricht dem Grad n der statischen Unbestimmtheit.

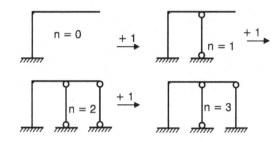

Bild 2.2-9 Beispiel für die Anwendung des Aufbaukriteriums

In Bild 2.2-9 wurde, ausgehend von einem statisch bestimmten Tragwerk, durch den Einbau von Bindungen in drei Schritten ein dreifach statisch unbestimmtes System aufgebaut.

Kapitel 3
Allgemeine Methoden
der Kraftgrößenermittlung

Dieses Kapitel behandelt das grundsätzliche Vorgehen zur Ermittlung der Schnittgrößen und der Auflagerreaktionen. Kapitel 4 enthält zusätzliche Ausführungen, die sich auf spezielle Tragwerksformen beziehen und dementsprechend auf die Berechnungspraxis ausgerichtet sind.

3.1 Die Methode der Gleichgewichtsbedingungen

Bei statisch bestimmten Tragwerken sind alle Schnitt- und Auflagergrößen aus den Gleichgewichtsbedingungen eindeutig bestimmbar. Für den ebenen Fall gilt

$$
\begin{aligned}
\sum F_x &= 0 \quad \text{bzw.} \quad \sum H = 0 \\
\sum F_z &= 0 \quad \text{bzw.} \quad \sum V = 0 \\
\sum M_y &= 0 \quad \text{bzw.} \quad \sum M = 0 \, .
\end{aligned}
\tag{3.1.1}
$$

Wie schon in Abschnitt 1.2.1 erklärt, gilt (3.1.1) nicht nur für das gesamte Tragwerk, sondern auch für jeden beliebigen, heraus getrennten Tragwerksteil, wenn an den Schnittstellen die dort wirkenden inneren Schnittgrößen als äußere Lasten angesetzt werden.

Bei statisch unbestimmten Systemen, die erst später behandelt werden, reichen die Gleichgewichtsbedingungen allein nicht aus. Hier werden zusätzlich Formänderungsbedingungen benötigt.

3.1.1 Gleichgewicht am Teilsystem

Ein einfaches und anschauliches Verfahren zur Schnittkraftermittlung statisch bestimmter Systeme bietet die Betrachtung des Gleichgewichts am Teilsystem. Dabei werden in der Regel zuerst die Auflagerreaktionen bestimmt. Anschließend ermittelt man die gesuchten Schnittgrößen durch Formulierung des Gleichgewichts an geeigneten Teilsystemen. Die Teilsysteme erzeugt man durch Schnitte, in denen die gesuchten Schnittgrößen zu äußeren Kraftgrößen werden. Das Verfahren soll im Einzelnen an dem in Bild 3.1-1 dargestellten, einhüftigen Rahmen erläutert werden.

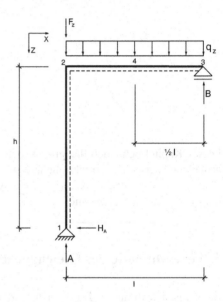

Bild 3.1-1 Beispiel zur Ermittlung der Schnittgrößen

Das System ist statisch bestimmt, da sich

$$n = a + z - 3p = 3 + 0 - 3 \cdot 1 = 0$$

ergibt und keine kinematischen Verschiebungen möglich sind.

Zunächst werden die Auflagerreaktionen bestimmt:

$$\sum F_x = 0 \Rightarrow H_A = 0$$

$$\sum M_{y1} = 0 \Rightarrow B = \frac{q_z \cdot \ell}{2}$$

$$\sum F_z = 0 \Rightarrow A = \frac{q_z \cdot \ell}{2} + F_z .$$

(3.1.2)

In Bild 3.1-2 sind die Teilsysteme dargestellt, deren Gleichgewicht zu formulieren ist, um die Schnittgrößen an den Knoten 1 bis 4 zu bestimmen. Hierzu werden jeweils die drei Bedingungen (3.1.1) verwendet. Die Ergebnisse sind tabellarisch zusammengestellt.

Diese Methode ist anschaulich und leicht nachvollziehbar, der mit ihr verbundene Aufwand hängt jedoch stark von der Geschicklichkeit des Anwenders und dem Grad seines Verständnisses der Tragwerksstruktur („scharfer Blick") ab. Damit eignet sich das Verfahren nicht für die Programmierung, im Gegensatz zur nachfolgend beschriebenen Vorgehensweise.

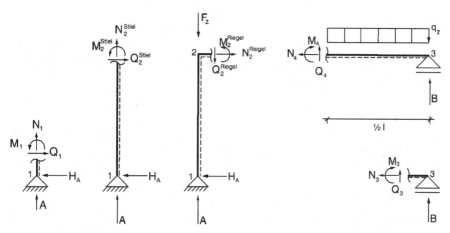

Bild 3.1-2 Teilsysteme mit den positiven Schnittgrößen an den Knoten

	$\sum F_x = 0$	$\sum F_z = 0$	$\sum M_y = 0$
Knoten 1	$Q_1 = H_A = 0$	$N_1 = -A = \dfrac{-q_z \cdot \ell}{2} - F_z$	$M_1 = 0$
Knoten 2^{Stiel}	$Q_2^{\text{Stiel}} = H_A = 0$	$N_2^{\text{Stiel}} = -A = \dfrac{-q_z \cdot \ell}{2} - F_z$	$M_2^{\text{Stiel}} = H_A \cdot h = 0$
Knoten 2^{Riegel}	$N_2^{\text{Riegel}} = H_A = 0$	$Q_2^{\text{Riegel}} = A - F_z = \dfrac{q_z \cdot \ell}{2}$	$M_2^{\text{Riegel}} = H_A \cdot h = 0$
Knoten 3	$N_3 = 0$	$Q_3 = -B = \dfrac{-q_z \cdot \ell}{2}$	$M_3 = 0$
Knoten 4	$N_4 = 0$	$Q_4 = -B + \dfrac{q_z \cdot \ell}{2} = 0$	$M_4 = B \cdot \dfrac{\ell}{2} - \dfrac{q_z \cdot \ell}{2} \cdot \dfrac{\ell}{4} = \dfrac{q_z \cdot \ell^2}{8}$

3.1.2 Gleichgewicht am Tragwerksknoten

Die Aufstellung der Gleichgewichtsbedingungen an jedem Tragwerksknoten lässt sich routinemäßig und damit programmgerecht durchführen, wobei die Knotengleichungen und die Feldübertragungsgleichungen aus Abschnitt 1.3.1.1 herangezogen werden können. An den durch Rundschnitte heraus getrennten („freigeschnittenen") Tragwerksknoten werden die Knotengleichgewichtsbedingungen in den unabhängigen Stabendkraftgrößen der betroffenen Stäbe formuliert. Die abhängigen Stabendkraftgrößen werden dabei mit Hilfe der Feldübertragungsgleichungen (1.3.16) durch die unabhängigen Stabendkraftgrößen ausgedrückt. Diese Methode wird an dem in Bild 3.1-1 dargestellten Rahmen demonstriert. Bild 3.1-3 zeigt die freigeschnittenen Knoten, für die das Gleichgewicht zu formulieren ist.

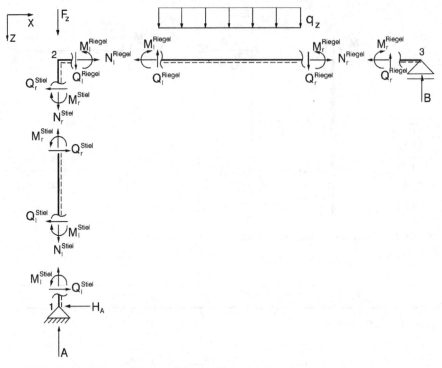

Bild 3.1-3 Freigeschnittene Knoten mit den positiven Schnittgrößen

Zur Eliminierung der abhängigen Stabendschnittgrößen werden für den unbelasteten Stiel (1.3.20) bis (1.3.22), für den Riegel (1.3.17) bis (1.3.19) verwendet. Man erhält

für den Stiel:

$$N_l^{\text{Stiel}} = N_r^{\text{Stiel}}$$

$$Q_l^{\text{Stiel}} = \frac{M_r^{\text{Stiel}} - M_l^{\text{Stiel}}}{h}$$

$$Q_r^{\text{Stiel}} = \frac{M_r^{\text{Stiel}} - M_l^{\text{Stiel}}}{h} \, ,$$

(3.1.3)

für den Riegel:

$$N_l^{\text{Riegel}} = N_r^{\text{Riegel}}$$

$$Q_l^{\text{Riegel}} = \frac{M_r^{\text{Riegel}} - M_l^{\text{Riegel}}}{l} + \frac{q_z \cdot l}{2}$$

$$Q_r^{\text{Riegel}} = \frac{M_r^{\text{Riegel}} - M_l^{\text{Riegel}}}{l} - \frac{q_z \cdot l}{2} \, .$$

(3.1.4)

Durch Anwendung von (3.1.1) auf jeden der drei Knoten erhält man ein System von neun Gleichungen mit neun Unbekannten (siehe die folgende Tabelle).

	Knoten 1	Knoten 2	Knoten 3
$\sum F_x = 0$	$Q_1^{\text{Stiel}} = H_A \Rightarrow$ $\dfrac{M_r^{\text{Stiel}} - M_1^{\text{Stiel}}}{h} - H_A = 0$	$N_1^{\text{Riegel}} = Q_r^{\text{Stiel}} \Rightarrow$ $N_r^{\text{Riegel}} - \dfrac{M_r^{\text{Stiel}} - M_1^{\text{Stiel}}}{h} = 0$	$N_r^{\text{Riegel}} = 0$
$\sum F_z = 0$	$N_1^{\text{Stiel}} = -A \Rightarrow$ $N_r^{\text{Stiel}} + A = 0$	$Q_1^{\text{Riegel}} = -N_r^{\text{Stiel}} - F_z \Rightarrow$ $\dfrac{-M_r^{\text{Riegel}} + M_1^{\text{Riegel}}}{l} - N_1^{\text{Stiel}}$ $= F_z + \dfrac{q_z \cdot l}{2}$	$Q_r^{\text{Riegel}} = -B \Rightarrow$ $\dfrac{M_r^{\text{Riegel}} - M_1^{\text{Riegel}}}{l} + B$ $= \dfrac{q_z \cdot l}{2}$
$\sum M_y = 0$	$M_1^{\text{Stiel}} = 0$	$M_1^{\text{Riegel}} = M_r^{\text{Stiel}} \Rightarrow$ $M_1^{\text{Riegel}} - M_r^{\text{Stiel}} = 0$	$M_r^{\text{Riegel}} = 0$

Die neun Gleichungen der Tabelle werden zweckmäßig als Matrizengleichung geschrieben. Die matrizielle Formulierung hat den Vorteil, dass sie allgemeingültig und übersichtlich ist und sich leicht programmieren lässt. Die Lösung des Gleichungssystems liefert die Schnittgrößen des Gesamtsystems nur an den betrachteten Tragwerksknoten. Abschnitt 3.3 behandelt den Verlauf der Schnittgrößen zwischen den Knoten.

3.2 Kinematische Methode

Die Kinematik beschäftigt sich mit der Bewegung unverformter Körper, d. h. mit Starrkörperverschiebungen und -verdrehungen. Obwohl statisch unterbestimmte und andere kinematisch verschiebliche Systeme als Tragwerke unbrauchbar sind, erweist sich die Theorie der sogenannten kinematischen Ketten in der Statik als sehr nützlich. Zudem ist sie unentbehrlich zum Nachweis der kinematischen Unverschieblichkeit eines statischen Systems.

Der wichtigste Anwendungsbereich ist die Ermittlung von Einflusslinien statisch bestimmter Systeme, auf die erst in Abschnitt 7.3.3 eingegangen wird. Kinematische Überlegungen können jedoch auch zur Ermittlung von Schnittgrößen statisch bestimmter Systeme (Abschnitt 5.3.1) und zur Beschreibung der Stabverdrehungen elastisch verschieblicher, statisch unbestimmter Tragwerke (Drehwinkelverfahren) dienen. Daher wird an dieser Stelle die kinematische Methode allgemein erläutert, um später darauf zurückgreifen zu können.

Tragwerke setzen sich in der Regel aus einzelnen Stab- oder Fachwerkscheiben zusammen, die durch Anschlüsse miteinander und durch Lager mit den Gründungen verbunden sind. Unter Scheiben sind dabei Teilstrukturen zu verstehen, deren Knotenpunkte und Tragelemente sich relativ zueinander nicht bewegen können, abgesehen von den im Rahmen der Theorie 1. Ordnung ohnehin sehr kleinen elastischen Deformationen. Wir beschränken uns hier auf Scheiben als ebene Teilstrukturen. Tragwerksscheiben können als Ganzes kinematische Verschiebungen erfahren, sofern deren Rand- und Übergangsbedingungen dies gestatten. Bei den kinematischen Verschiebungen oder Verrückungen, von denen im Folgenden die Rede sein wird, handelt es sich nicht um wirkliche, sondern um gedachte, fiktive Bewegungen. Deshalb werden sie als virtuell bezeichnet. Zu beachten ist, dass die „Scheibe" im kinematischen Kontext nichts mit dem gleichnamigen Tragwerk als zweidimensionaler Flächenträger (siehe Bild 1.1-2) zu tun hat.

3.2.1 Virtuelle Verrückungen

Eine virtuelle Verrückung ist eine

1. infinitesimal kleine,
2. gedachte (fiktive),
3. kinematisch verträgliche,
4. im Übrigen jedoch beliebige Verschiebung oder Verdrehung.

Dabei bedeutet kinematisch verträglich, dass die Verformung nicht gegen die vorhandenen Bedingungen verstößt. So sind z. B. Knickpunkte (Unstetigkeitsstellen der Tangentenneigung) der Verschiebungsfigur innerhalb von Stäben kinematisch unverträglich. Dagegen sind unterschiedliche Tangentenverdrehungen an einem Gelenk sehr wohl möglich und kinematisch verträglich. Siehe hierzu Bild 3.2-1, in dem die Verschiebungen linear verlaufen, da nur Starrkörperbewegungen betrachtet werden.

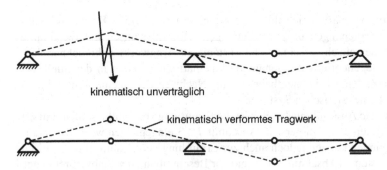

Bild 3.2-1 Beispiele zur kinematischen Verträglichkeit

3.2.2 Grundregeln der Kinematik

Die Grundregeln der Kinematik lassen sich in drei Sätzen zusammenfassen:

1. Jede virtuelle Verrückung einer starren Scheibe ist als Drehung um einen Momentanpol deutbar. Als Grenzfall stellt die Translation eine Rotation um einen Pol im Unendlichen dar.
2. Die virtuelle Verschiebung eines beliebigen Scheibenpunktes erfolgt senkrecht zu seinem Polstrahl.
3. Die virtuellen Verschiebungen der einzelnen Scheibenpunkte sind proportional zu ihren Polstrahllängen, d. h. zum Abstand vom Momentanpol.

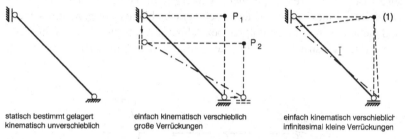

statisch bestimmt gelagert   einfach kinematisch verschieblich   einfach kinematisch verschieblich
kinematisch unverschieblich   große Verrückungen   infinitesimal kleine Verrückungen

Bild 3.2-2 Betrachtung einer Einzelscheibe mit kinematischen Bewegungen

In Bild 3.2-2 ist eine statisch bestimmt gelagerte Scheibe dargestellt. Durch Lösen einer Bindung erhält sie einen Freiheitsgrad; sie wird einfach kinematisch verschieblich. Die dann mögliche Bewegung der Scheibe kann als Drehung um einen Momentanpol P_ℓ aufgefasst werden, dessen Lage bei großen Verrückungen im Allgemeinen veränderlich ist.

Im Rahmen der Kinematik in der Baustatik beschränkt man sich auf beliebig kleine Verrückungen, so dass der Momentanpol während der Verrückung seine Lage nicht ändert. Der Momentanpol einer Scheibe i für infinitesimal kleine Verrückungen heißt Hauptpol (i) der Scheibe i.

Die Scheiben werden üblicherweise mit römischen Zahlen bezeichnet, d. h. Scheibe I besitzt den Hauptpol (1).

Weist ein System nur einen kinematischen Freiheitsgrad auf, so spricht man von einer zwangläufigen kinematischen Kette. Für diese gilt demnach:

1. Sie ist ein aus starren Scheiben, reibungsfreien Lagern und Gelenken zusammengesetztes, arbeitsfrei bewegliches mechanisches System mit einem Freiheitsgrad.
2. Sie ist einfach kinematisch verschieblich ($n = -1$).
3. Sie entsteht aus einem statisch bestimmten Tragwerk ($n = 0$) durch Aufheben einer Bindung.

Ist ein System einfach statisch unterbestimmt, so kann ihm an einem Punkt eine kinematisch verträgliche Verschiebung aufgezwungen werden. Alle anderen Bewegungen des Systems ergeben sich dann zwangläufig.

Deshalb sind die Bewegungen zweier Scheiben nicht unabhängig voneinander (zwangläufige kinematische Kette). Die Verknüpfung der Bewegungen zweier Scheiben wird durch die Lage des Relativpols beschrieben. Der Relativpol zweier Scheiben ist derjenige Punkt, in dem sich diese Scheiben gegeneinander verdrehen. Für kleine Verrückungen ist die Lage des Relativpols ebenso wie die der Hauptpole unveränderlich. Er wird als Nebenpol (i,j) der Scheiben i und j bezeichnet.

In Bild 3.2-3 ist ein einfach verschieblicher, aus drei Scheiben zusammengesetzter Rahmen mit seinen Hauptpolen und seiner Verschiebungsfigur dargestellt. Man erkennt, dass sämtliche Bewegungen zwingend miteinander verknüpft sind, da sich die beiden Zwischengelenke mit gleichem Winkel ψ_{II} um Pol (2) drehen.

Die Darstellung eines einfach kinematisch verschieblichen Systems mit seinen Haupt- und Nebenpolen wird als Polplan bezeichnet. Im folgenden Abschnitt werden Regeln für die Konstruktion des Polplans aufgeführt und illustriert.

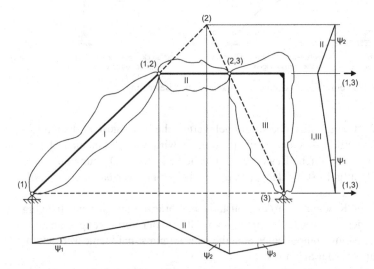

Bild 3.2-3 Viergelenkrahmen mit Polplan und Projektionen der Verschiebungsfigur

3.2.3 Regeln für die Konstruktion des Polplans

Für die Kinematik der Einzelscheibe (siehe Bild 3.2-4) gelten folgende Regeln:

1. Jede Scheibe i dreht sich um ihren Hauptpol (i).
2. Feste Lager sind Hauptpole.
3. Der Hauptpol einer durch ein bewegliches Lager gestützten Scheibe liegt auf der im Lagerpunkt errichteten Senkrechten zur möglichen Bewegungsrichtung.
4. Der Hauptpol einer Scheibe, die nur Translationsbewegungen erfährt, liegt im Unendlichen.

Bild 3.2-4 Zur Kinematik der
Einzelscheibe

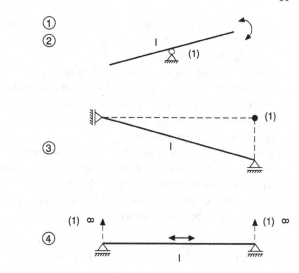

Weitere Regeln gelten für die Kinematik von Scheibensystemen (siehe Bild 3.2-5):

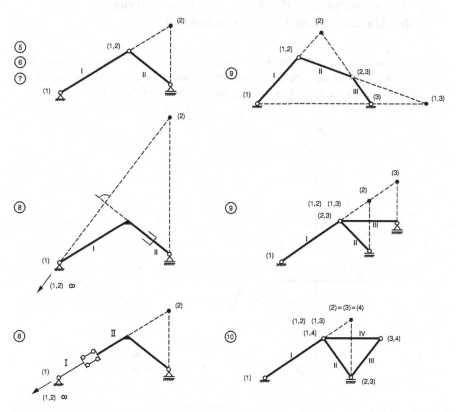

Bild 3.2-5 Zur Kinematik von Scheibensystemen

5. Zwei Scheiben i und j drehen sich gegeneinander in ihrem Nebenpol (i,j). Liegt dieser Nebenpol im Unendlichen, so bewegen sich beide Scheiben parallel mit dem gleichen Drehwinkel.

6. Das Verbindungsgelenk zweier Scheiben ist deren gemeinsamer Nebenpol.

7. Der Nebenpol (i,j) liegt stets auf der Verbindungslinie der beiden Hauptpole (i) und (j). Fallen zwei dieser Pole zusammen, dann liegt der dritte am selben Ort.

8. Nebenpole bei Q- und N-Mechanismen liegen im Unendlichen senkrecht zur möglichen Bewegungsrichtung.

9. Die drei Nebenpole (i,j), (j,k) und (i,k) liegen stets auf einer Geraden. Fallen zwei dieser Nebenpole zusammen, dann liegt der dritte am selben Ort.

10. Tritt im Polplan bei einer Scheibe ein Widerspruch auf, dann ist diese Scheibe entweder fest oder Teil eines in sich unverschieblichen Scheibenverbandes, der als *eine* Scheibe betrachtet werden kann.

In der Skizze zu Satz 10 ergibt sich z. B. ein Widerspruch zu Satz 7, da (2,3) nicht am selben Ort wie (2) und (3) liegt: II, III und IV bilden zusammen *eine* Scheibe.

3.2.4 Der Ausnahmefall der Statik und Überprüfung der kinematischen Unverschieblichkeit

Wie schon gesagt, liegt der kinematisch verschiebliche Ausnahmefall der Statik vor, wenn sich bei $n \geq 0$ widerspruchslos ein Polplan oder eine kinematische Verschiebungsfigur konstruieren lässt. Ein Beispiel hierfür mit $n = 0$ zeigt Bild 3.2-6.

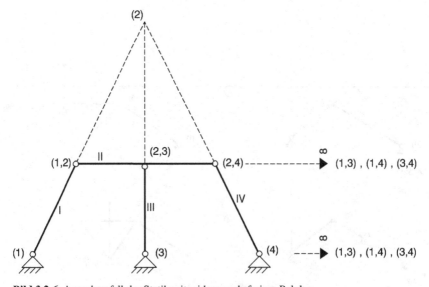

Bild 3.2-6 Ausnahmefall der Statik mit widerspruchsfreiem Polplan

Der Polplan ist demnach das geeignete Mittel zur Untersuchung statischer Systeme auf kinematische Verschieblichkeit. Nur wenn sich für alle Scheiben im Polplan Widersprüche ergeben, ist die Unverschieblichkeit nachgewiesen.

Das System in Bild 3.2-7 ist aus dem des Bildes 3.2-6 durch Veränderung einer Stielneigung entstanden. Dadurch ergibt sich nunmehr ein Widerspruch für den Hauptpol (2). Da Scheibe II sich nicht kinematisch bewegen kann, gilt dies auch für die anderen drei Scheiben.

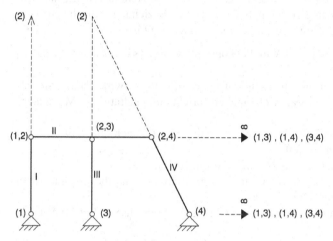

Bild 3.2-7 Unverschiebliches System mit Polplan

3.2.5 Kraftgrößenberechnung mit dem Prinzip der virtuellen Verschiebungen

Das auf der Kinematik basierende Prinzip der virtuellen Verschiebung bietet für statisch bestimmte Systeme eine weitere Methode der Kraftgrößenermittlung, die besonders bei Kontrollberechnungen (Bestimmung einzelner Schnittkräfte oder Auflagerreaktionen) sinnvoll eingesetzt werden kann. Darauf wird in Abschnitt 5.3.1 im Zusammenhang mit dem Begriff der virtuellen Arbeit näher eingegangen.

3.3 Verlauf der Schnittgrößen (Zustandslinien)

Mit den Methoden nach Abschnitt 3.1.1 und 3.1.2, bei denen das Gleichgewicht an Teilsystemen bzw. Tragwerksknoten formuliert wird, erhält man die Schnittgrößen nur an ausgewählten Punkten des Systems. Deren Kenntnis reicht jedoch für eine vollständige Untersuchung und Berechnung nicht aus. Hierfür muss man den lückenlosen Verlauf der Schnittgrößen, d. h. deren Zustandslinien, kennen. Diese erhält man für gerade Stäbe nach Kenntnis der Stabendschnittgrößen, wenn man den

Funktionsverlauf in Abhängigkeit von der Stabbelastung entsprechend (1.3.7) bis (1.3.9) beachtet. Die Zustandslinien stellen den funktionalen Verlauf der Schnittgrößen längs des gesamten Tragwerks infolge einer bestimmten Belastung dar. Für ein ebenes Stabtragwerk existieren drei Zustandslinien: die Normalkraftlinie $N(x)$, die Querkraftlinie $Q(x)$ und die Momentenlinie $M(x)$.

Im Folgenden werden einige Grundregeln für die Ermittlung von Zustandslinien ebener Tragstrukturen aufgestellt, die aus geraden Stabelementen zusammengesetzt sind. Die Sätze gelten unter der Annahme, dass kein Streckenmoment m_y angreift, und ergeben sich aus den genannten mathematischen Beziehungen, nach denen die erste Ableitung von N, Q und M gleich $-q_x$, $-q_z$ bzw. Q ist.

1. In lastfreien Bereichen sind N und Q konstant, während sich M linear verändert, sofern $Q \neq 0$ ist.
2. In den Bereichen, in welchen ein konstantes q_x oder q_z wirkt, ändert sich N bzw. Q linear. Einer linearen Q-Linie entspricht ein quadratischer Momentenverlauf.
3. Eine linear veränderliche Belastung q_z bedingt bei Q einen quadratischen, bei M einen kubischen Verlauf.
4. Wo Q verschwindet, nimmt M einen Extremwert an.
5. Im Angriffspunkt von Einzellasten quer zur Stabachse hat die Q-Linie einen Sprung, die M-Linie einen Knick.
6. Im Angriffspunkt einer Einzellast in Richtung der Stabachse besitzt die N-Linie einen Sprung.
7. Im Angriffspunkt von Einzelmomenten hat die M-Linie einen Sprung, die Q-Linie bleibt unbeeinflusst, desgleichen die Neigung der M-Linie.
8. In der Symmetrieachse eines Systems ist bei symmetrischer Belastung die Querkraft gleich Null, bei antimetrischer Belastung verschwinden die Normalkraft und das Biegemoment.
9. Ein zwischen zwei Gelenken gelegenes, gerades Stabelement ohne Lasten quer zur Stabachse überträgt nur Längskräfte.
10. Die Normalkraft ist völlig unbeeinflusst von Querkraft und Moment und umgekehrt.
11. In einem Bereich mit positivem q_x oder q_z nimmt N bzw. Q ab.
12. In einem Bereich mit positiver Querkraft Q wächst das Biegemoment an.

Für die graphische Darstellung der Zustandslinien wird die folgende, gebräuchliche Vereinbarung getroffen: Die Biegemomente werden grundsätzlich auf der Seite des Stabes aufgetragen, wo sie Zugspannungen erzeugen, d. h. positive M nach unten bzw. auf der Seite der gestrichelten Linie, desgleichen positive N. Die Darstellung von Q entspricht dagegen dem Richtungssinn der Querbelastung, so dass positive Q nach oben bzw. gegenüber der gestrichelten Linie aufzutragen sind. Von diesen Regeln sollte man nur in begründeten Fällen, z. B. wegen größerer Übersichtlichkeit, abweichen, da anderenfalls beispielsweise bei der Überlagerung verschiedener Lastfälle leicht Fehler entstehen können.

Die Ermittlung und Darstellung von Zustandslinien soll an dem Balken nach Bild 3.3-1 exemplarisch gezeigt werden.

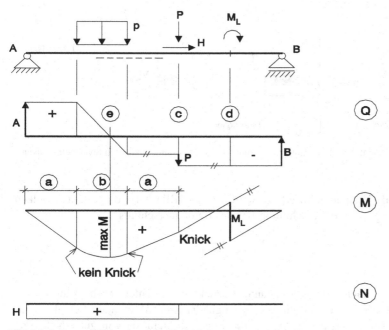

Bild 3.3-1 Zustandslinien für einen Einfeldträger mit gemischter Belastung

An dem Beispiel nach Bild 3.3-1 werden folgende Zusammenhänge deutlich:

1. In Trägerabschnitten ohne Belastung ist Q konstant und M linear veränderlich.
2. In Bereichen mit konstanter Belastung p verläuft Q linear und M nach einer quadratischen Parabel.
3. Im Angriffspunkt einer quergerichteten Einzellast P ist Q unstetig (Querkraftsprung), während die Momentenlinie dort einen Knick aufweist. Die Neigung der Querkraftlinie ändert sich dort infolge P nicht.
4. Ein Lastmoment M_L bewirkt in seinem Angriffspunkt keine Änderung der Querkraft Q und der Neigung von M. Die Momentenlinie ist dort unstetig (Momentensprung).
5. An der Nullstelle der Querkraft weist das Moment einen Extremwert auf.

3.4 Schnittgrößen infolge Vorspannung

Die im Spannbeton angewandte Vorspannung erzeugt im Tragwerk einen Eigenspannungszustand und verursacht an statisch bestimmten Systemen keine Auflagerreaktionen. Deshalb treten am Gesamtquerschnitt keine Schnittgrößen auf, wohl aber Spannungen und Verzerrungen. Teilt man den Gesamtquerschnitt in die beiden Komponenten Spannglied und Betonquerschnitt auf, so stehen deren Teilschnittgrößen miteinander im Gleichgewicht.

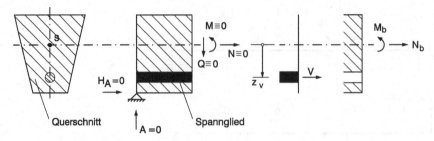

Bild 3.4-1 Gesamt- und Teilschnittgrößen eines statisch bestimmt gelagerten Spannbetonbalkens

Mit V als Vorspannkraft erhält man für den in Bild 3.4-1 dargestellten Balken aus $\sum H = \sum M = 0$ die Schnittgrößen des Betonquerschnitts

$$N_b = -V \tag{3.4.1}$$
$$M_b = -V \cdot z_V . \tag{3.4.2}$$

Im Allgemeinen verläuft das Spannglied nicht in konstantem Abstand zur Schwerlinie, sondern z. B. parabolisch. Die Spanngliedneigung α verändert sich also ständig (siehe Bild 3.4-2), ist jedoch in der Regel so klein, dass in guter Näherung $\cos\alpha = 1$ und $\sin\alpha = \alpha$ gesetzt werden darf. Dann ergibt sich aus der Äquivalenzbetrachtung für den statisch bestimmt gelagerten Spannbetonträger

$$N_b = -V \cdot \cos\alpha \quad \approx -V \tag{3.4.3}$$
$$M_b = -V \cdot \cos\alpha \cdot z_V \approx -V \cdot z_V \tag{3.4.4}$$
$$Q_b = -V \cdot \sin\alpha \quad \approx -V \cdot \alpha . \tag{3.4.5}$$

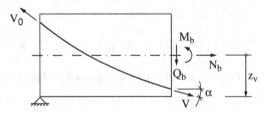

Bild 3.4-2 Statisch bestimmt gelagerter Spannbetonträger mit allgemeinem Verlauf des Spannglieds

Wegen der Reibungsverluste ist V nicht konstant, so dass M_b und z_V nur näherungsweise affin verlaufen.

Die Deformationen (siehe Kapitel 5 und 6) vorgespannter Stäbe erhält man, indem man statt der Schnittgrößen M, Q, N die Schnittgrößen M_b, Q_b, N_b des Betonquerschnitts verwendet.

Die Vorspannung wird wegen ihrer Sonderstellung hier nicht weiter behandelt.

Kapitel 4
Grundformen der Tragwerke

Dieses Kapitel behandelt spezielle, gebräuchliche Tragwerksformen. Über die in Kapitel 3 erläuterte, grundsätzliche Vorgehensweise hinaus wird ausgeführt, wie die praktische Berechnung jeweils zielgerichtet gestaltet werden kann.

Ein bestimmter Tragwerkstyp kann auf unterschiedliche Art und Weise baulich realisiert werden. Für einen Einfeldträger kämen z. B., wenn man von Mischformen absieht, folgende drei Möglichkeiten in Frage:

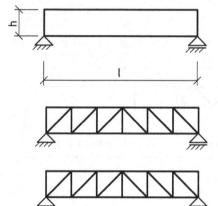

Vollwandträger: Er wird bis zu einem Verhältnis $h/l = 0,5$ als Stab betrachtet. Gedrungenere Träger werden hier nicht behandelt.

Fachwerkträger: Die Stäbe sind gelenkig miteinander verbunden.

Rahmenträger (hier als VIERENDEEL-träger) mit biegesteif verbundenen Stäben.

Der Vollwandträger ($h/l \leq 0,5$) ist die wichtigste Tragwerksform. Eine weitere wichtige Gruppe, auf die in einem eigenen Abschnitt eingegangen wird, bilden die Fachwerkträger. Da biegesteife Rahmenträger im Allgemeinen statisch unbestimmt sind, können sie erst später behandelt werden.

Weitere Tragwerkstypen in der Ausführung als Vollwandträger (bzw. Stabwerk), Fachwerk oder Mischsystem finden sich in Tabelle 4.1.

Tabelle 4.1 Ausführungsformen von Tragwerkstypen

Stabwerke	Fachwerke	Mischsysteme
Kragträger		
Einfeldträger	siehe Abschnitt 4.3.1.1	
Gelenkträger		
Durchlaufträger		
Dreigelenkbogen		Träger m. Stabbogenversteifung (LANGERscher Balken)
Drei- und Zweigelenkrahmen	Zweigelenk-Fachwerkrahmen	Rahmen mit Zugband

4.1 Statisch bestimmte ebene Stabwerke

4.1.1 Einfeldträger

Unter einem Träger auf zwei Stützen, auch einfacher Balken genannt, versteht man einen auf Biegung beanspruchten Stab, der an einem Ende gelenkig unverschieblich und an seinem anderen Ende gelenkig verschieblich gelagert ist, so dass drei Auflagerkräfte auftreten (siehe Bild 4.1-1). Im Normalfall ist der Träger gerade und horizontal. Die z- und die y-Achse des lokalen Koordinatensystems stellen Hauptachsen seines Querschnitts dar. Alle äußeren Kräfte greifen in der Mittelebene an (x-z-Ebene) und werden im Sinne der Theorie 1. Ordnung ebenso wie die resultierenden Schnittkräfte auf das unverformte Tragwerk bezogen.

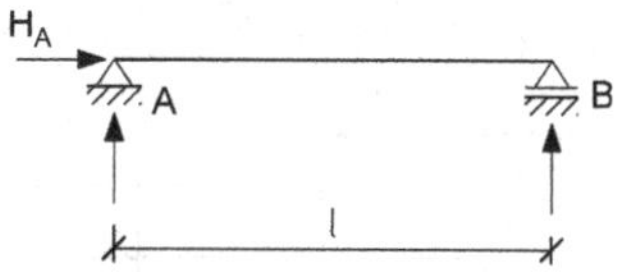

Bild 4.1-1 Gerader, horizontaler Einfeldträger (Balken)

Die Gleichgewichtsbedingungen reichen zur Ermittlung der Auflagerkräfte aus. H_A wird aus $\sum H = 0$ berechnet und verschwindet meistens, da Balken in der Regel nur durch Querlasten beansprucht werden. Die vertikalen Lasten verteilen sich nach dem Hebelgesetz auf die beiden Lager: A und B ergeben sich einzeln aus $\sum M_B = 0$ bzw. $\sum M_A = 0$. Meist ist es vorteilhaft, nur eine dieser beiden Gleichungen, z. B. $\sum M_B = 0$ für A, zu verwenden und die zweite Kraft, hier B, dann aus $\sum V = 0$ zu bestimmen.

In der Regel treten an Balken gleichzeitig mehrere Lastfälle auf, deren Wirkungen zu überlagern (superponieren) sind. Einige Standardlastfälle mit den zugehörigen Q- und M-Verläufen sind in Tabelle 4.2 zusammengestellt. Weitere Lastfälle findet man in statischen Tabellenwerken (siehe Literaturverzeichnis).

Tabelle 4.2 Standardlastfälle am einfachen Balken

System und Lastbild	Q-Verlauf	M-Verlauf
l		
P, $l/2$, $l/2$	$P/2$ $+$ $-$ $P/2$	$+$ $Pl/4$
P, a, b	$\frac{Pb}{l}$ $+$ $-$ $\frac{Pa}{l}$	$+$ $\frac{Pab}{l}$
P P, a, b, a	P $+$ $-$ P	$+$ Pa
p	$\frac{pl}{2}$ $+$ $-$ $\frac{pl}{2}$	$+$ $pl^2/8$
p, a, b	A $+$ $-$ B $A = B - pa \quad B = \frac{pa^2}{2\ell}$	$\frac{pa^2}{8}$ $+$ Bb x_0 max M bei $x_0 = A/p$
p, a, b, c	A $+$ $-$ B $A = \frac{pb}{\ell}\left(\frac{b}{2}+c\right) \quad B = pb - A$	Aa Bb $+$ $\frac{pb^2}{8}$
p	$x_0 = \ell/\sqrt{3}$ $\frac{pl}{6}$ $+$ $-$ $\frac{pl}{3}$ x_0	$\frac{pl^2}{9\sqrt{3}}$ $+$ x_0
M_L	$+$ $\frac{M_L}{l}$	$+$ M_L
M_L, a, b	$+$ $\frac{M_L}{l}$	$M_L\frac{b}{l}$ $-$ $+$ $M_L\frac{a}{l}$

In Bild 4.1-2 werden die Schnittgrößen eines Balkens mit gemischter Belastung unter Verwendung der Tabelle 4.2 ermittelt. An den endgültigen Flächen für M und Q erkennt man, dass der Weg über die resultierenden Kräfte A und B schneller gewesen wäre.

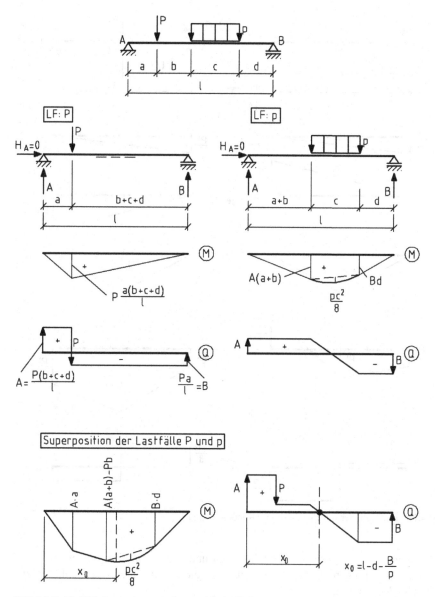

Bild 4.1-2 Einfeldträger mit gemischter vertikaler Belastung

Bild 4.1-3 zeigt zwei Balken, die durch eine mittige Einzellast und zwei Randmomente beansprucht werden. Hierfür wird bei den Momenten vorteilhaft auf Tabelle 4.2 zurückgegriffen, während sich die Querkräfte am schnellsten aus den Auflagerkräften ergeben.

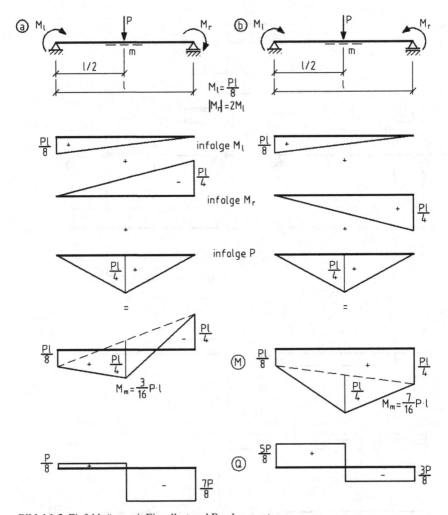

Bild 4.1-3 Einfeldträger mit Einzellast und Randmomenten

Bei geneigten Trägern, z. B. Dachsparren und Treppenläufen, ist sowohl zwischen den Richtungen als auch den Bezugslängen der einzelnen Streckenlasten zu unterscheiden (siehe Bild 4.1-6).

Eigen-, Schnee- und Verkehrslasten wirken immer vertikal. Während aber die beiden letzteren auf die horizontale Grundfläche bezogen werden, wirkt das Eigengewicht auf der tatsächlichen Länge des Stabs. Dies gilt auch für den Wind, der jedoch immer senkrecht zur Stabachse anzusetzen ist.

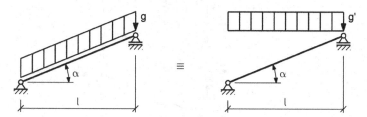

Bild 4.1-4 Äquivalenter Ansatz des Eigengewichts beim geneigten Träger

Das Eigengewicht g rechnet man zweckmäßig in eine äquivalente, auf die Grundrissprojektion des Trägers bezogene Streckenlast g' um (siehe Bild 4.1-4). Aus

$$R = g \frac{\ell}{\cos\alpha} = g' \cdot \ell \quad \text{folgt} \quad g' = \frac{g}{\cos\alpha} \, .$$

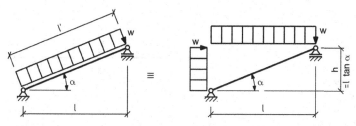

Bild 4.1-5 Zerlegung der Windlast des geneigten Trägers in einen horizontalen und vertikalen Anteil

Zuweilen kann es auch vorteilhaft sein, den Wind in seinen horizontalen und seinen vertikalen Anteil zu zerlegen (siehe Bild 4.1-5). Die resultierende Windkraft $R = w\ell' = w\ell/\cos\alpha$ hat die Komponenten $V = R\cos\alpha = w\ell$ und $H = R\sin\alpha = w\ell\tan\alpha = wh$. Man erkennt, dass w wahlweise senkrecht zur Stabachse oder gleichzeitig horizontal und vertikal mit gleicher Intensität angesetzt werden kann.

Bild 4.1-6 Schräge Einfeldträger mit unterschiedlich
geneigten Gleitlagern unter
Eigen-, Verkehrs- und Windlast

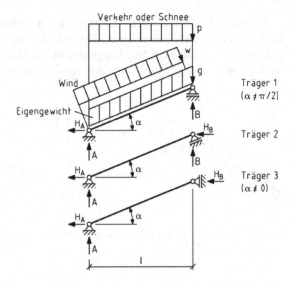

Je nach Neigung des Gleitlagers erhält man für den schrägen Einfeldträger (siehe
Bild 4.1-6) aus $\sum H = \sum V = \sum M_A = 0$ unterschiedliche Auflagerkräfte. Diese
sind für die Lastfälle Eigengewicht, Verkehr und Wind in Tabelle 4.3 zusammengestellt.

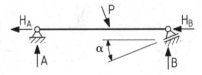

Bild 4.1-7 Einfeldträger mit
geneigtem Gleitlager

Dementsprechend unterscheiden sich auch die Normalkräfte der dargestellten
Träger 1 bis 3. Die Querkräfte und Biegemomente sind jedoch unabhängig von
der Neigung des verschieblichen Lagers. Das lässt sich leicht einsehen, wenn man
bedenkt, dass die Auflagerkräfte A und B des Trägers mit geneigtem Gleitlager
(Bild 4.1-7) unabhängig von der Neigung α sind, weil H_B keinen Hebelarm bezüg-
lich der Auflagerpunkte hat.

Tabelle 4.3 Auflagerreaktionen und Feldmomente des geneigten Einfeldträgers infolge Eigengewicht, Verkehr und Wind

LF		Träger 1 ($\alpha \neq \pi/2$)	Träger 2	Träger 3 ($\alpha \neq 0$)
g	A	$\dfrac{g\ell}{2\cos\alpha}$	$\dfrac{g\ell}{2}\dfrac{2-\cos^2\alpha}{\cos\alpha}$	$\dfrac{g\ell}{\cos\alpha}$
	H_A	0	$-\dfrac{g\ell}{2}\sin\alpha$	$-\dfrac{g\ell}{2\sin\alpha}$
	B	$\dfrac{g\ell}{2\cos\alpha}$	$\dfrac{g\ell}{2}\cos\alpha$	0
	H_B	0	$\dfrac{g\ell}{2}\sin\alpha$	$\dfrac{g\ell}{2\sin\alpha}$
	max M		$\dfrac{g\ell^2}{8\cos\alpha}$	
p	A	$\dfrac{p\ell}{2}$	$\dfrac{p\ell}{2}\left(2-\cos^2\alpha\right)$	$p\ell$
	H_A	0	$-\dfrac{p\ell}{2}\sin\alpha\cos\alpha$	$-\dfrac{p\ell}{2\tan\alpha}$
	B	$\dfrac{p\ell}{2}$	$\dfrac{p\ell}{2}\cos^2\alpha$	0
	H_B	0	$\dfrac{p\ell}{2}\sin\alpha\cos\alpha$	$\dfrac{p\ell}{2\tan\alpha}$
	max M		$\dfrac{p\ell^2}{8}$	
w	A	$\dfrac{w\ell}{2}\left(2-\dfrac{1}{\cos^2\alpha}\right)$	$\dfrac{w\ell}{2}$	$w\ell$
	H_A	$w\ell\tan\alpha$	$\dfrac{w\ell}{2}\tan\alpha$	$-\dfrac{w\ell}{\tan\alpha}$
	B	$\dfrac{w\ell}{2\cos^2\alpha}$	$\dfrac{w\ell}{2}$	0
	H_B	0	$\dfrac{w\ell}{2}\tan\alpha$	$\dfrac{w\ell}{\sin\alpha\cos\alpha}$
	max M		$\dfrac{w\ell^2}{8\cos^2\alpha}$	

4.1.2 Kragträger

Kragträger sind nur an einem Ende gelagert, und zwar durch Einspannung. Das andere Ende ist völlig frei. Neben den einfachen geraden Kragträgern werden auch stetig gekrümmte oder polygonal ausgebildete Systeme verwendet. In Bild 4.1-8 wird als Beispiel ein abgewinkelter Kragträger gezeigt. Mit der Schnittkraftermittlung beginnt man am freien Ende.

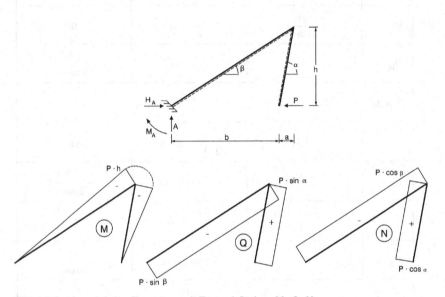

Bild 4.1-8 Abgewinkelter Kragträger mit Zustandsflächen M, Q, N

4.1.3 Einfeldträger mit Kragarm

Wird der einfache Balken über ein oder beide Auflager hinweggeführt, entsteht der Einfeldträger mit ein- oder beidseitigem Kragarm. Bei der Berechnung lassen sich die Schnittkräfte der Kragarme wie beim Kragträger vom freien Ende ausgehend bis zum Auflager problemlos bestimmen. Im Feld werden die Schnittkräfte aus der Belastung des Feldes (d. h. zwischen den Auflagern) denjenigen infolge der Kragmomente überlagert.

Bild 4.1-9 zeigt als Beispiel einen Einfeldträger mit zwei Kragarmen.

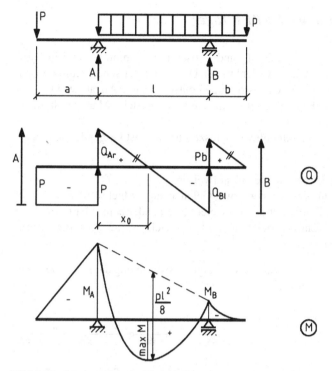

Bild 4.1-9 Schnittgrößen des Einfeldträgers mit zwei Kragarmen

Das maximale Feldmoment tritt im Querkraftnullpunkt bei x_0 auf und ergibt sich aus

$$\max M = -P(a + x_0) + Ax_0 - \frac{px_0^2}{2}$$

$$= -Pa + (A - P)x_0 - \frac{px_0^2}{2} .$$

Daraus folgt mit $-Pa = M_A$, $A - P = Q_{Ar}$ und $x_0 = \dfrac{Q_{Ar}}{p}$

$$\max M = M_A + \frac{Q_{Ar}^2}{2p} . \tag{4.1.1}$$

Entfällt der linke Kragarm, so vereinfacht sich (4.1.1) mit $M_A = 0$ und $Q_{Ar} = A$ auf

$$\max M = \frac{A^2}{2p} . \tag{4.1.2}$$

Gleichungen (4.1.1) und (4.1.2) werden auch zur Berechnung der maximalen Feldmomente statisch unbestimmter Durchlaufträger verwendet (Beispiel in Abschnitt 8.6.1.3), nachdem die Stützmomente auf anderem Wege ermittelt wurden.

4.1.4 Gelenkträger und GERBERträger

Durchlaufträger (siehe z. B. Bild 2.2-1) sind statisch unbestimmt. Durch Einfügen von Gelenken entstehen aus ihnen Gelenkträger. Diese sind statisch bestimmt, wenn eine dem Grad n der statischen Unbestimmtheit entsprechende Anzahl von Gelenken so angeordnet wird, dass keine kinematische Kette entsteht. Man spricht dann von GERBERträgern.

Um eine kinematische Verschieblichkeit auszuschließen, ist Folgendes zu beachten:

- Ein Endfeld darf höchstens ein Gelenk aufweisen.
- In einem Innenfeld dürfen höchstens zwei Gelenke angeordnet werden.
- Es dürfen nicht zwei Felder mit je zwei Gelenken einander benachbart sein.
- Ein Endfeld, dessen benachbartes Innenfeld zwei Gelenke aufweist, darf selbst kein Gelenk besitzen.

Einige Beispiele für eine zulässige bzw. geeignete Anordnung der $n = 2$ Gelenke in einem Dreifeldträger zeigt Bild 4.1-10.

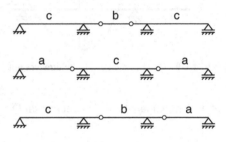

a = Schleppträger
b = Koppelträger

Bild 4.1-10 GERBERträger
mit drei Feldern

c = Stabilisierungsträger

Unbrauchbare Systeme sind in Bild 4.1-11 dargestellt. Man sieht leicht, dass Teile der Träger kinematisch verschieblich sind. Beispielsweise lässt sich jeweils das mit G bezeichnete Gelenk widerstandslos nach unten bewegen.

GERBERträger werden heute kaum mehr gebaut, obwohl sie als statisch bestimmte Systeme den Vorteil haben, sich Auflagersetzungen zwängungsfrei anpassen zu können.

Die Auflagerreaktionen und Schnittgrößen der GERBERträger können nach einer der beiden folgenden Methoden ermittelt werden:

- Verfahren der Gleichgewichts- und Nebenbedingungen
- Verfahren der Gelenkkräfte.

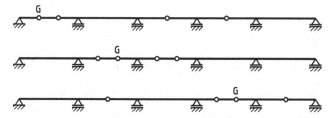

Bild 4.1-11 Fünffeldträger mit unzulässiger Gelenkanordnung

Das zweite Verfahren besitzt gegenüber dem erstgenannten den Vorteil der größeren Anschaulichkeit, da es Verständnis für das Tragverhalten des Systems voraussetzt.

4.1.4.1 Das Verfahren der Gleichgewichts- und Nebenbedingungen

Beim Verfahren der Gleichgewichts- und Nebenbedingungen wird ein Gleichungssystem aufgestellt, das aus den drei globalen Gleichgewichtsbedingungen und den Nebenbedingungen $\sum M = 0$ an den Zwischengelenken besteht. Die Unbekannten dieses Gleichungssystems sind die Auflagerreaktionen. Nach deren Ermittlung können die Schnittgrößen mit Hilfe von Gleichgewichtsbetrachtungen an Teilsystemen berechnet werden.

Das Verfahren wird am Beispiel eines Vierfeldträgers nach Bild 4.1-12 erläutert:

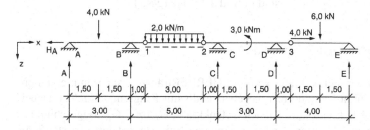

Bild 4.1-12 GERBERträger mit vier Feldern

Abzählkriterium:
$$n = a + z - 3p = 6 + 3 \cdot 2 - 3 \cdot 4 = 0 \, .$$

Nebenbedingungen:

$$\sum M_{3r} = 0 \Rightarrow 3{,}0 \cdot E - 1{,}5 \cdot 6{,}0 = 0$$

$$\sum M_{2r} = 0 \Rightarrow 8{,}0 \cdot E + 4{,}0 \cdot D + 1{,}0 \cdot C - 6{,}5 \cdot 6{,}0 + 3{,}0 = 0$$

$$\sum M_{1r} = 0 \Rightarrow 11{,}0 \cdot E + 7{,}0 \cdot D + 4{,}0 \cdot C - 9{,}5 \cdot 6{,}0 + 3{,}0 - 1{,}5 \cdot 2{,}0 \cdot 3{,}0 = 0 \, .$$

Globale Gleichgewichtsbedingungen:

$$\sum F_x = 0 \;\Rightarrow\; -H_A + 4{,}0 = 0$$

$$\sum F_z = 0 \;\Rightarrow\; -A - B - C - D - E + 4{,}0 + 2{,}0 \cdot 3{,}0 + 6{,}0 = 0$$

$$\sum M_A = 0 \;\Rightarrow\; 15{,}0 \cdot E + 11{,}0 \cdot D + 8{,}0 \cdot C + 3{,}0 \cdot B - 13{,}5 \cdot 6{,}0 + 3{,}0$$
$$- 5{,}5 \cdot 2{,}0 \cdot 3{,}0 - 1{,}5 \cdot 4{,}0 = 0 \,.$$

Gleichungssystem:

$$
\begin{array}{c}
\begin{array}{cccccc} H_A & A & B & C & D & E \end{array} \\
\begin{array}{r}
1. \\ 2. \\ 3. \\ 4. \\ 5. \\ 6.
\end{array}
\begin{bmatrix}
0 & 0 & 0 & 0 & 0 & 3{,}0 \\
0 & 0 & 0 & 1{,}0 & 4{,}0 & 8{,}0 \\
0 & 0 & 0 & 4{,}0 & 7{,}0 & 11{,}0 \\
-1{,}0 & 0 & 0 & 0 & 0 & 0 \\
0 & -1{,}0 & -1{,}0 & -1{,}0 & -1{,}0 & -1{,}0 \\
0 & 0 & 3{,}0 & 8{,}0 & 11{,}0 & 15{,}0
\end{bmatrix}
\end{array}
\cdot
\begin{bmatrix}
H_A \\ A \\ B \\ C \\ D \\ E
\end{bmatrix}
+
\begin{bmatrix}
-9{,}0 \\ -36{,}0 \\ -63{,}0 \\ 4{,}0 \\ 16{,}0 \\ -117{,}0
\end{bmatrix}
=
\begin{bmatrix}
0 \\ 0 \\ 0 \\ 0 \\ 0 \\ 0
\end{bmatrix} \, .
$$

Auflagerreaktionen:

$$
\begin{bmatrix}
H_A \\ A \\ B \\ C \\ D \\ E
\end{bmatrix}
=
\begin{bmatrix}
4{,}0 \\ 1{,}0 \\ 6{,}0 \\ 4{,}0 \\ 2{,}0 \\ 3{,}0
\end{bmatrix}
\; [\text{kN}] \, .
$$

Die Zustandslinien N, Q und M sind in Bild 4.1-15 dargestellt.

4.1.4.2 Das Verfahren der Gelenkkräfte

Beim Verfahren der Gelenkkräfte wird der GERBERträger durch Schnitte an den Zwischengelenken in Einfeldträger, gegebenenfalls mit Kragarm, aufgelöst. Dabei werden die vertikalen und horizontalen Gelenkkräfte G_i bzw. G_i^* freigeschnitten. Die Berechnung der Schnittgrößen beginnt mit den Teilsystemen der „obersten Trägerebene", die sich an den Zwischengelenken auf der nächsttieferen Ebene abstützen (siehe Bild 4.1-13). In der obersten Ebene liegen die Schleppträger, in der untersten die Stabilisierungsträger. Die Auflagerreaktionen und Schnittgrößen der Teilsysteme werden in der Reihenfolge der Ebenen von oben nach unten ermittelt.

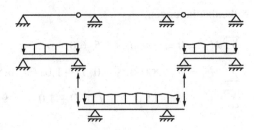

Bild 4.1-13 Auflösung eines GERBERträgers in Teilsysteme

Das allgemeine Vorgehen nach diesem Verfahren wird in Bild 4.1-14 gezeigt.

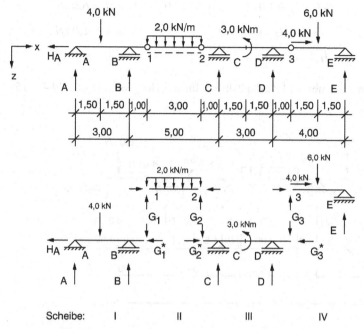

Scheibe: I   II   III   IV

Bild 4.1-14 GERBERträger mit vier Feldern und Auflösung in Teilsysteme

Bestimmung der Gelenk- und Auflagerkräfte:

Scheibe IV:

$$\sum M_E = 0 \Rightarrow -3,0 \cdot G_3 + 1,5 \cdot 6,0 = 0 \qquad \Rightarrow G_3 = 3,0\,\text{kN}$$

$$\sum F_z = 0 \quad \Rightarrow -E - G_3 + 6,0 = 0 \qquad \Rightarrow E = 3,0\,\text{kN}$$

$$\sum F_x = 0 \quad \Rightarrow G_3^* + 4,0 = 0 \qquad \Rightarrow G_3^* = -4,0\,\text{kN}$$

Scheibe II:

$$\sum M_1 = 0 \Rightarrow 3,0 \cdot G_2 - 2,0 \cdot 3,0 \cdot 1,5 = 0 \qquad \Rightarrow G_2 = 3,0\,\text{kN}$$

$$\sum F_z = 0 \quad \Rightarrow -G_1 - G_2 + 2,0 \cdot 3,0 = 0 \qquad \Rightarrow G_1 = 3,0\,\text{kN}$$

$$\sum F_x = 0 \quad \Rightarrow G_1^* - G_2^* = 0 \qquad \Rightarrow G_1^* = -4,0\,\text{kN}$$

Scheibe III:

$$\sum M_C = 0 \Rightarrow -4,0 \cdot G_3 + 3,0 \cdot D + 3,0 + 1,0 \cdot G_2 = 0 \Rightarrow D = 2,0\,\text{kN}$$

$$\sum F_z = 0 \quad \Rightarrow -C - D + G_2 + G_3 = 0 \qquad \Rightarrow C = 4,0\,\text{kN}$$

$$\sum F_x = 0 \quad \Rightarrow G_2^* - G_3^* = 0 \qquad \Rightarrow G_2^* = -4,0\,\text{kN}$$

Scheibe I:

$$\sum M_A = 0 \Rightarrow -4{,}0 \cdot G_1 + 3{,}0 \cdot B - 1{,}5 \cdot 4{,}0 = 0 \qquad \Rightarrow B = 6{,}0\,\text{kN}$$

$$\sum F_y = 0 \Rightarrow -A - B + G_1 + 4{,}0 = 0 \qquad\qquad \Rightarrow A = 1{,}0\,\text{kN}$$

$$\sum F_x = 0 \Rightarrow -H_A - G_1^* = 0 \qquad\qquad\qquad \Rightarrow H_A = 4{,}0\,\text{kN}\,.$$

Die Auflagerreaktionen und Zustandslinien für das Beispiel sind in Bild 4.1-15 dargestellt:

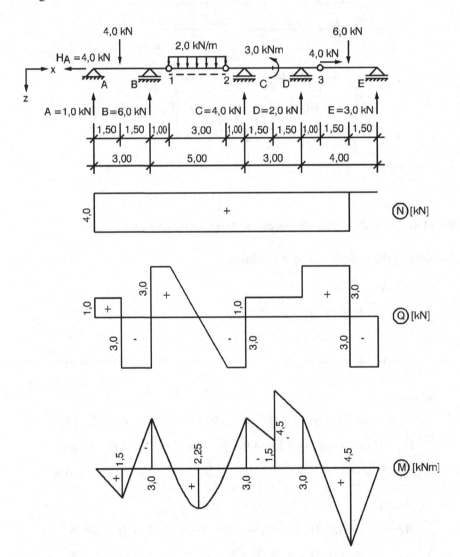

Bild 4.1-15 Auflagerreaktionen und Zustandslinien des behandelten Beispiels

4.1.5 Rahmen und Bögen

Unter einem Rahmentragwerk versteht man ein polygonales Stabsystem mit biege-steifen Ecken. Bei orthogonalen Rahmen bezeichnet man die horizontal verlaufen-den Stäbe als Riegel, die vertikalen Stäbe als Stiele oder Stützen. Bei den Bogenträ-gern ist die Trägerachse stetig gekrümmt, oder sie verläuft abschnittsweise linear in Form eines Polygonzuges.

Rahmen und Bögen können auch Gelenke aufweisen und stellen dementspre-chend Ein- oder Mehrscheibensysteme dar.

In Bild 4.1-16 werden einige Beispiele gezeigt.

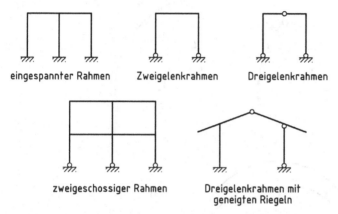

eingespannter Rahmen   Zweigelenkrahmen   Dreigelenkrahmen

zweigeschossiger Rahmen   Dreigelenkrahmen mit geneigten Riegeln

Bild 4.1-16 Beispiele für Rahmentragwerke

Die statisch bestimmten Einscheibensysteme können analog zum Einfeldträger berechnet werden: Nach den Auflagerreaktionen werden die Schnittgrößen in be-kannter Weise ermittelt. Siehe hierzu das Beispiel in Bild 4.1-17.

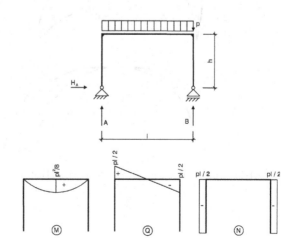

Bild 4.1-17 Schnittgrößen eines einfachen, orthogonalen Rahmens mit Gleichlast

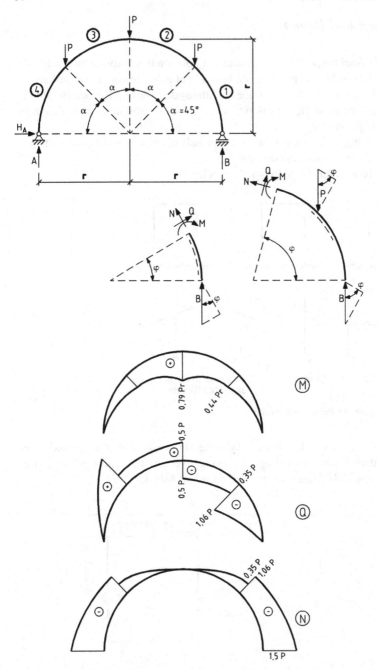

Bild 4.1-18 Schnittgrößen eines statisch bestimmten Halbkreisbogens mit drei Einzellasten

Bei Bögen müssen die Schnittgrößen N und Q auf das lokale Koordinatensystem, d.h. auf die Richtung der Stabachse, bezogen werden. Für Abschnitt 1 des in Bild 4.1-18 dargestellten Bogens (Einscheibensystem) ergibt sich z. B.

$$N = -B\cos\varphi$$

$$Q = -B\sin\varphi$$

$$M = Br(1-\cos\varphi).$$

Die Dreigelenkrahmen und Dreigelenkbögen als Mehrscheibensysteme werden im folgenden Abschnitt behandelt.

4.1.6 Dreigelenkrahmen und Dreigelenkbögen

In der Regel besitzen Dreigelenkrahmen und Dreigelenkbögen zwei Fußgelenke. Das dritte Gelenk befindet sich beim Rahmen meistens im Riegel. Die vier Auflagerreaktionen ergeben sich aus den drei globalen Gleichgewichtsbeziehungen und der Bedingung, dass das Biegemoment am dritten Gelenk verschwindet. Die Schnittkräfte erhält man aus Betrachtungen an den beiden Teilsystemen, die ein Schnitt durch das dritte Gelenk erzeugt. In Bild 4.1-19 werden die Ergebnisse für einen Dreigelenkrahmen mit unterschiedlichen Stielhöhen angegeben.

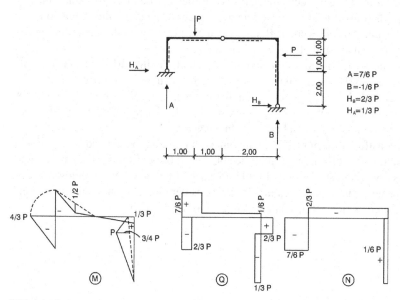

Bild 4.1-19 Schnittgrößen eines Dreigelenkrahmens mit zwei Einzellasten

Die Auflagerreaktionen und Schnittgrößen des Dreigelenkbogens werden analog wie beim Dreigelenkrahmen bestimmt. Dabei ist für N und Q zu beachten, dass das lokale Koordinatensystem längs der gekrümmten Stabachse ständig seine Richtung ändert.

Weist ein Dreigelenkrahmen oder -bogen einseitig ein horizontal bewegliches Auflager auf, so kann das seitliche Ausweichen durch Einbau eines Gelenkstabes bzw. Zugbands verhindert werden (siehe Bild 4.1-20). Das Zugband kann in Höhe der Auflagergelenke oder auch höher angeordnet sein.

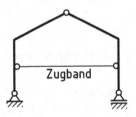

Bild 4.1-20 Dreigelenkrahmen
mit Zugband

Für Dreigelenksysteme mit Zugband ergeben sich die Auflagerreaktionen in gleicher Weise wie bei den Einscheibensystemen. Die Normalkraft des Zugbandes erhält man aus der Nebenbedingung $\sum M = 0$ am Zwischengelenk.

Im Zusammenhang mit den Bögen ist es erforderlich, den Begriff „Stützlinie" zu erläutern. Als Stützlinie bezeichnet man die Bogenform, bei der die Biegemomente für eine bestimmte, vorgegebene Belastung zu Null werden. In diesem Fall trägt der Bogen die Lasten ausschließlich über Normalkräfte ab.

Angewendet wird die Stützlinie bei überwiegend ständig wirkenden, im Wesentlichen symmetrischen Belastungen, vor allem bei Brücken, Tunneln und Gewölben. Das Tragwerk muss dann nur noch die relativ kleinen Verkehrslastanteile über Biegemomente abtragen. Dass überwiegende Druckbeanspruchung herrscht, wirkt sich bei der Bemessung wirtschaftlich günstig aus.

Da die Lastfunktion $p(x)$, die im allgemeinen Fall horizontale und vertikale Anteile enthält, von der Form der Stützlinie abhängt, z. B. bei Erdlasten, kann sie nicht vorgegeben werden, so dass das Problem in der Praxis nur iterativ gelöst werden kann. Hier wird zur Verdeutlichung des Prinzips der einfache, theoretische Fall einer konstanten Gleichlast behandelt, der geschlossen lösbar ist.

Bild 4.1-21 Symmetrischer
Dreigelenkbogen unter
Gleichlast

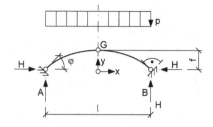

Für den in Bild 4.1-21 dargestellten, symmetrischen Dreigelenkbogen ergibt sich die horizontale Auflagerkraft H aus $\sum M_G = 0$ zu

$$H = \frac{p\ell^2}{8f} \ . \tag{4.1.3}$$

Im Scheitel ist $Q = 0$ und $N = -H$. Damit wird

$$M(x) = H \cdot (f - y) - \frac{gx^2}{2} \ .$$

Aus $M(x) \equiv 0$ folgt dann für den Verlauf der Stützlinie

$$y(x) = f \cdot \left(1 - \frac{4x^2}{\ell^2}\right) \ . \tag{4.1.4}$$

Die Stützlinie hat demnach im betrachteten Fall einer konstanten Gleichlast die Form einer quadratischen Parabel.

Bei Bögen, die nach der Stützlinie geformt sind, verschwindet mit $M(x)$ auch $Q(x)$. Die Normalkraft ergibt sich bei vertikaler Belastung $p(x)$ aus

$$N(x) = -\frac{H}{\cos\varphi} \ . \tag{4.1.5}$$

Für die oben ermittelte Stützlinie (4.1.4) erhält man $\varphi(x)$ aus

$$\tan\varphi = y' = -\frac{8fx}{\ell^2} \ . \tag{4.1.6}$$

Folgt die Bogenform für eine gegebene Lastfunktion $p(x)$ der Stützlinie, so dürfen wegen $M \equiv 0$ und $Q \equiv 0$ beliebig Gelenke und Querkraftmechanismen weggenommen, verlagert und – sofern das System dadurch nicht kinematisch verschieblich wird – eingefügt werden, ohne dass sich die Schnittgrößen ändern (vgl. die Systeme **1** bis **5** in Bild 4.1-22). Wird dagegen ein Normalkraftmechanismus oder wie in System **6** ein bewegliches Lager angeordnet, das bei der Auflagerkraft eine Komponente quer zur Bogenachse erzwingt, dann treten im Bogen auch Momente und Querkräfte auf.

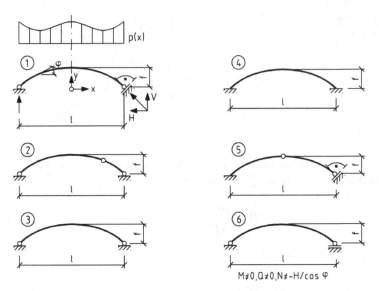

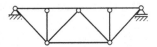

$M \neq 0, Q \neq 0, N \neq -H/\cos \varphi$

Bild 4.1-22 Bögen gleicher Form mit unterschiedlicher Struktur

4.1.7 Verstärkte Balken

Die Tragfähigkeit von Balken lässt sich auf einfache Weise durch geeignete Zusatz-
konstruktionen aus Fachwerkstäben erhöhen. Bild 4.1-23 zeigt hierfür als Beispiel
einen dreifach statisch unbestimmten, unterspannten Träger.

Bild 4.1-23 Unterspannter
Träger

Wird der Balken durch einen polygonalen Stabzug mit gelenkig angeschlossenen Vertikalstäben verstärkt, so stellt die Konstruktion ein statisch bestimmtes System dar, sofern der Balken ein Gelenk besitzt. Je nach Anordnung und Art spricht
man von einem LANGERschen Balken oder einem versteiften Stabbogen. Beispiele
hierfür sind in Bild 4.1-24 zu sehen.

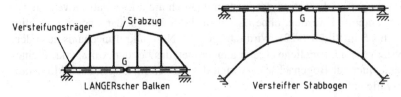

Bild 4.1-24 Verstärkte Balken mit Zwischengelenk

Bei diesen Tragwerken ist (unter der Voraussetzung einer alleinigen Lasteintragung in den Balken) die Horizontalkomponente H aller Kräfte des Stabzuges konstant. Man erhält H aus $\sum M_G = 0$ nach einem Vertikalschnitt durch G. Die Kräfte
des Stabzugs ergeben sich aus H und der betreffenden Stabneigung, die Kräfte der
Vertikalstäbe aus $\sum V = 0$ an den Knoten des Stabzugs.

4.2 Statisch bestimmte räumliche Systeme

Räumliche Stabwerke setzen sich im Allgemeinen aus Stäben zusammen, die wie
bei den Beispielen in Bild 2.2-7 ein dreidimensionales System bilden. In diesen
Stäben treten unter allgemeiner Belastung die sechs Schnittgrößen N, Q_y, Q_z, M_T,
M_y, M_z (siehe Bild 1.3-7) auf.

Man spricht auch dann von einem räumlichen Tragwerk, wenn sämtliche Stäbe
zwar in einer Ebene liegen, jedoch Lastfälle wirken, die eine Verformung aus der
Systemebene heraus verursachen. Das einfachste Beispiel hierfür ist der Trägerrost
in der x-y-Ebene, der ausschließlich in z-Richtung belastet ist und deshalb lediglich
die drei Schnittgrößen Q_z, M_T, M_y aufweist, während N, Q_y, M_z verschwinden.

Bei der Ermittlung der Schnittgrößen und Auflagerreaktionen räumlicher Tragwerke geht man im Prinzip wie beim ebenen Fall vor. Es sind jedoch sechs statt drei
Gleichgewichtsbedingungen für das Gesamtsystem und für jedes Teilsystem aufzustellen. Diese Gleichungen reichen nur dann für die Berechnung aus, wenn das
System statisch bestimmt ist.

In der Regel sind räumliche Stabwerke statisch unbestimmt, was sich mit einem
der in Kapitel 2 hergeleiteten Abzählkriterien feststellen lässt:

- Fachwerke: $n = a + s - 3k$ (2.2.2)
- Stabwerke: $n = a + 6(p - k) - r$ (2.2.5)
- oder: $n = a + z + 6m - 6p$ (2.2.7)

Die Kriterien (2.2.5) und (2.2.7) sind, wie in Abschnitt 2.2.1.2 angegeben, zu mo-
difizieren, wenn das System Stäbe enthält, die an ihren beiden Enden Kugelgelenke
aufweisen.

In diesem Abschnitt sollen nur statisch bestimmte Stabwerke behandelt werden,
d. h. Systeme, für die sich $n = 0$ ergibt und die kinematisch unverschieblich sind.
Im Folgenden werden hierfür zwei Beispiele gezeigt, ein räumlicher Rahmen und
ein Trägerrost.

4.2.1 Lokale Koordinaten

Während man bei ebenen Stabwerken oft auf lokale Koordinatensysteme für die
einzelnen Stäbe verzichtet und stattdessen mit der „gestrichelten Linie" arbeitet, ist
dies im räumlichen Fall im Allgemeinen nicht möglich. Hier muss jedem Stab ein

lokales x-y-z-System zugeordnet werden. Um die Übersichtlichkeit zu erhalten und Fehler zu vermeiden, sollte man dabei nach Möglichkeit einheitlich vorgehen. Ein Beispiel hierfür wird in Bild 4.2-1 gezeigt.

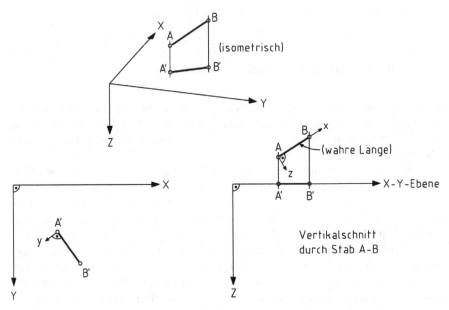

Bild 4.2-1 Festlegung des lokalen Koordinatensystems für einen Stab im Raum

Grundsätzlich sollte die Stabrichtung durch (numerisch oder alphabetisch) aufsteigende Knotenbezeichnungen vorgegeben werden, womit auch die lokale x-Richtung definiert ist. Die lokale z-Richtung sollte in der Vertikalebene liegen, die die Stabachse enthält. Damit ist y in horizontaler Richtung festgelegt. Für Vertikalstäbe verläuft die z-Achse horizontal in frei zu wählender Richtung.

Besondere Schwierigkeiten können sich ergeben, wenn bei einem Stab die Hauptquerschnittsachsen nicht mit den lokalen Koordinatenrichtungen y und z übereinstimmen, beispielsweise bei einer Raumdiagonalen mit I-Querschnitt. Hierauf wird bei den statisch unbestimmten räumlichen Stabwerken eingegangen (siehe Abschnitt 8.6.4.3).

4.2.2 Statisch bestimmter räumlicher Rahmen (Beispiel)

1. Grad der statischen Unbestimmtheit

Nach (2.2.5): $n = 10 + 6 \cdot (9 - 10) - 2 \cdot 3 + 2 = 0$,

nach (2.2.7): $n = 10 + 6 + 6 \cdot 0 - (6 \cdot 1 + 5 \cdot 2) = 0$.

Bild 4.2-2 Statisch bestimmter räumlicher Rahmen mit
Belastung

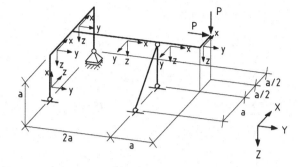

Das System ist statisch bestimmt, da sich $n = 0$ ergibt und keine kinematischen Bewegungen möglich sind.

2. Ermittlung der Auflagerkräfte

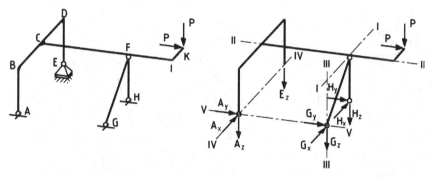

Bild 4.2-3 Bezeichnung der Knoten und der Auflagerkräfte

Der Anzahl der unbekannten Auflagerkräfte entsprechend sind zehn Gleichgewichtsbedingungen zu formulieren, sechs am Gesamtsystem und vier für die Nebenbedingungen. Durch eine geschickte Wahl der Reihenfolge wird ein Gleichungssystem vermieden. Aus jeder Gleichung folgt direkt eine der Auflagerkräfte:

Teilsystem GF:

$$\sum M_I = 0 \Rightarrow G_y = 0 \qquad \text{Nebenbedingung}$$

$$\sum M_{II} = 0 \Rightarrow G_z = -G_x \qquad \text{Nebenbedingung}$$

Teilsystem FH:

$$\sum M_I = 0 \Rightarrow H_y = 0 \qquad \text{Nebenbedingung}$$

$$\sum M_{II} = 0 \Rightarrow H_x = 0 \qquad \text{Nebenbedingung}$$

Gesamtsystem:

$$\sum M_{III} = 0 = P \cdot \frac{3a}{2} + A_x \cdot 2a \qquad\qquad \Rightarrow A_x = -\frac{3}{4}P$$

$$\sum X = 0 = A_x + G_x + H_x \qquad\qquad \Rightarrow G_x = +\frac{3}{4}P = -G_z$$

$$\sum Y = 0 = A_y + G_y + H_y + P \qquad\qquad \Rightarrow A_y = -P$$

$$\sum M_{IV} = 0 = G_z \cdot 2a + H_z \cdot 2a + P \cdot 3a + P \cdot a \Rightarrow H_z = -\frac{5}{4}P$$

$$\sum M_V = 0 = -E_z \cdot 2a - H_z \cdot a - P \cdot \frac{3a}{2} \qquad \Rightarrow E_z = -\frac{P}{8}$$

$$\sum Z = 0 = A_z + E_z + G_z + H_z + P \qquad\qquad \Rightarrow A_z = \frac{9}{8}P \ .$$

3. Schnittgrößen

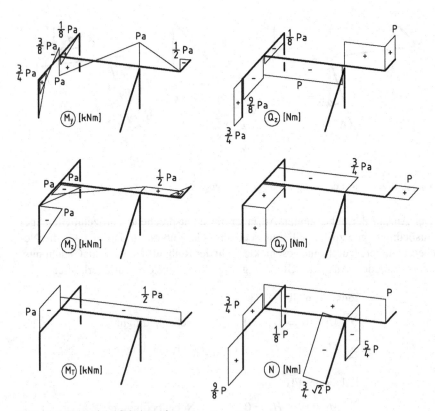

Bild 4.2-4 Verlauf der Schnittgrößen

4.2.3 Statisch bestimmter Trägerrost (Beispiel)

Der Trägerrost ist ein Sonderfall des räumlichen Systems. Das Tragwerk selbst ist eben und wird senkrecht zu seiner Ebene (d. h. in z-Richtung) belastet. Damit reduziert sich die Anzahl der Schnittgrößen von sechs auf drei: Q_z, M_T, M_y .

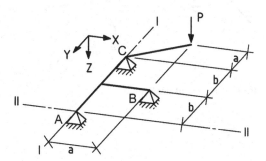

Bild 4.2-5 Statisch bestimmter Trägerrost mit Einzellast

1. Grad der statischen Unbestimmtheit

Da nur drei Schnittgrößen auftreten, gelten die Abzählkriterien ebener Stabwerke.

Nach (2.2.4): $n = 3 + 3 \cdot (4 - 5) - 0 = 0$,

nach (2.2.6): $n = 3 + 0 + 3 \cdot 0 - 3 \cdot 1 = 0$.

Das System ist statisch bestimmt.

2. Ermittlung der Auflagerkräfte

Es treten nur die drei vertikalen Kräfte A, B und C auf, die positiv nach oben wirkend angenommen werden.

$$\sum M_I = 0 = P \cdot a - B \cdot a \qquad\qquad \Rightarrow B = P$$

$$\sum M_{II} = 0 = B \cdot b + C \cdot 2b - P \cdot (2b + a) \Rightarrow C = \frac{a+b}{2b} P$$

$$\sum V = 0 = A + B + C - P \qquad\qquad \Rightarrow A = -\frac{a+b}{2b} P \; .$$

3. Schnittgrößen

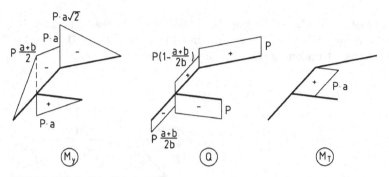

Bild 4.2-6 Verlauf der Schnittgrößen

4.3 Fachwerke

Ein ideales Fachwerk weist folgende Merkmale auf:

- Es besteht aus geraden Stäben, die an ihren Enden, d. h. in den Fachwerkknoten, durch Gelenke miteinander verbunden sind.
- Die Gelenke sind reibungsfrei.
- Die Stabachsen der an einem Knoten angeschlossenen Stäbe schneiden sich in einem Punkt.
- Die Belastung besteht ausschließlich aus Knotenlasten, d. h. aus Einzelkräften, die in den Knotenpunkten angreifen.
- Die Lasten werden allein durch Längskräfte in den Stäben abgetragen. Es treten weder Querkräfte noch Biegemomente auf.

In Wirklichkeit wird ein Fachwerk stets vom Idealzustand abweichen:

- Es gibt keine reibungsfreien Gelenke. In der Regel werden die Fachwerkknoten sogar biegesteif ausgeführt.
- Exzentrizitäten bei den Stabanschlüssen lassen sich des Öfteren nicht vermeiden. Das gilt insbesondere für Rohrgerüste.
- Fachwerkstäbe, die nicht vertikal verlaufen, werden durch ihr Eigengewicht auf Biegung beansprucht.
- Auch andere Lasten, die nicht in den Knoten angreifen, verursachen Biegemomente.

Trotzdem wird der Berechnung stets das ideale Fachwerk zugrunde gelegt. Die Beanspruchungen infolge der vom Idealzustand abweichenden Merkmale werden als Nebenspannungen bezeichnet und bei Bedarf näherungsweise erfasst:

- Momente infolge exzentrischer Anschlüsse bzw. nicht als Vollgelenk wirkender Anschlüsse werden wie Randmomente an einem Einfeldträger behandelt.
- Das Eigengewicht wird ebenfalls wie bei einem Einfeldträger erfasst.

Die Nebenspannungen sind im Allgemeinen sehr viel kleiner als die Spannungen aus der Haupttragwirkung über Normalkräfte. Dies kann man leicht beweisen, indem man vergleichsweise ein Fachwerk als biegesteifen Rahmen berechnet. Da vorwiegend normalkraftbeanspruchte Tragwerke relativ steif sind, treten nur sehr kleine Knotenverdrehungen auf, so dass die hierdurch verursachten Biegemomente geringfügig bleiben. Im Folgenden werden ausschließlich ideale Fachwerke betrachtet.

4.3.1 Ebene Fachwerke

Ein einfaches ebenes Fachwerk besteht allein aus Stabdreiecken. Es wird gebildet, indem man, ausgehend von einem Stab, jeweils durch Anfügen von zwei Stäben einen neuen Knoten bildet, so dass ein Stabdreieck entsteht. In Bild 4.3-1 sind drei Beispiele für einfache ebene Fachwerke dargestellt.

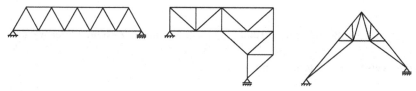

Bild 4.3-1 Einfache ebene Fachwerke

Einfache Fachwerkscheiben sind innerlich statisch bestimmt und in sich kinematisch unverschieblich.

4.3.1.1 Einteilung der Fachwerke

Eine Unterteilung der Fachwerke kann nach mehreren Gesichtspunkten erfolgen:

• Einteilung nach der äußeren Trägerform

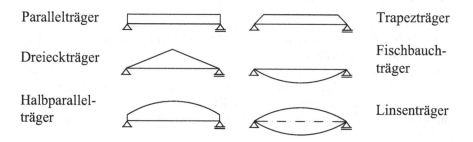

Parallelträger

Dreieckträger

Halbparallel-
träger

Trapezträger

Fischbauch-
träger

Linsenträger

• Einteilung nach der Form der Ausfachung

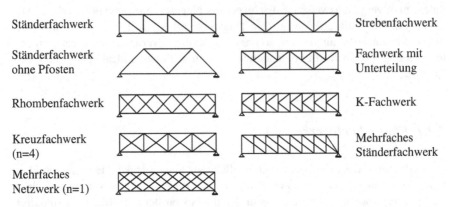

Ständerfachwerk | Strebenfachwerk

Ständerfachwerk
ohne Pfosten | Fachwerk mit
Unterteilung

Rhombenfachwerk | K-Fachwerk

Kreuzfachwerk
(n=4) | Mehrfaches
Ständerfachwerk

Mehrfaches
Netzwerk (n=1)

Einige Ausfachungsarten sind innerlich statisch unbestimmt. Die im Folgenden aufgeführten Verfahren gelten nur für statisch bestimmte Systeme.

4.3.1.2 Schnittgrößen und Reaktionen statisch bestimmter ebener Fachwerke

1. Knotenweise Stabkraftermittlung

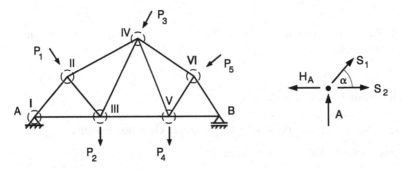

Bild 4.3-2 Beispiel für die knotenweise Stabkraftermittlung

Die Stabkräfte werden aus Gleichgewichtsbedingungen berechnet, die an herausgeschnittenen Knoten aufgestellt werden.

Oft ist dies möglich, wie zum Beispiel bei dem in Bild 4.3-2 dargestellten Fachwerk, ohne ein großes Gleichungssystem für sämtliche Stabkräfte aufzustellen und zu lösen. Man muss hierzu die Reihenfolge der Berechnung so wählen, dass jeweils nur höchstens zwei unbekannte Stabkräfte an dem herausgeschnittenen Knoten angreifen (wie hier bei der Schnittfolge I bis VI).

Berechnungsablauf:

- Bestimmung der Auflagerreaktionen
- Festlegen der Schnittführung
- Aufstellen der Gleichgewichtsbedingungen und Berechnung der Stabkräfte knotenweise.

Beispielsweise erhält man für Schnitt I

$$\left.\begin{array}{l} \sum H = 0 = -H_A + S_1 \cos\alpha + S_2 \\ \sum V = 0 = A + S_1 \sin\alpha \end{array}\right\} \Rightarrow S_1, S_2 .$$

2. Stabkraftermittlung nach RITTER

Die Stabkräfte werden aus Gleichgewichtsbedingungen ermittelt, die an einem abgeschnittenen Tragwerksteil aufgestellt werden. Beim sogenannten RITTERschen Schnitt werden nur drei Stäbe, deren Kräfte unbekannt sind, durchtrennt. Es gelingt dann, jede dieser Stabkräfte aus nur einer der drei Gleichgewichtsbedingungen $\sum M = 0, \sum H = 0, \sum V = 0$ zu bestimmen (siehe Bild 4.3-3).

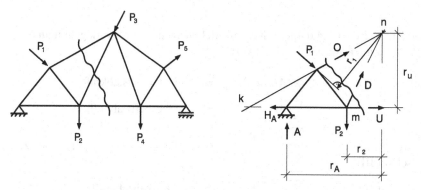

Bild 4.3-3 Beispiel für die Anwendung des RITTERschen Schnitts

Berechnungsablauf:

- Bestimmung der Auflagerreaktionen
- Festlegen der Schnittführung
- Aufstellen der Gleichgewichtsbedingungen und Berechnung der Stabkräfte einzeln.

Als Beispiel wird hier die Stabkraft U aus $\sum M_n = 0$ bestimmt, wobei n der Schnittpunkt der beiden Stabkräfte O und D ist:

$$A \cdot r_A + H_A \cdot r_u - P_1 \cdot r_1 - P_2 \cdot r_2 - U \cdot r_u = 0$$

$$U = \frac{1}{r_u}(A \cdot r_A + H_A \cdot r_u - P_1 \cdot r_1 - P_2 \cdot r_2).$$

Die Stabkräfte O und D können aus $\sum M_m = 0$ bzw. aus $\sum M_k = 0$ ermittelt werden.

3. Stabkraftermittlung durch Kombination der beiden vorgenannten Verfahren

Falls das Verfahren nach RITTER allein nicht anwendbar ist, empfiehlt es sich, zusätzlich das Gleichgewicht an einzelnen Knoten zu formulieren, um so die Gleichungssysteme zur Bestimmung der Stabkräfte möglichst klein zu halten.

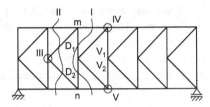

Bild 4.3-4 Parallelgurtiges
K-Fachwerk mit Schnittführung

Bei dem in Bild 4.3-4 dargestellten, parallelgurtigen K-Fachwerk geht man beispielsweise am günstigsten wie folgt vor:

Schnitt I:	$\sum M_m = 0$	$\Rightarrow$	Untergurtstabkraft
	$\sum M_n = 0$	$\Rightarrow$	Obergurtstabkraft
Schnitt II:	$\sum V = 0$		
Rundschnitt III:	$\sum H = 0$	$\Rightarrow$	Diagonalstabkräfte D_1 und D_2
Rundschnitt IV:	$\sum V = 0$	$\Rightarrow$	Vertikalstabkraft V_1
Rundschnitt V:	$\sum V = 0$	$\Rightarrow$	Vertikalstabkraft V_2

4. Stabkraftermittlung aus einem Gleichungssystem für Auflager- und Stabkräfte

Falls ein statisch bestimmtes Fachwerk, wie z. B. das in Bild 4.3-5 dargestellte, mehr als drei Auflagerkräfte hat, können diese nicht allein aus den Gleichgewichtsbedingungen (GGB) für das Gesamtsystem berechnet werden. Es müssen zusätzliche Gleichungen durch die Betrachtung von Teilsystemen gewonnen werden, so dass ein größeres Gleichungssystem entsteht, das im Allgemeinen dann außer den Auflagerreaktionen auch Stabkräfte als Unbekannte enthält. Die günstigste Wahl der Schnitte ist nicht immer leicht zu erkennen.

Bild 4.3-5 Systembeispiel für
die Schnittkraftermittlung aus
einem Gleichungssystem

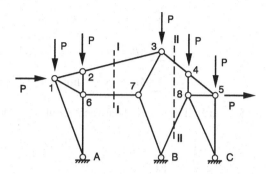

Berechnungsablauf:

- GGB für das Gesamtsystem aufstellen
- So viele Schnitte führen und GGB für die Teilsysteme aufstellen, dass die Anzahl der linear unabhängigen Gleichungen der Anzahl der Unbekannten entspricht
- Lineares Gleichungssystem lösen
- Weiter nach Verfahren 1, 2 oder 3 vorgehen.

Bei obigem Beispiel könnte man wie folgt verfahren:

- Drei Gleichungen für das Gesamtsystem aufstellen:

$$\sum V = 0 \qquad \text{mit } A, B \text{ und } C \text{ als Unbekannten}$$

$$\sum H = 0 \qquad \text{mit } H_A, H_B \text{ und } H_C \text{ als Unbekannten}$$

$$\sum M_A = 0 \qquad \text{mit } B \text{ und } C \text{ als Unbekannten.}$$

- Schnitt I-I führen und das linke Teilsystem betrachten:

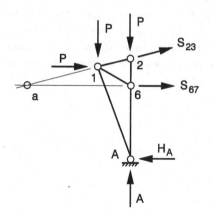

$$\sum V = 0 \qquad \text{mit } A \text{ und } S_{23} \text{ als Unbekannten}$$

$$\sum M_6 = 0 \qquad \text{mit } H_A \text{ und } S_{23} \text{ als Unbekannten}$$

$$\sum M_a = 0 \qquad \text{mit } A \text{ und } H_A \text{ als Unbekannten.}$$

- Schnitt II-II führen und das rechte Teilsystem betrachten:

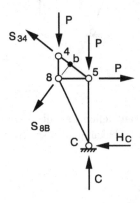

$$\sum M_b = 0 \qquad \text{mit } C \text{ und } H_C \text{ als Unbekannten}$$

- Die sieben Gleichungen liefern die sechs Auflagerreaktionen und die Stabkraft S_{23}.
- Die anderen Stabkräfte nach Verfahren 1 bestimmen.

5. Stabkraftermittlung aus der M- und Q-Linie eines Ersatzbalkens

Bei ausschließlich vertikalen Belastungen und vertikalen Auflagerreaktionen können die Stabkräfte eines Fachwerks aus der M- und Q-Linie eines Ersatzbalkens bestimmt werden. Bei parallelgurtigen Fachwerken führt diese Methode sehr schnell
zum Ziel. Das Vorgehen in allgemeineren Fällen lässt sich an dem in Bild 4.3-6
dargestellten Beispiel nachvollziehen.

Bild 4.3-6 Beispiel zur Stabkraftermittlung mit Hilfe eines Ersatzbalkens

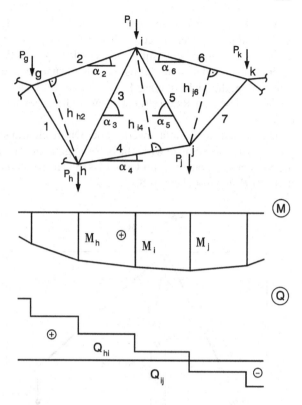

$$M_i = S_4 h_{j4} \quad \Rightarrow S_4$$
$$M_h = -S_2 h_{h2} \Rightarrow S_2$$
$$M_j = -S_6 h_{j6} \Rightarrow S_6$$

$$Q_{hi} = -S_2 \cdot \sin\alpha_2 - S_3 \cdot \sin\alpha_3 - S_4 \cdot \sin\alpha_4 \Rightarrow S_3$$
$$Q_{ij} = S_6 \cdot \sin\alpha_6 + S_5 \cdot \sin\alpha_5 - S_4 \cdot \sin\alpha_4 \quad \Rightarrow S_5$$

$$\left. \begin{array}{l} S_2 \cdot \cos\alpha_2 + S_3 \cdot \cos\alpha_3 + S_4 \cos\alpha_4 = 0 \\ S_4 \cdot \cos\alpha_4 + S_5 \cdot \cos\alpha_5 + S_6 \cos\alpha_6 = 0 \end{array} \right\} \text{Kontrolle}.$$

4.3.2 Räumliche Fachwerke

Ein Traggebilde aus räumlich zusammengesetzten geraden Stäben, die in ihren Endpunkten, den Knoten, gelenkig miteinander verbunden sind, wird als Raumfachwerk bezeichnet. Für Raumfachwerke gelten dieselben idealisierenden Annahmen wie für ebene Fachwerke.

Viele Raumfachwerke bestehen aus ebenen Fachwerkscheiben, echte Raumfachwerke sind jedoch nicht in ebene Teilstrukturen zerlegbar. Oft sind diese Teilstrukturen in sich statisch unbestimmt. Ein einfaches räumliches Fachwerk entsteht aus einem Stabtetraeder dadurch, dass neue Knoten jeweils durch drei Stäbe angeschlossen werden, die nicht in einer Ebene liegen. Im Unterschied zu den ebenen Fachwerken müssen im Raum drei statt zwei Gleichgewichtsbedingungen pro Knoten erfüllt sein.

Das einfachste Raumfachwerk ist der Dreibock. Ein solcher ist in Bild 4.3-7 dargestellt. An seiner Spitze wirkt die beliebig gerichtete Last P. Im Aufriss erscheinen die Vertikalkomponenten, im Grundriss die Horizontalkomponenten der Stabkräfte und von P in wirklicher Größe.

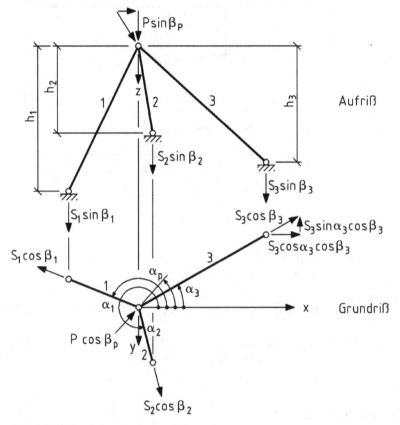

Bild 4.3-7 Allgemeiner Dreibock mit Knotenlast

Wird die Länge des Stabes i mit ℓ_i und die Höhe der Dreibockspitze über dem betreffenden Fußpunkt mit h_i bezeichnet, dann ergeben sich die Neigungswinkel β_i gegen die Horizontalebene aus $\sin\beta_i = h_i / \ell_i$.

Zur Berechnung der drei Stabkräfte dienen die Gleichgewichtsbedingungen

$$\sum X = \sum_1^3 S_i \cos\alpha_i \cos\beta_i + P\cos\alpha_P \cos\beta_P = 0$$

$$\sum Y = \sum_1^3 S_i \sin\alpha_i \cos\beta_i + P\sin\alpha_P \cos\beta_P = 0$$

$$\sum Z = \sum_1^3 S_i \sin\beta_i + P\sin\beta_P = 0 \,.$$

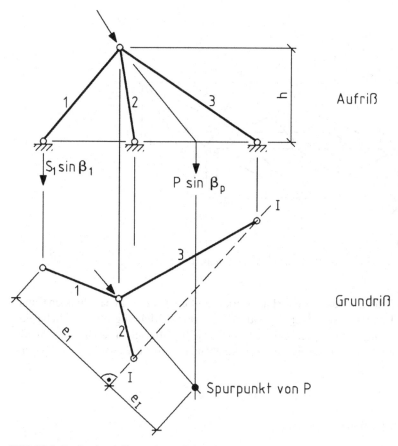

Bild 4.3-8 Dreibock mit Knotenlast auf einer Horizontalebene

Falls die drei Fußpunkte in einer Horizontalebene liegen (siehe Bild 4.3-8), so dass $h_i = h$ gilt, ist es zweckmäßig, zur Berechnung einer Stabkraft S_i das Momentengleichgewicht um die Verbindungslinie der beiden anderen Fußpunkte zu bilden, d. h. für S_1 um Achse I-I. In der Fußebene besitzen nur die Vertikalkomponenten von S_1 und P einen Hebelarm um I-I. Man erhält

$$\sum M_I = S_1 \sin \beta_1 \cdot e_I - P \sin \beta_P \cdot e_I = 0$$

und

$$S_1 = P \cdot \frac{e_I}{e_1} \cdot \frac{\sin \beta_P}{\sin \beta_1}.$$

Wirkt die Last P in einer durch zwei Stabachsen aufgespannten Ebene, dann ist der dritte Stab kraftlos. Im Beispiel nach Bild 4.3-8 wäre dann $e_I = S_1 = 0$. Falls die Wirkungslinie von P mit einer der drei Stabachsen zusammenfällt, so übernimmt der betreffende Stab die gesamte Last, und die beiden anderen Stäbe werden nicht beansprucht.

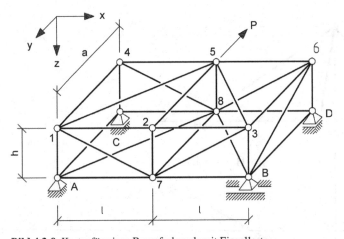

Bild 4.3-9 Kastenförmiges Raumfachwerk mit Einzellast

Das in Bild 4.3-9 dargestellte Fachwerk ist in Punkt A fest, in den Punkten C und D allseits horizontal verschieblich und in Punkt B in x-Richtung verschieblich gelagert. In der oberen und unteren Ebene weist es je 9 Stäbe auf, zusätzlich 6 vertikale Pfosten und 5 Diagonalen in den Vertikalebenen. Somit erweist sich das System nach (2.2.2) wegen

$$n = a + s - 3k = 7 + 29 - 3 \cdot 12 = 0$$

als statisch bestimmt.

Das Beispiel soll hier nur exemplarisch behandelt werden, und zwar unter Vermeidung des Systems von 36 Gleichungen.

Die unbekannten horizontalen Auflagerkräfte ergeben sich aus $\sum X = \sum Y = \sum M_{A1} = 0$ zu

$$A_x = 0 , \quad A_y = B_y = P/2 .$$

Die restlichen drei globalen Gleichgewichtsbedingungen reichen zur Bestimmung der vier vertikalen Lagerkräfte A bis D nicht aus. Aus $\sum M_{CD} = \sum M_{AC} = \sum M_{BD} = 0$ erhält man lediglich

$$(A + B) \cdot a + P \cdot h = 0$$
$$B + D = 0$$
$$A + C = 0 .$$

Obwohl kein Knoten existiert, an dem nur drei unbekannte Kräfte angreifen, führen doch einige Gleichgewichtsbedingungen direkt zur Bestimmung einzelner Stabkräfte: An den Knoten 4, 1, 2, 7, C und D liefert beispielsweise $\sum Y = 0$

$$S_{14} = S_{15} = S_{25} = S_{78} = S_{AC} = S_{BD} = 0 .$$

Aus $\sum X = 0$ erhält man an den Knoten C und D

$$S_{C8} = S_{D8} = 0 ,$$

aus $\sum Z = 0$ an den Knoten 2 und 5

$$S_{27} = S_{58} = 0 .$$

Damit lassen sich, beginnend am Knoten A, nacheinander die Stabkräfte S_{A8}, S_{A7}, S_{B8}, S_{B7} usw. bestimmen, und zwar jeweils aus einer einzigen Gleichung. Das gilt auch für die Auflagerkräfte A bis D. Diese ergeben sich schließlich zu

$$A = -C = \frac{Ph}{2a}$$
$$B = -D = -\frac{3Ph}{2a} .$$

Die Berechnung größerer räumlicher Fachwerke lässt sich mit vertretbarem Aufwand nur matriziell mit Computerhilfe durchführen. In Bild 4.3-10 werden zwei entsprechende Beispiele für kinematisch unverschiebliche, statisch bestimmte Raumfachwerke gezeigt.

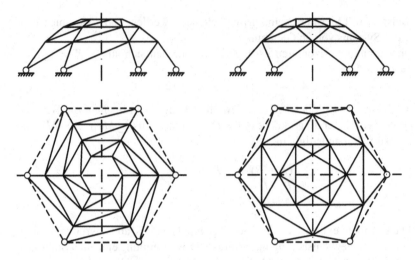

Bild 4.3-10 Beispiele für Raumfachwerke

4.4 Ausnutzung von Symmetrie und Antimetrie

Stabtragwerke weisen oftmals Symmetrieeigenschaften auf, die sich bei der Berechnung der Auflagerreaktionen und der Schnittgrößen sehr vorteilhaft ausnutzen lassen. Ein Stabtragwerk wird als symmetrisch bezeichnet, wenn seine Stabachsen und Mechanismen hinsichtlich mindestens einer Achse symmetrisch angeordnet sind. Bei statisch unbestimmten Systemen und für die Ermittlung von Formänderungen müssen auch die Stabsteifigkeiten (EA, EI, GA_Q) symmetrisch sein.

Jede beliebige Belastung infolge äußerer Kräfte lässt sich in Bezug auf die Symmetrieachse eines Tragwerks in ein symmetrisches und ein antimetrisches Teilkraftsystem additiv aufspalten. Anstelle einer Berechnung des Systems mit der Ausgangsbelastung kann es dann sinnvoll sein, je eine Berechnung mit dem symmetrischen und dem antimetrischen Lastanteil durchzuführen. Die Berechnung selber vereinfacht sich sehr stark, da sich Zustandsgrößen und Verformungsgrößen unter symmetrischer bzw. antimetrischer Belastung wie folgt verhalten:

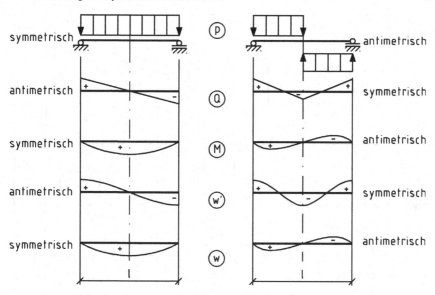

Das bedeutet:

1. In einem symmetrischen Tragwerk bedingen symmetrische [antimetrische] Last-anteile einen symmetrischen [antimetrischen] Verlauf der Normalkraft N und des Moments M sowie auch symmetrische [antimetrische] Auflagerreaktionen, jedoch einen antimetrischen [symmetrischen] Verlauf der Querkraft Q.
2. Antimetrische Zustandsgrößen besitzen in der Symmetrieachse einen Null-punkt.

Somit braucht bei symmetrischen Tragwerken nur eine Tragwerkshälfte berech-net zu werden. Der Vorteil einer einfacheren Berechnung wird oft dadurch wieder aufgezehrt, dass die Anteile aus symmetrischem und antimetrischem Lastanteil zu superponieren sind, wodurch zusätzlicher Aufwand entsteht.

Wenn die Schnittgrößen an nur einer Tragwerkshälfte berechnet werden sollen, so muss am Schnitt je nach Lastfall entweder ein Symmetrielager oder ein Antime-trielager angebracht werden. Hierbei ist zu unterscheiden, ob die Symmetrieachse im Feld liegt oder längs eines Stabes verläuft. In Bild 4.4-1 und 4.4-2 werden Bei-spiele für die richtige Wahl des äquivalenten Ersatzsystemsgezeigt.

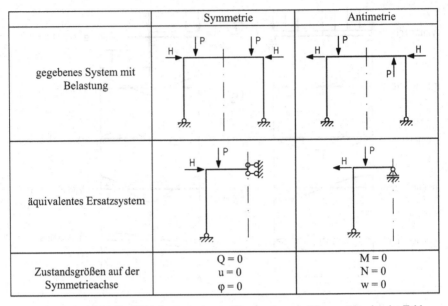

	Symmetrie	Antimetrie
gegebenes System mit Belastung		
äquivalentes Ersatzsystem		
Zustandsgrößen auf der Symmetrieachse	Q = 0 u = 0 φ = 0	M = 0 N = 0 w = 0

Bild 4.4-1 Beispiel für die Wahl des äquivalenten Ersatzsystems bei Symmetrieachse im Feld

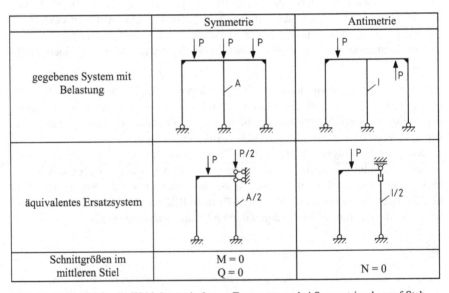

	Symmetrie	Antimetrie
gegebenes System mit Belastung		
äquivalentes Ersatzsystem		
Schnittgrößen im mittleren Stiel	M = 0 Q = 0	N = 0

Bild 4.4-2 Beispiel für die Wahl des äquivalenten Ersatzsystems bei Symmetrieachse auf Stab

Kapitel 5
Verformungen statisch bestimmter Stabwerke

5.1 Elastische und nichtelastische Verzerrungen

5.1.1 Elastische Verzerrungen

Der elastische Zusammenhang zwischen den inneren Kraft- und Weggrößen, d. h. zwischen den Schnittgrößen und den Verzerrungen, wurde in Abschnitt 1.3.3 hergeleitet. Von dort werden die Gleichungen (1.3.41), (1.3.43), (1.3.46) und (1.3.49) übernommen und umgeformt zu:

$$\varepsilon = \frac{N}{EA} \tag{5.1.1}$$

$$\gamma = \frac{Q}{GA_Q} \tag{5.1.2}$$

$$\kappa = \frac{M}{EI} \tag{5.1.3}$$

$$\vartheta' = \frac{M_T}{GI_T} . \tag{5.1.4}$$

Die vorstehenden vier Gleichungen gelten für Stäbe ebener Tragwerke, die in ihrer Ebene und zusätzlich durch Torsion beansprucht werden. Für räumliche Systeme ist bei der Querkraft zwischen Q_y und Q_z, bei der Biegung zwischen M_y und M_z, bei der Gleitung zwischen γ_y und γ_z und bei der Krümmung zwischen κ_y und κ_z zu unterscheiden. Die Gleichungen (5.1.2) und (5.1.3) sind dann mit den entsprechenden Indizes zu versehen.

K. Meskouris, E. Hake, *Statik der Stabtragwerke*
© Springer 2009

5.1.2 Temperaturwirkungen

Der Temperaturverlauf über die Querschnittshöhe kann mit ausreichender Genauigkeit linear angenommen werden, wie dies in Bild 5.1-1 dargestellt ist. Unter dieser Voraussetzung setzt sich das Temperaturfeld, bei dem T_u und T_o die Randtemperaturen angeben, aus drei Anteilen zusammen:

- der Aufstelltemperatur T_a
- der gleichmäßigen Temperaturänderung T_S im Querschnittsschwerpunkt und
- der ungleichmäßigen Temperaturänderung $\Delta T = T_u - T_o$.

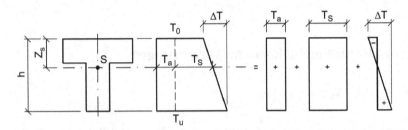

Bild 5.1-1 Temperaturverlauf über die Querschnittshöhe

Falls sich der Stab wie bei statisch bestimmten Systemen unbehindert verformen kann, verursacht T_S die gleichmäßige Dehnung

$$\varepsilon_T = \alpha_T T_S .$$ (5.1.5)

Darin ist α_T [1/K] der konstant angenommene Wärmeausdehnungskoeffizient. Für Stahl und Beton beträgt α_T etwa $10^{-5}\,\mathrm{K}^{-1}$ und stellt definitionsgemäß die Dehnung infolge einer Temperaturänderung um 1 K dar. Die zugehörige Längenänderung des Stabes ist bei Erwärmung positiv und bei Abkühlung negativ (siehe Bild 5.1-2).

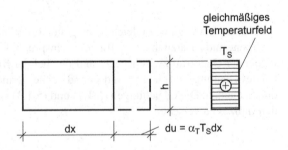

Bild 5.1-2 Verformung eines infinitesimalen Stabelements infolge T_S

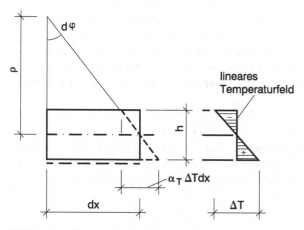

Bild 5.1-3 Verformung eines infinitesimalen Stabelements infolge ΔT

Die ungleichmäßige Temperaturänderung um ΔT bewirkt eine Verkürzung der oberen und eine Verlängerung der unteren Randfaser. Deshalb verdrehen sich die Endquerschnitte des infinitesimalen Stabelements (Bild 5.1-3) gegeneinander um

$$d\varphi = \frac{\alpha_T \Delta T\, dx}{h}\,.$$

Mit (1.2.8) folgt hieraus

$$\kappa_T = \alpha_T \frac{\Delta T}{h}\,. \tag{5.1.6}$$

Die Verkrümmung κ_T weist dasselbe Vorzeichen auf wie ΔT.

5.1.3 Kriechen

Unter Kriechen versteht man die zeitabhängige Zunahme der elastischen Verformungen unter Dauerlast. Die kriecherzeugenden Schnittgrößen in der Ebene seien mit N_K, Q_K und M_K bezeichnet. Die Kriechzahl $\varphi_K(t)$ gibt das Verhältnis der kriechbedingten Verformungsanteile zu den elastischen Verformungen an. Somit lauten die Kriechverzerrungen in der x-z-Ebene allgemein

$$\varepsilon_K = \varphi_K \cdot \varepsilon = \varphi_K \cdot \frac{N_K}{EA} \tag{5.1.7}$$

$$\gamma_K = \varphi_K \cdot \gamma = \varphi_K \cdot \frac{Q_K}{GA_Q} \tag{5.1.8}$$

$$\kappa_K = \varphi_K \cdot \kappa = \varphi_K \cdot \frac{M_K}{EI}\,. \tag{5.1.9}$$

Für Stahlbeton- und Spannbetonbauten gilt DIN 1045-1, Abschnitt 9.1.4, bzw. EN 1992-1-1, Abschnitt 3.1.4. Mit der Endkriechzahl $\varphi(\infty, t_0)$, dem Betonalter t_0 bei Belastungsbeginn in Tagen und dem Elastizitätsmodul des Betons E_{c0} als Tangente im Ursprung der Spannungs-Dehnungs-Linie nach 28 Tagen beträgt die Kriechdehnung des Betons $\varepsilon_{cc}(\infty, t_0)$ zum Zeitpunkt $t = \infty$ für eine konstante Druckspannung σ_c

$$\varepsilon_{cc}(\infty, t_0) = \varphi(\infty, t_0) \cdot \frac{\sigma_c}{E_{c0}} \ . \tag{5.1.10}$$

Werte für die Endkriechzahl $\varphi(\infty, t_0)$ von Beton finden sich in den erwähnten Vorschriften; ihre Größenordnung liegt bei 2,0. Für Mauerwerk gibt DIN 1053 Rechenwerte im Bereich von 1,0 für Mauerziegel bis 2,0 für Leichtbetonsteine an.

5.1.4 Schwinden

Unter Schwinden versteht man die Verkürzung des unbelasteten Betons während der Austrocknung. In DIN 1045-1 bzw. in EN 1992-1-1 wird die Schwinddehnung des Betons additiv aus der Schrumpfdehnung und der Trocknungsschwinddehnung zusammengesetzt. Ist die Auswirkung des Schwindens vom Wirkungsbeginn bis zum Zeitpunkt $t = \infty$ zu berücksichtigen, so wird mit dem Endschwindmaß $\varepsilon_{cS\infty}$ gerechnet, das in der Größenordnung von $-20 \cdot 10^{-5}$ (negativ) liegt. Demnach kann das Schwinden durch eine äquivalente gleichmäßige Abkühlung um ca. 20 K erfasst werden.

5.1.5 Zusammenfassung der Verzerrungen

Die Ergebnisse der Abschnitte 5.1.1 bis 5.1.4 werden zum Verzerrungsvektor

$$\boldsymbol{\varepsilon} = \boldsymbol{\varepsilon}_{el} + \boldsymbol{\varepsilon}_K + \boldsymbol{\varepsilon}_T + \boldsymbol{\varepsilon}_S$$

zusammengefasst. Für in ihrer Ebene belastete Stabwerke erhält man

$$\boldsymbol{\varepsilon} = \begin{bmatrix} \varepsilon \\ \gamma \\ \kappa \end{bmatrix} = \begin{bmatrix} \dfrac{N}{EA} + \varphi_K \cdot \dfrac{N_K}{EA} + \alpha_T \cdot T_S + \varepsilon_S \\[2mm] \dfrac{Q}{GA_Q} + \varphi_K \cdot \dfrac{Q_K}{GA_Q} \\[2mm] \dfrac{M}{EI} + \varphi_K \cdot \dfrac{M_K}{EI} + \alpha_T \cdot \dfrac{\Delta T}{h} \end{bmatrix} \tag{5.1.11}$$

Für räumliche Stabwerke ist $\boldsymbol{\varepsilon}$ um drei Komponenten zu erweitern, da die Verwindung ϑ' hinzukommt und die beiden Verzerrungen γ und κ jeweils mit dem Index y und z auftreten. Man erhält

$$\boldsymbol{\varepsilon} = \begin{bmatrix} \varepsilon \\ \vartheta' \\ \gamma_y \\ \kappa_y \\ \gamma_z \\ \kappa_z \end{bmatrix} = \begin{bmatrix} \dfrac{N}{EA} + \varphi_K \cdot \dfrac{N_K}{EA} + \alpha_T \cdot T_S + \varepsilon_S \\[2ex] \dfrac{M_T}{GI_T} + \varphi_K \cdot \dfrac{M_{TK}}{GI_T} \\[2ex] \dfrac{Q_y}{GA_{Qy}} + \varphi_K \cdot \dfrac{Q_{yK}}{GA_{Qy}} \\[2ex] \dfrac{M_y}{EI_y} + \varphi_K \cdot \dfrac{M_{yK}}{EI_y} + \alpha_T \cdot \dfrac{\Delta T_z}{h_z} \\[2ex] \dfrac{Q_z}{GA_{Qz}} + \varphi_K \cdot \dfrac{Q_{zK}}{GA_{Qz}} \\[2ex] \dfrac{M_z}{EI_z} + \varphi_K \cdot \dfrac{M_{zK}}{EI_z} + \alpha_T \cdot \dfrac{\Delta T_y}{h_y} \end{bmatrix} . \tag{5.1.12}$$

In Tafel 1 werden Formeln für die Werte A, I_y und I_T ausgewählter Querschnittsformen angegeben.

In (5.1.12) wurde vorausgesetzt, dass die Hauptachsen des Querschnitts mit den lokalen Koordinatenachsen y und z übereinstimmen (vgl. Abschnitt 4.2.3). Diese Vereinbarung soll grundsätzlich auch im Folgenden gelten, wenn nicht ausdrücklich hiervon abgewichen wird.

Da die einzelnen Lastfälle in statischen Berechnungen getrennt behandelt und erst später superponiert werden, wird im Folgenden nicht mehr zwischen den Schnittgrößen N, Q, M etc. und ihren kriecherzeugenden Anteilen N_K, Q_K, M_K usw. unterschieden, so dass deren Index K entfällt.

5.2 Formänderungsarbeit

Die von den Kraftgrößen F und M längs differentieller Wegelemente du, $d\varphi$ verrichtete Arbeit (Skalarprodukt) wurde bereits in (1.2.14) formuliert. Weichen Kraft- und Weggröße wie in Bild 5.2-1 um den Winkel α voneinander ab, erhält man

$$dA = \boldsymbol{F} \cdot d\boldsymbol{u} = F\,du\,\cos\alpha \tag{5.2.1}$$

bzw.

$$dA = \boldsymbol{M}\,d\boldsymbol{\varphi} = M\,d\varphi\,\cos\alpha . \tag{5.2.2}$$

Bild 5.2-1 Kraft F und Moment M mit abweichenden Bewegungsrichtungen

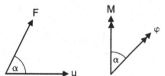

Bei der Formänderungsarbeit sind zwei Anteile zu unterscheiden:

- die Eigenarbeit oder aktive Arbeit
- und die Verschiebungsarbeit oder passive Arbeit.

Der Unterschied liegt in den Ursachen der Verformung, längs welcher die jeweilige Arbeit verrichtet wird. Während bei der Eigenarbeit die Kräfte auf von ihnen selbst geschaffenen Verformungen Arbeit verrichten, sind bei der Verschiebungsarbeit die Verformungen durch fremde Ursachen bedingt.

Verformungen können z. B. verursacht werden durch

- äußere Krafteinwirkungen (Lasten),
- Temperatur,
- Kriechen und Schwinden,
- Baugrundbewegungen, d. h. Stützensenkungen und Fundamentverdrehungen.

Eine Lastgruppe verrichtet Arbeit

- auf dem von ihr selbst erzwungenen Verformungsweg (Eigenarbeit),
- auf dem Verschiebungsweg infolge einer anderen Verformungsursache, die auch eine zweite Lastgruppe sein kann (Verschiebungsarbeit).

Da Verformungen durch Temperatureinwirkungen, Kriechen, Schwinden und Fundamentbewegungen kraftfrei entstehen, können sie keine Eigenarbeit bedingen, wohl aber Verschiebungsarbeit, die von Kraftgrößen auf fremdverursachten Verformungswegen verrichtet wird.

5.2.1 Verschiebungsarbeit

Zur Formulierung der Verschiebungsarbeit W^* wird ein im Gleichgewicht befindliches Tragwerk betrachtet, das die in Bild 5.2-2 dargestellten Lasten trägt. Dabei kann es mehrere Lastangriffspunkte m geben. Das System erfährt einen von den Lasten unabhängigen, kinematisch verträglichen Deformationszustand δ_k mit der Verformungsursache k, so dass z. B. am Ort m die Verschiebung δ_{mk} auftritt (siehe Bild 5.2-3).
Die Lasten verrichten auf dem Weg δ_k die äußere Verschiebungsarbeit

$$W_a^* = \sum_m (H_m \cdot u_{mk} + V_m \cdot w_{mk} + M_m \cdot \varphi_{mk})$$
$$+ \int \left(q_x(x) \cdot u_k(x) + q_z(x) \cdot w_k(x) + m_y(x) \cdot \varphi_k(x) \right) \cdot \mathrm{d}x \, . \tag{5.2.3}$$

W_a^* wird hier nur für die x-z-Ebene formuliert. Im räumlichen Fall treten zusätzlich zu (5.2.3) sechs weitere Terme auf.
Im selben Deformationszustand k verrichten die Schnittgrößen, wie sich aus (1.2.17) ergibt, die innere Verschiebungsarbeit

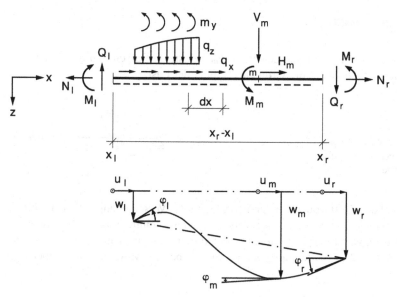

Bild 5.2-2 Stabelement mit positiven Kraft- und Verschiebungsgrößen in der x-z-Ebene

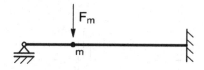

Bild 5.2-3 Belastetes System und unabhängiger Verformungszustand k

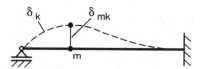

$$W_i^* = -\int (N \cdot \varepsilon_k + Q \cdot \gamma_k + M \cdot \kappa_k) \cdot \mathrm{d}x \ . \qquad (5.2.4)$$

Diese Gleichung gilt für in ihrer Ebene beanspruchte ebene Tragwerke mit (5.1.11) für die Verzerrungen. Für räumliche Beanspruchung erweitert sie sich entsprechend (1.2.18) auf

$$W_i^* = -\int \left(N \cdot \varepsilon_k + M_T \cdot \vartheta_k' + Q_y \cdot \gamma_{yk} + M_y \cdot \kappa_{yk} + Q_z \cdot \gamma_{zk} + M_z \cdot \kappa_{zk}\right) \cdot \mathrm{d}x \ ,$$
$$(5.2.5)$$

wobei für die Verzerrungen (5.1.12) gilt.

Die Integrale in (5.2.3) bis (5.2.5) sind über alle Stäbe des Tragwerks zu erstrecken.

5.2.2 Eigenarbeit

Bild 5.2-4 zeigt einen mit der Einzellast F_m belasteten Balken und die durch F_m verursachte Biegelinie mit der Ordinate δ_m unter der Last.

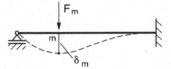

Bild 5.2-4 Belastetes System und zugehöriger Verformungszustand

Während die Kraftgrößen bei der Verrichtung der Verschiebungsarbeit W^* konstant sind, steigen sie während des Vorgangs der Lasteintragung bei linearelastischem Materialverhalten proportional zu den durch sie verursachten Verformungen an (siehe Bild 5.2-5), wirken also bei der Eigenarbeit im Mittel nur mit halber Intensität.

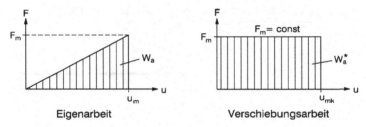

Bild 5.2-5 Graphische Darstellung der Eigenarbeit und Verschiebungsarbeit

Deshalb ergeben sich die Gleichungen für die äußere und innere Eigenarbeit W aus (5.2.3) bis (5.2.5) durch Multiplikation mit dem Faktor $1/2$:

$$W_a = \frac{1}{2} \sum_m (H_m u_m + V_m w_m + M_m \varphi_m)$$

$$+ \frac{1}{2} \int \big(q_x(x) \cdot u(x) + q_z(x) \cdot w(x) + m_y(x) \cdot \varphi(x)\big) \cdot dx \tag{5.2.6}$$

$$W_i = -\frac{1}{2} \int (N \cdot \varepsilon + Q \cdot \gamma + M \cdot \kappa) \cdot dx \tag{5.2.7}$$

bzw.

$$W_i = -\frac{1}{2} \int \big(N \cdot \varepsilon + M_T \cdot \vartheta' + Q_y \cdot \gamma_y + M_y \cdot \kappa_y + Q_z \cdot \gamma_z + M_z \cdot \kappa_z\big) \cdot dx \ , \tag{5.2.8}$$

wobei für die Verzerrungen (5.1.1) bis (5.1.4) gelten und die Integrale alle Stäbe des Tragwerks umfassen.

5.2.3 Arbeitssatz

Bei quasistatischen Vorgängen und linearelastischem Materialverhalten, wie hier vorausgesetzt, gilt der sogenannte Arbeitssatz, nach dem die Summe aus äußerer und innerer Arbeit verschwindet. Das gilt sowohl für die Verschiebungs- als auch für die Eigenarbeit, d. h.

- Verschiebungsarbeit: $\quad W_a^* + W_i^* = 0 \qquad (5.2.9)$
- Eigenarbeit: $\quad W_a + W_i = 0 \,. \qquad (5.2.10)$

Gleichung (5.2.9) besagt anschaulich, dass an einem im Gleichgewicht befindlichen System bei kinematisch verträglichen Bewegungen keine Arbeit verrichtet wird. Dagegen erkennt man aus (5.2.10), dass die zur Verformung eines linearelastischen Tragwerks aufgewandte Energie bei der Entlastung als zugehörige innere Arbeit vollständig zurück gewonnen wird.

Mit Hilfe des Arbeitssatzes für die Eigenarbeit (5.2.10) berechnet CASTIGLIANO die Verformungen einzelner Tragwerkspunkte (hier nicht behandelt). Der Arbeitssatz für die Verschiebungsarbeit (5.2.9) wird wesentlich häufiger angewandt, unter anderem beim Prinzip der virtuellen Arbeit (siehe Abschnitt 5.3) sowie bei den Sätzen von BETTI und MAXWELL (siehe Abschnitt 5.4).

5.3 Prinzip der virtuellen Arbeit

Als virtuelle Arbeit bezeichnet man die Arbeit, die durch gedachte Kraftgrößen bei einem wirklichen Verschiebungsvorgang oder durch wirkliche Kraftgrößen bei einem gedachten Verschiebungsvorgang verrichtet wird. Dementsprechend wird zwischen dem Prinzip der virtuellen Kräfte und dem Prinzip der virtuellen Verschiebungen oder Verrückungen unterschieden. Beide basieren auf der Verschiebungsarbeit, bei der Last- und Verformungszustand voneinander unabhängig sind.

5.3.1 Prinzip der virtuellen Verschiebungen

Wie bei der Interpretation des Arbeitssatzes für die Verschiebungsarbeit (5.2.9) bereits ausgeführt, ist die Arbeit einer im Gleichgewicht befindlichen Kräftegruppe bei einem unabhängigen, geometrisch möglichen Verschiebungsvorgang gleich Null. Dieser Satz lässt sich umkehren, so dass er auch besagt: Ein Kraftgrößenzustand befindet sich im Gleichgewicht, wenn bei einem beliebigen virtuellen, kinematisch verträglichen Verschiebungsvorgang die Summe der virtuellen Arbeiten verschwindet. Auf der Basis dieser Aussage können über die Formulierung der Verschiebungsarbeit nach dem Prinzip der virtuellen Verschiebungen unbekannte Kraftgrößcn crmittelt werden. Hier sei zunächst das allgemeine Vorgehen bei statisch bestimmten

Tragwerken beschrieben, wobei auf die Grundlagen aus Abschnitt 3.2 zurückgegriffen wird:

- Die zur gesuchten Kraftgröße korrespondierende Bindung wird gelöst, so dass eine zwangläufige kinematische Kette entsteht.
- Die gesuchte Kraftgröße (bei Schnittgrößen eine Doppelwirkung, bei Auflagerkomponenten nur die Kraft selbst) wird als äußere Kraft eingeführt.
- Der Polplan der zwangläufigen kinematischen Kette wird erstellt.
- Es wird eine verträgliche, differentiell kleine virtuelle Verrückung vorgenommen.
- Es wird die Arbeit der Kraftgrößen auf ihren virtuellen Wegen formuliert.
- Die virtuelle Arbeit wird gleich Null gesetzt. Aus dieser Gleichung ergibt sich als einzige Unbekannte die gewünschte Kraftgröße.

Die virtuellen Verschiebungsgrößen werden durch Überstreichung gekennzeichnet. Somit ergibt sich aus (5.2.9) mit (5.2.3) und (5.2.4) für die x-z-Ebene

$$
\begin{aligned}
\overline{W}^* &= \overline{W}_a^* + \overline{W}_i^* \\
&= \sum_m \left(H_m \overline{u}_m + V_m \overline{w}_m + M_m \overline{\varphi}_m \right) \\
&\quad + \int \left(q_x(x) \cdot \overline{u}(x) + q_z(x) \cdot \overline{w}(x) + m_y(x) \cdot \overline{\varphi}(x) \right) \cdot \mathrm{d}x \\
&\quad - \int \left(N \cdot \overline{\varepsilon} + Q \cdot \overline{\gamma} + M \cdot \overline{\kappa} \right) \cdot \mathrm{d}x = 0 \, .
\end{aligned}
\tag{5.3.1}
$$

Als Beispiel diene die Ermittlung des Biegemoments in Feldmitte eines Einfeldträgers (siehe Bild 5.3-1):

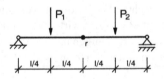

Bild 5.3-1 System mit Belastung und zugehöriger virtueller Verschiebungszustand

$$
\overline{W}_i^* = 0
$$

$$
\overline{W}_a^* = -M_r \cdot \overline{\varphi}_M + P_1 \cdot \overline{\delta}_1 + P_2 \cdot \overline{\delta}_2
$$

mit $\overline{\varphi}^{\mathrm{I}} = \overline{\varphi}^{\mathrm{II}} = \overline{\varphi}$; $\quad \overline{\varphi}_{\mathrm{M}} = 2 \cdot \overline{\varphi}$; $\quad \overline{\delta}_1 = \overline{\delta}_2 = \dfrac{\ell}{4} \cdot \overline{\varphi}$

$$\overline{W}_{\mathrm{i}}^* + \overline{W}_{\mathrm{a}}^* = 0$$

$$-M_{\mathrm{r}} \cdot 2\overline{\varphi} + P_1 \cdot \frac{\ell}{4}\overline{\varphi} + P_2 \cdot \frac{\ell}{4}\overline{\varphi} = 0$$

$$M_{\mathrm{r}} = \frac{(P_1 + P_2) \cdot \ell}{8} .$$

Es tritt keine innere Arbeit auf, da die einzelnen Scheiben einer kinematischen Kette im virtuellen Verschiebungszustand schnittkraftfrei sind und nur reine Starrkörperbewegungen vollziehen. Bei statisch unbestimmten Systemen dagegen muss auch die innere Arbeit berücksichtigt werden. Damit gehen auch die Steifigkeitseigenschaften des Systems in die Berechnung ein. Dies wird bei den statisch unbestimmten Systemen behandelt.

5.3.2 Prinzip der virtuellen Kräfte

Beim Prinzip der virtuellen Kräfte werden der wirkliche Verschiebungszustand und ein virtueller Kräftezustand betrachtet. Über die Formulierung der virtuellen Arbeit mit Hilfe des Arbeitssatzes (5.2.9) erhält man unbekannte Verschiebungsgrößen. Grundlage des Verfahrens sind wieder (5.2.3) bis (5.2.5).

Bei der Anwendung des Prinzips der virtuellen Kräfte werden nur virtuelle Einzelwirkungen angesetzt, so dass hier die Lasten q_x, q_z und m_y entfallen können. Wenn außerdem die virtuellen Last- und Schnittgrößen überstrichen und die Verschiebungsgrößen ohne Index geschrieben werden, erhält man für die x-z-Ebene

$$
\begin{aligned}
\overline{W}^* &= \overline{W}_{\mathrm{a}}^* + \overline{W}_{\mathrm{i}}^* \\
&= \sum_m \left(\overline{H}_m u_m + \overline{V}_m w_m + \overline{M}_m \varphi_m \right) \\
&\quad - \int \left(\overline{N} \cdot \varepsilon + \overline{Q} \cdot \gamma + \overline{M} \cdot \kappa \right) \cdot \mathrm{d}x .
\end{aligned}
\tag{5.3.2}
$$

In Abschnitt 5.4 wird das Prinzip der virtuellen Kräfte zur Ermittlung von Verformungen einzelner Tragwerkspunkte angewendet.

5.4 Die Sätze von BETTI und MAXWELL

5.4.1 Der Satz von BETTI

Der Satz von BETTI wird auch als Satz von der Gegenseitigkeit der Verschiebungsarbeit bezeichnet. Er soll hier anhand eines Beispiels erläutert werden.

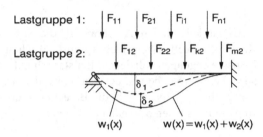

Bild 5.4-1 Balken mit zwei
Lastgruppen und zugehörigen
Biegelinien

In Bild 5.4-1 ist ein Balken mit zwei Lastgruppen und den zugehörigen Biegelinien dargestellt. Je nachdem, ob Lastgruppe 1 oder 2 zuerst aufgebracht wird, ergibt sich die äußere oder innere Gesamtarbeit aus

$$\sum W = W_1 + W_2 + W_{1,2}^* \qquad (5.4.1)$$

oder

$$\sum W = W_2 + W_1 + W_{2,1}^* . \qquad (5.4.2)$$

Darin bedeutet W_i die Eigenarbeit der Lastgruppe i und $W_{i,j}^*$ die Verschiebungsarbeit der Lastgruppe i auf dem durch die Lastgruppe j verursachten Weg.

Da sich die Reihenfolge der Lasteintragung bei elastischen Systemen nicht auf das Endergebnis auswirkt, folgt aus den Gleichungen (5.4.1) und (5.4.2) durch Gleichsetzen

$$W_{1,2}^* = W_{2,1}^* , \qquad (5.4.3)$$

unabhängig davon, ob es sich um innere oder äußere Arbeiten handelt. Gleichung (5.4.3) stellt die mathematische Formulierung des Satzes von BETTI dar.

5.4.2 Der Satz von MAXWELL

Der Satz von MAXWELL, auch als Satz von der Vertauschbarkeit der Indizes bezeichnet, stellt einen Spezialfall des Satzes von BETTI dar. Hier bestehen die beiden Lastgruppen nur aus je einer einzigen Kraftgröße der Größe 1.

In Bild 5.4-2 sind an einem Balken die beiden Lastzustände $F_i = 1$ und $F_k = 1$ jeweils mit ihrer zugehörigen Biegelinie dargestellt. Werden die Einzelverschiebungen δ mit zwei Indizes gekennzeichnet, von denen der erste den Ort der Verformung

Bild 5.4-2 Balken in zwei
Lastzuständen mit zugehörigen Biegelinien

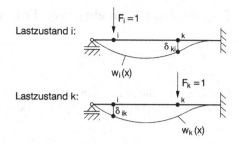

und der zweite den Ort der Ursache angibt, dann folgt aus (5.4.3)

$$F_i \cdot \delta_{ik} = F_k \cdot \delta_{ki} \ . \tag{5.4.4}$$

Mit $F_i = F_k$ erhält man daraus den Satz von MAXWELL in der Form

$$\delta_{ik} = \delta_{ki} \ . \tag{5.4.5}$$

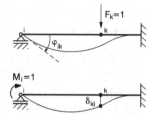

Bild 5.4-3 Balken in zwei
Lastzuständen mit zugehörigen Biegelinien

Bestehen, wie in Bild 5.4-3 gezeigt, die beiden Lastzustände aus einer Kraft
$F_k = 1$ und einem Moment $M_i = 1$, erhält man analog zu (5.4.5)

$$\varphi_{ik} = \delta_{ki} \ . \tag{5.4.6}$$

Dementsprechend würde sich bei Ansatz zweier Momente $M_i = M_k = 1$ nach
MAXWELL

$$\varphi_{ik} = \varphi_{ki} \tag{5.4.7}$$

ergeben.

Seine besondere Bedeutung gewinnt der Satz von MAXWELL bei der Ermittlung von Einflusslinien für Weggrößen (siehe Abschnitt 7.4) und beim Kraftgrößenverfahren zur Berechnung statisch unbestimmter Tragwerke (siehe Kapitel 8).

5.5 Verformungen einzelner Tragwerkspunkte

5.5.1 Grundgleichungen

Grundlage für die Berechnung ausgewählter Einzelverformungen ist der Arbeitssatz für die Verschiebungsarbeit (5.2.9) in Verbindung mit dem Prinzip der virtuellen Kräfte:

$$\overline{W}_a^* + \overline{W}_i^* = 0 \ . \tag{5.5.1}$$

Es wird also die Arbeit eines virtuellen Kraftzustands bei wirklichen Verformungen formuliert. Um beispielsweise die Einzelverschiebung δ_m an der Stelle m zu ermitteln, wird in m die korrespondierende, d. h. gleichgerichtete, virtuelle Kraft $\overline{F}_m = 1$ angesetzt. Aus (5.3.2) ergibt sich dann für die x-z-Ebene

$$\overline{F}_m \cdot \delta_m - \int \left(\overline{N}\varepsilon + \overline{Q}\gamma + \overline{M}\kappa \right) \cdot \mathrm{d}x = 0 \tag{5.5.2}$$

und wegen $\overline{F}_m = 1$

$$\delta_m = \int \left(\overline{N}\varepsilon + \overline{Q}\gamma + \overline{M}\kappa \right) \cdot \mathrm{d}x \ . \tag{5.5.3}$$

Darin bedeuten

$\overline{N}, \overline{Q}, \overline{M}$ die Schnittgrößen infolge der virtuellen Einzelkraft $\overline{F}_m = 1$
$\varepsilon, \gamma, \kappa$ die Verzerrungen nach (5.1.11) infolge der wirklichen Beanspruchung.

Zur Berechnung einer Verdrehung τ_m wird an der Stelle m ein um dieselbe Achse drehendes, virtuelles Einzelmoment $\overline{M}_{Lm} = 1$ angesetzt, und man erhält in

$$\varphi_m = \int \left(\overline{N}\varepsilon + \overline{Q}y + \overline{M}\kappa \right) \cdot \mathrm{d}x \tag{5.5.4}$$

für φ_m das gleiche Ergebnis wie für δ_m, wobei allerdings die virtuellen Schnittgrößen $\overline{N}, \overline{Q}, \overline{M}$ in (5.5.4) durch $\overline{M}_{Lm} = 1$ verursacht wurden.

Im räumlichen Fall sind zusätzlich die Arbeitsanteile der Querkraftbiegung in der (x, y)-Ebene und der Torsion zu erfassen. Man erhält dann

$$\delta_m = \int \left(\overline{N}\varepsilon + \overline{M}_T\vartheta' + \overline{Q}_y\gamma_y + \overline{M}_y\kappa_y + \overline{Q}_z\gamma_z + \overline{M}_z\kappa_z \right) \cdot \mathrm{d}x \tag{5.5.5}$$

und

$$\varphi_m = \int \left(\overline{N}\varepsilon + \overline{M}_T\vartheta' + \overline{Q}_y\gamma_y + \overline{M}_y\kappa_y + \overline{Q}_z\gamma_z + \overline{M}_z\kappa_z \right) \cdot \mathrm{d}x \ . \tag{5.5.6}$$

Für die Verzerrungsgrößen gelten die Gleichungen des Abschnitts 5.1.5, d. h. für die x-z-Ebene

$$\boldsymbol{\varepsilon} = \begin{bmatrix} \varepsilon \\ \gamma \\ \kappa \end{bmatrix} = \begin{bmatrix} \dfrac{N}{EA} + \varphi_K \cdot \dfrac{N}{EA} + \alpha_T \cdot T_S + \varepsilon_S \\[2ex] \dfrac{Q}{GA_Q} + \varphi_K \cdot \dfrac{Q}{GA_Q} \\[2ex] \dfrac{M}{EI} + \varphi_K \cdot \dfrac{M}{EI} + \alpha_T \cdot \dfrac{\Delta T}{h} \end{bmatrix} \tag{5.5.7}$$

und für den Raum

$$\boldsymbol{\varepsilon} = \begin{bmatrix} \varepsilon \\ \vartheta' \\ \gamma_y \\ \kappa_y \\ \gamma_z \\ \kappa_z \end{bmatrix} = \begin{bmatrix} \dfrac{N}{EA} + \varphi_K \cdot \dfrac{N}{EA} + \alpha_T \cdot T_S + \varepsilon_S \\[2ex] \dfrac{M_T}{GI_T} + \varphi_K \cdot \dfrac{M_T}{GI_T} \\[2ex] \dfrac{Q_y}{GA_{Qy}} + \varphi_K \cdot \dfrac{Q_y}{GA_{Qy}} \\[2ex] \dfrac{M_y}{EI_y} + \varphi_K \cdot \dfrac{M_y}{EI_y} + \alpha_T \cdot \dfrac{\Delta T_z}{h_z} \\[2ex] \dfrac{Q_z}{GA_{Qz}} + \varphi_K \cdot \dfrac{Q_z}{GA_{Qz}} \\[2ex] \dfrac{M_z}{EI_z} + \varphi_K \cdot \dfrac{M_z}{EI_z} + \alpha_T \cdot \dfrac{\Delta T_y}{h_y} \end{bmatrix} . \tag{5.5.8}$$

5.5.2 *Federungen*

5.5.2.1 Allgemeines

Bisher wurde bei der Formulierung der Formänderungsarbeit vorausgesetzt, dass die Lager der Tragwerke keine elastischen Verformungen erfahren. Deshalb sind die Gleichungen der Abschnitte 5.2 und 5.3 gegebenenfalls für Federungen zu erweitern.

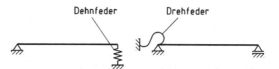

Bild 5.5-1 Federnde Lagerungen eines Balkens

Meist besteht die elastische Lagerung eines Tragwerks nicht, wie in Bild 5.5-1 gezeigt, aus Federelementen wie Dehn- und Drehfedern, sondern aus elastischen Bauteilen, die wie Federn wirken (siehe Bild 5.5-2).

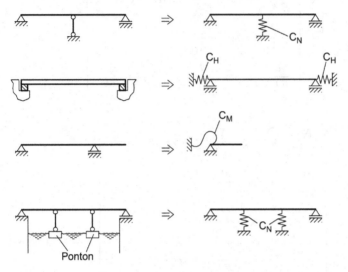

Bild 5.5-2 Federnde Lagerungen und äquivalente Ersatzfedern

Hier werden nur linearelastische Federungen betrachtet. Die entsprechenden Lagerbewegungen sind reversibel.

5.5.2.2 Dehnfedern

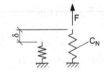

Bild 5.5-3 Dehnfeder in unbelastetem und belastetem Zustand

Für die in Bild 5.5-3 dargestellte Feder gilt

$$F = c_N \cdot \delta \,. \tag{5.5.9}$$

Darin ist

F die Federkraft, als Zug positiv

δ der Federweg infolge F

c_N die Dehnfedersteifigkeit [kN/m], die konstant angenommen wird.

Anschaulich lässt sich c_N deuten als

- Kraft, die erforderlich ist, um $\delta = 1$ zu bewirken
- Widerstand gegenüber einer Verformung $\delta = 1$
- Reziprokwert der Längenänderung δ infolge $F = 1$.

Die Ersatz-Federsteifigkeit eines **Fachwerkstabs** mit der Länge ℓ und der Dehnsteifigkeit EA ergibt sich aus einem Vergleich seiner nach (1.3.42) ermittelten Längenänderung

$$\Delta\ell = \frac{F \cdot \ell}{EA}$$

mit dem Federweg δ zu

$$c_N = \frac{EA}{\ell} . \tag{5.5.10}$$

Ein **Ponton** mit der Grundrissfläche $\overline{A}$ erfährt durch die Absenkung δ den zusätzlichen Auftrieb $\overline{A} \cdot \delta \cdot \gamma_F$, wenn γ_F das Raumgewicht der Flüssigkeit bezeichnet, auf der der Ponton schwimmt. Durch Gleichsetzen mit der Federkraft F erhält man die Ersatz-Federsteifigkeit zu

$$c_N = \overline{A}\gamma_F . \tag{5.5.11}$$

Ein **Elastomerlager** mit der Grundrissfläche A und der Dicke d erfährt durch die Horizontalkraft H die Verschiebung

$$\delta = d \cdot \gamma = d\frac{\tau}{G} = \frac{d}{G} \cdot \frac{H}{A} ,$$

so dass die Ersatz-Federsteifigkeit lautet

$$c_H = \frac{GA}{d} . \tag{5.5.12}$$

Für den Fall einer **elastischen Gründung** kann eine Ersatz-Federsteifigkeit auf der Grundlage des sogenannten Bettungsmodulverfahrens berechnet werden. Voraussetzung ist ein relativ starrer Fundamentkörper. Der Bettungsmodul c [kN/m^3] stellt das Verhältnis von Bodenspannung σ und zugehöriger Setzung δ dar. Er ist nicht nur vom Baugrund, sondern auch von der Größe und Form der Gründungsfläche $\overline{A}$ abhängig. Nähere Ausführungen hierzu findet man z. B. in HIRSCHFELD: Baustatik (siehe Abschnitt 9.1). Aus

$$\delta = \frac{\sigma}{c} = \frac{F}{c\overline{A}}$$

ergibt sich durch Vergleich mit (5.5.9) die Ersatz-Federsteifigkeit für gleichmäßige Setzung zu

$$c_N = c \cdot \overline{A} . \tag{5.5.13}$$

Bild 5.5-4 Reihen- und Parallelschaltung von Dehnfedern

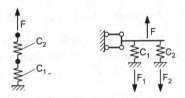

Bei **Reihenschaltung** mehrerer Federn ergibt sich δ als Summe der einzelnen Dehnwege, d. h. für das Beispiel nach Bild 5.5-4

$$\delta = \delta_1 + \delta_2 = \frac{F}{c_1} + \frac{F}{c_2} = F \cdot \left(\frac{1}{c_1} + \frac{1}{c_2} \right) = \frac{F}{c_{\text{ers}}} \ .$$

Die Ersatz-Federsteifigkeit ergibt sich demnach aus

$$\frac{1}{c_{\text{ers}}} = \frac{1}{c_1} + \frac{1}{c_2} \ .$$

Allgemein gilt dann

$$\frac{1}{c_{\text{ers}}} = \sum_i \frac{1}{c_i} \ . \tag{5.5.14}$$

Bei **Parallelschaltung** werden die beiden Federn in Bild 5.5-4 unterschiedlich beansprucht, aber gleich gedehnt. Aus

$$F = F_1 + F_2 = c_1 \cdot \delta + c_2 \cdot \delta = (c_1 + c_2) \cdot \delta$$

ergibt sich allgemein

$$c_{\text{ers}} = \sum_i c_i \ . \tag{5.5.15}$$

5.5.2.3 Drehfedern

Bild 5.5-5 Drehfeder in unbelastetem und belastetem
Zustand

Analog zu (5.5.9) gilt für die in Bild 5.5-5 dargestellte Drehfeder

$$M = c_M \cdot \varphi \tag{5.5.16}$$

mit c_M [kNm] als Drehfedersteifigkeit. Diese Konstante gibt das Moment an, das für eine Verdrehung $\varphi = 1$ d. h. $180°/\pi = 57{,}3°$ benötigt wird.

Ein Fundament auf **elastischen Baugrund** wird sich bei exzentrischer Belastung verdrehen. Wie bei der gleichmäßigen Setzung wird hier wieder ein relativ starrer Fundamentkörper vorausgesetzt.

Mit $\overline{I}$ als Trägheitsmoment und b als Breite der symmetrisch angenommenen Grundfläche (siehe Bild 5.5-6) ergeben sich die Randspannungen infolge M zu

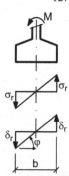

Bild 5.5-6 Fundament auf
elastischem Baugrund

$$\sigma_r = \frac{M}{\overline{I}} \cdot \frac{b}{2} \,.$$

Damit gilt für die Fundamentverdrehung mit dem Bettungsmodul c

$$\varphi = \frac{2\delta_r}{b} = \frac{2}{b} \cdot \frac{\sigma_r}{c} = \frac{M}{c\overline{I}} \,.$$

Hieraus ergibt sich durch Vergleich mit (5.5.16) die Ersatz-Drehfedersteifigkeit

$$c_M = c \cdot \overline{I} \,. \tag{5.5.17}$$

5.5.2.4 Federarbeit

Wie bereits gesagt, müssen die Arbeitsgleichungen der Abschnitte 5.2 und 5.3 gegebenenfalls für Federungen erweitert werden, und zwar um die innere Federarbeit. Diese lautet nach dem Prinzip der virtuellen Kräfte bei f Federn

$$\begin{aligned}
\Delta \overline{W}_i^* &= -\sum_f \overline{F}_f \delta_f - \sum_f \overline{M}_f \varphi_f \\
&= -\sum_f \frac{\overline{F}_f F_f}{c_{Nf}} - \sum_f \frac{\overline{M}_f M_f}{c_{Mf}}
\end{aligned} \tag{5.5.18}$$

und ist Gleichung (5.3.2) auf der rechten Seite hinzuzufügen. Dementsprechend erweitern sich (5.5.3) bis (5.5.6) um (5.5.18) mit umgekehrtem, d. h. positivem Vorzeichen.

5.5.3 Baugrundbewegungen

Infolge von plastischen Bodenverformungen oder von Baugrundbewegungen in Bergsenkungsgebieten können Stützensenkungen Δs und Fundamentverdrehungen $\Delta\varphi$ auftreten, die in den Arbeitsgleichungen bisher nicht berücksichtigt wurden.

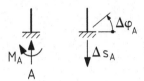

Bild 5.5-7 Vorgegebene
Lagerbewegungen

Die zusätzlich bei diesen vorgegebenen Lagerbewegungen verrichtete äußere Arbeit errechnet sich, falls die Auflagerkräfte A und die Einspannmomente M_A gemäß Bild 5.5-7 entgegengesetzt zu Δs_A und $\Delta \varphi_A$ als positiv vereinbart werden, nach dem Prinzip der virtuellen Kräfte aus

$$\Delta \overline{W}_a^* = -\sum_w \overline{A}_w \cdot \Delta s_w - \sum_w \overline{M}_w \cdot \Delta \varphi_w \,. \tag{5.5.19}$$

und ist der Arbeit in Gleichung (5.3.2) hinzuzufügen. In (5.5.3) bis (5.5.6) erscheint sie folglich mit umgekehrtem, d. h. positivem Vorzeichen. Der Summationsindex w umfasst sämtliche Lager des Tragwerks.

5.5.4 Gesamtgleichung für die Einzelverformungen und baupraktische Vereinfachungen

Der Gesamtausdruck für eine Einzelverschiebung δ_m ergibt sich im allgemeinen Fall aus (5.5.5) durch Hinzufügung der Terme zur Berücksichtigung von Federn und Lagerbewegungen nach (5.5.18) und (5.5.19). Mit ε nach (5.5.8) erhält man

$$\delta_m = \int \overline{N} \cdot \left[\frac{N}{EA}(1 + \varphi_K) + \alpha_T T_S + \varepsilon_S \right] \cdot dx$$

$$+ \int \overline{M}_T \frac{M_T}{GI_T}(1 + \varphi_K) \cdot dx + \int \overline{Q}_y \frac{Q_y}{GA_{Qy}}(1 + \varphi_K) \cdot dx$$

$$+ \int \overline{M}_y \left[\frac{M_y}{EI_y}(1 + \varphi_K) + \alpha_T \frac{\Delta T_z}{h_z} \right] \cdot dx \tag{5.5.20}$$

$$+ \int \overline{Q}_z \frac{Q_z}{GA_{Qz}}(1 + \varphi_K) \cdot dx + \int \overline{M}_z \left[\frac{M_z}{EI_z}(1 + \varphi_K) + \alpha_T \frac{\Delta T_y}{h_y} \right] \cdot dx$$

$$+ \sum_f \frac{\overline{F}_f F_f}{c_{Nf}} + \sum_f \frac{\overline{M}_f M_f}{c_{Mf}} + \sum_w \overline{A}_w \cdot \Delta s_w + \sum_w \overline{M}_w \cdot \Delta \varphi_w \,.$$

Darin bedeuten

$\overline{N}, \overline{M}_\mathrm{T}, \overline{Q}_y$ die Schnittgrößen infolge der Einzellast $\overline{P}_m = 1$ in Richtung von δ_m

$\overline{F}_\mathrm{f}, \overline{M}_\mathrm{f}$ die Federkräfte bzw. -momente infolge $\overline{P}_m = 1$

$\overline{A}_w, \overline{M}_w$ die Auflagerkräfte bzw. -momente infolge $\overline{P}_m = 1$

N, M_T, Q_y die wirklichen Schnittgrößen

$F_\mathrm{f}, M_\mathrm{f}$ die wirklichen Federkräfte bzw. -momente

A_w, M_w die wirklichen Auflagerkräfte bzw. -momente.

Für φ_m gilt (5.5.20) in unveränderter Form. Dann sind aber die überstrichenen Kraftgrößen von $\overline{M}_m = 1$ verursacht, das an der Stelle m mit gleichem Drehsinn wie φ_m wirkt.

Die umfangreiche Formel (5.5.20) wird der jeweils vorliegenden Aufgabe angepasst und dabei wesentlich vereinfacht. So entfallen z. B. für ebene Stabwerke die Anteile aus M_T, M_z und Q_y. Die Verformungsanteile aus Querkräften werden im Allgemeinen vernachlässigt, da sie gegenüber den Biegeverformungen vernachlässigbar sind. Nur in Sonderfällen, z. B. bei kurzen Stäben mit großen Querkräften, können Schubverformungen ins Gewicht fallen. Die Verformungsanteile aus Normalkräften werden im Rahmen von Handrechnungen ebenfalls vernachlässigt, sofern wesentliche Biegeverformungen auftreten. Eine Ausnahme bilden hoch belastete Stützen und fachwerkähnliche Tragwerksteile.

Für Fachwerke erhält man somit

$$\delta_m = \int \overline{N} \cdot \left[\frac{N}{EA}(1+\varphi_\mathrm{K}) + \alpha_T T_\mathrm{S} + \varepsilon_\mathrm{S} \right] \cdot \mathrm{d}x \qquad (5.5.21)$$

und bei auf Stablänge ℓ konstanten Werten EA, $\alpha_T T$ und ε_S

$$\delta_m = \sum_{\text{alle Stäbe}} \overline{N} \cdot \left[\frac{N}{EA}(1+\varphi_\mathrm{K}) + \alpha_T T_\mathrm{S} + \varepsilon_\mathrm{S} \right] \cdot \ell \,. \qquad (5.5.22)$$

Im einfachsten Fall gilt für ebene Stabwerke (ohne Temperatur etc.)

$$\delta_m = \int \frac{\overline{M} \cdot M}{EI} \cdot \mathrm{d}x \qquad (5.5.23)$$

und für räumliche Tragwerke entsprechend

$$\delta_m = \int \left[\frac{\overline{M}_y \cdot M_y}{EI_y} + \frac{\overline{M}_z \cdot M_z}{EI_z} + \frac{\overline{M}_\mathrm{T} \cdot M_\mathrm{T}}{GI_T} \right] \cdot \mathrm{d}x \,. \qquad (5.5.24)$$

Besonders beim Kraftgrößenverfahren zur Berechnung statisch unbestimmter Stabwerke (siehe Kapitel 8) ist es vorteilhaft, die Formänderungen EI_c-fach zu berechnen, wobei I_c ein beliebiges Vergleichsträgheitsmoment darstellt. Für die x-z-Ebene erhält man aus (5.5.20) unter der Voraussetzung, dass Kriechen, Schwinden und die Querkraftverformungen vernachlässigbar sind,

$$
\begin{aligned}
EI_c\delta_m = & \int \overline{N}N\frac{I_c}{A}\,\mathrm{d}x + \int \overline{M}M\frac{I_c}{I}\,\mathrm{d}x \\
& + EI_c \int \left(\overline{N}\alpha_T T_S + \overline{M}\alpha_T \frac{\Delta T}{h} \right) \cdot \mathrm{d}x \\
& + EI_c \sum_f \left(\frac{\overline{F}_f F_f}{c_{Nf}} + \frac{\overline{M}_f M_f}{c_{Mf}} \right) \\
& + EI_c \sum_w \left(\overline{A}_w \Delta s_w + \overline{M}_w \Delta\varphi_w \right) \, .
\end{aligned}
\tag{5.5.25}
$$

Sollen Verformungsanteile der Normalkräfte ebenfalls vernachlässigt werden, so wird $I/A = 0$ gesetzt. Wie bereits früher nachgewiesen, gelten (5.5.21) bis (5.5.25) auch für φ_m statt δ_m, wenn als virtuelle Belastung $\overline{M}_{Lm} = 1$ angesetzt wird.

Die Integration ist jeweils über sämtliche Stäbe des Systems zu erstrecken. In der Regel ist es nicht zweckmäßig und zu umständlich, geschlossen zu integrieren, da hierzu die mathematischen Funktionen der Schnittgrößenverläufe benötigt würden. Bei abschnittsweise konstanten Steifigkeitswerten verwendet man vorteilhaft die sogenannten M_i-M_k-Tafeln (siehe Abschnitt 5.5.6), die fertige Integralausdrücke enthalten. Im allgemeinen Fall ist man auf eine numerische Integration angewiesen (siehe Abschnitt 5.5.7).

5.5.5 Die sechs Grundfälle der Verformungsberechnung

Am Beispiel eines Dreigelenkrahmens werden die sechs Grundfälle der Verformungsberechnung mit zugehörigem virtuellem Lastansatz dargestellt:

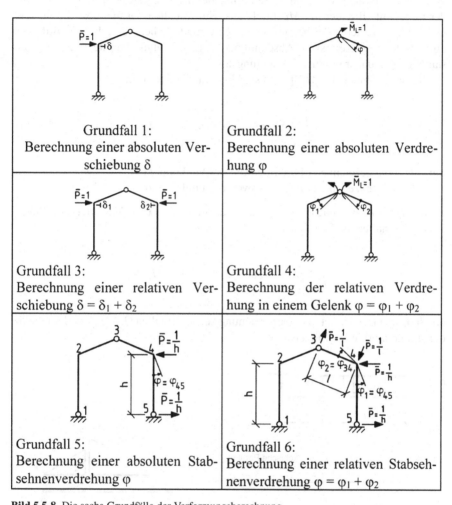

Grundfall 1:
Berechnung einer absoluten Verschiebung δ

Grundfall 2:
Berechnung einer absoluten Verdrehung φ

Grundfall 3:
Berechnung einer relativen Verschiebung $\delta = \delta_1 + \delta_2$

Grundfall 4:
Berechnung der relativen Verdrehung in einem Gelenk $\varphi = \varphi_1 + \varphi_2$

Grundfall 5:
Berechnung einer absoluten Stabsehnenverdrehung φ

Grundfall 6:
Berechnung einer relativen Stabsehnenverdrehung $\varphi = \varphi_1 + \varphi_2$

Bild 5.5-8 Die sechs Grundfälle der Verformungsberechnung

5.5.6 Anwendung der M_i-M_k-Tafeln

5.5.6.1 Allgemeines

Wie bereits erwähnt, wertet man die Formänderungsintegrale bei Handrechnung in der Regel mit Hilfe der M_i-M_k-Tafeln aus. Nur in Fällen, für die diese Tafeln keine Lösungen bieten, oder bei auf Stablänge veränderlichen Steifigkeiten wird man numerisch integrieren (siehe Abschnitt 5.5.7). Eine analytische Integration ist umständlich und daher praktisch bedeutungslos.

In den erwähnten M_i-M_k-Tafeln sind Integrale in der Form

$$\int_0^\ell f(x) \cdot g(x) \cdot dx = \alpha \cdot F \cdot G \cdot \ell \qquad (5.5.26)$$

mit F = ausgezeichneter Funktionswert der Funktion $f(x)$
       G = ausgezeichneter Funktionswert der Funktion $g(x)$

für häufig vorkommende Funktionsverläufe $f(x)$ und $g(x)$ ausgewertet. Die Tafeln 2 und 3 enthalten die Beiwerte α, mit denen man z. B.

$$\int_0^\ell M_i(x) \cdot M_k(x) \cdot dx = \alpha \cdot \overline{M}_i \cdot \overline{M}_k \cdot \ell \qquad (5.5.27)$$

erhält. Dabei bezeichnet die Überstreichung keine virtuellen Größen, sondern die in den Tafeln markierten Einzelwerte.

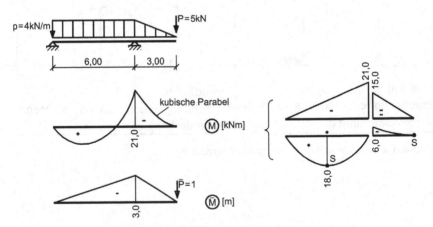

Bild 5.5-9 Aufteilung einer Momentenfläche zur Anwendung der M_i-M_k-Tafel

Oft sind die Schnittkraftflächen infolge der wirklichen Belastung für die Anwendung der Tabelle 5.1 in mehrere Anteile zu zerlegen. In Bild 5.5-9 wird gezeigt, wie die Aufteilung von M bei quadratischem und kubischem Momentenverlauf für die Überlagerung mit $\overline{M}$ erfolgen kann.

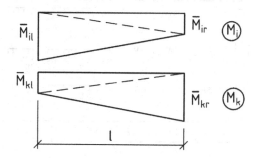

Bild 5.5-10 Aufteilung zweier Trapezflächen für die Anwendung der M_i-M_k-Tafel

Ein weiteres Beispiel stellt die Überlagerung zweier Trapezflächen (siehe Bild 5.5-10) dar, die in Dreiecke zerlegt werden, um

$$EI_c\delta_{ik} = \left[\overline{M}_{i\ell}\left(\frac{\overline{M}_{k\ell}}{3}+\frac{\overline{M}_{kr}}{6}\right)+\overline{M}_{ir}\left(\frac{\overline{M}_{k\ell}}{6}+\frac{\overline{M}_{kr}}{3}\right)\right]\cdot\ell$$

$$= \frac{\ell}{6}\left[\overline{M}_{i\ell}(2\overline{M}_{k\ell}+\overline{M}_{kr})+\overline{M}_{ir}(\overline{M}_{k\ell}+2\overline{M}_{kr})\right]$$

(5.5.28)

zu erhalten.

Sind $M_i(x)$ und $M_k(x)$ identische Trapezflächen, was beim Kraftgrößenverfahren (siehe Kapitel 8) auftreten kann, vereinfacht sich (5.5.28) auf

$$EI_c\delta_{ii} = \frac{\ell}{3}\left(\overline{M}_{i\ell}^2+\overline{M}_{i\ell}\overline{M}_{ir}+\overline{M}_{ir}^2\right).$$

(5.5.29)

5.5.6.2 Beispiel: Knotenverschiebung infolge äußerer Lasten

Um die Horizontalverschiebung am Punkt 1 des in Bild 5.5-11 dargestellten ebenen Rahmens zu berechnen, wird dort die entsprechende virtuelle Kraft $\overline{P}_1 = 1$ angesetzt.

Die Berechnung von δ nach (5.5.25) mit Hilfe der M_i-M_k-Tafel wird in der folgenden Tabelle dargestellt.

Stab	Biege-steifigkeit	ℓ	$\frac{I_C}{I}$	$\frac{I_C}{I} \cdot \ell$	$\overline{M}$	M	$EI_c \cdot \delta_1$
a	$2EI$	3,00	0,50	1,50	3,0	$\frac{1}{3} \cdot 3,0 \cdot 90,0 = 90,0$ 90,0	135,0
b	EI	5,00	1,00	5,00	3,0 1,125	$\frac{1}{6}[3,0(2 \cdot 110,0 + 135,0)$ $+1,125(110,0 + 2 \cdot 135,0)]$ $= 248,75$ 110,0 135,0	1243,8
c	$1,5EI$	4,24	0,67	2,83	1,125	$\frac{1}{3} \cdot 1,125 \cdot 135,0 = 50,63$ 135,0	143,2

$EI_c \cdot \delta_1 = 1522,0\,\text{kNm}^3$, $\delta_1 = 1522,0/78 \cdot 10^3 = 19,5 \cdot 10^{-3}\,\text{m} = 19,5\,\text{mm}$ $\sum = 1522,0$

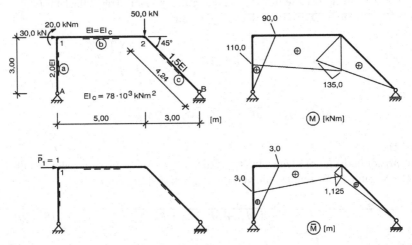

Bild 5.5-11 Ebener Rahmen mit wirklicher und virtueller Belastung sowie zugehörige Momentenflächen

5.5.6.3 Beispiel: Knotenverdrehung infolge von Temperaturänderungen

Für den in Bild 5.5-12 dargestellten ebenen Rahmen wird die Verdrehung des Knotenpunkts 1 im Uhrzeigersinn infolge der angegebenen Temperaturänderungen gesucht. Dementsprechend muss dort ein gleichgerichtetes Moment $\overline{M}_{L1} = 1$ angesetzt werden.

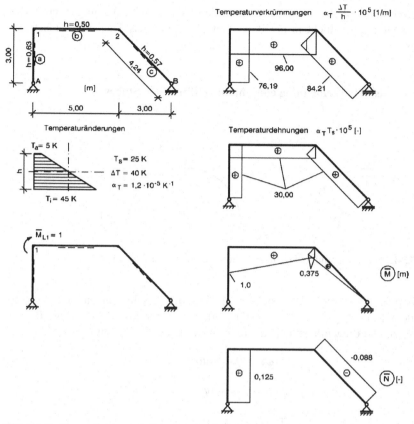

Bild 5.5-12 Ebener Rahmen mit Temperaturänderungen und virtuellem Lastzustand

Da in statisch bestimmten Systemen infolge Temperatur keine Schnittgrößen entstehen, vereinfacht sich (5.5.25) hier auf

$$\varphi_m = \int \left(\overline{N} \alpha_T T_S + \overline{M} \alpha_T \frac{\Delta T}{h} \right) \cdot dx \ .$$

Die Auswertung mit Hilfe der Tafel 2 liefert

$$10^5 \cdot \varphi_m = (3{,}00 \cdot 0{,}125 + 0 - 4{,}24 \cdot 0{,}088) \cdot 30{,}0$$
$$+ \left[0 + \frac{5{,}00}{2} (1{,}0 + 0{,}375) \cdot 96{,}0 + \frac{4{,}24}{2} \cdot 0{,}375 \cdot 84{,}21 \right]$$
$$= 0 + 397{,}0 = 397{,}0 \ .$$

Somit ergibt sich

$$\varphi_m = 397{,}0 \cdot 10^{-5} = 0{,}2275° \ .$$

Man erkennt, dass T_S in diesem speziellen Fall keine Verdrehung erzeugt. Die Steifigkeiten gehen nicht in die Berechnung ein, weil das Tragwerk statisch bestimmt ist.

5.5.6.4 Beispiel: Verformung eines halbkreisförmigen Stabes

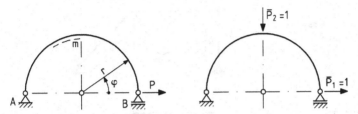

Bild 5.5-13 Halbkreisförmiger Stab mit wirklicher und virtueller Belastung

Für den in Bild 5.5-13 dargestellten Stab sind die Verschiebungen u_B und w_m zu ermitteln. Dementsprechend werden die beiden virtuellen Kräfte $\overline{P}_1 = 1$ und $\overline{P}_2 = 1$ angesetzt. Die Biegemomente in der rechten Hälfte des Stabes lauten

$$M(\varphi) = P \cdot r \cdot \sin\varphi$$

$$\overline{M}_1(\varphi) = r \cdot \sin\varphi$$

$$\overline{M}_2(\varphi) = \frac{1}{2}r \cdot (1 - \cos\varphi) \ .$$

Die Verformungen infolge N und Q werden vernachlässigt. Unter Verwendung von Tafel 3 erhält man

$$EI u_B = \int\limits_{0}^{\pi} M(\varphi) \cdot \overline{M}_1(\varphi) \cdot r \ d\varphi$$

$$= \frac{1}{2} \cdot \mathrm{P} r \cdot r \cdot \pi r = \frac{\pi}{2} \cdot \mathrm{P} r^3$$

$$EI w_m = 2 \int\limits_{0}^{\pi/2} M(\varphi) \cdot \overline{M}_2(\varphi) \cdot r \ d\varphi$$

$$= 2 \cdot \left(\frac{2}{\pi} \cdot \mathrm{P} r \frac{r}{2} - \frac{1}{\pi} \cdot \mathrm{P} r \frac{r}{2} \right) \cdot \frac{\pi r}{2} = \frac{1}{2} \cdot \mathrm{P} r^3 \ .$$

5.5.7 Numerische Integration nach SIMPSON

5.5.7.1 Die SIMPSONsche Regel

Falls die Steifigkeiten EI, EA, GA_Q und GI_T nicht wenigstens stabweise konstant sind, lassen sich die Formänderungsintegrale in der Regel nur numerisch auswerten. Vorteilhaft wendet man hierzu die SIMPSONsche Regel an. Diese lautet bei äquidistanter Unterteilung (siehe Bild 5.5-14)

$$A = \int_{x_0}^{x_n} y(x)\,\mathrm{d}x \approx \frac{\Delta x}{3} \cdot \sum_0^n \kappa_r \cdot y_r \qquad \kappa_r = (1,4,2,4,\ldots,2,4,1) \ . \qquad (5.5.30)$$

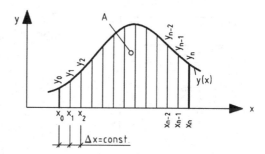

Bild 5.5-14 Fläche mit äquidistanter Unterteilung

Die Gleichung gilt für gerade n, d. h. für eine gerade Anzahl von Intervallen, und ist für Polynome bis zum dritten Grade genau.

Damit erhält man z. B. mit $\Delta x = \frac{\ell}{n}$

$$\int_0^\ell \frac{\overline{M} \cdot M}{EI}\,\mathrm{d}x \approx \frac{\Delta x}{3} \cdot \sum_0^n \kappa_r \cdot \frac{\overline{M}_r \cdot M_r}{EI_r}$$

$$= \frac{\Delta x}{3} \cdot \left(\frac{\overline{M}_0 \cdot M_0}{EI_0} + 4 \cdot \frac{\overline{M}_1 \cdot M_1}{EI_1} + 2 \cdot \frac{\overline{M}_2 \cdot M_2}{EI_2} + \ldots + \frac{\overline{M}_n \cdot M_n}{EI_n} \right) \ .$$

Als Nebenbedingung ist zu beachten, dass an den Stellen mit der Gewichtung 4 kein Sprung oder Knick im Integranden sein darf.

5.5.7.2 Anwendungsbeispiel: Voutenträger

Als Beispiel für die Anwendung der SIMPSONschen Regel wird der in Bild 5.5-15 dargestellte Einfeldträger mit Voute gewählt. Gesucht ist die EI_c-fache Stabendverdrehung am Auflager B infolge P.

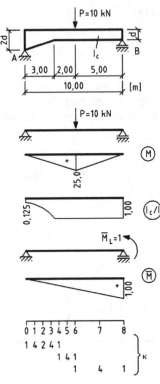

Gemäß (5.5.23) gilt

$$EI_c\varphi_B = \int \overline{M}M\frac{I_c}{I}\,dx,$$

woraus mit der SIMPSONschen Regel

$$EI_c\varphi_B \approx \frac{1}{3}\sum_r \overline{M}_r M_r \frac{I_c}{I_r}\kappa_r\Delta x_r$$

folgt. Mit der Abkürzung

$$m_r = \overline{M}_r \frac{I_c}{I_r}\kappa_r\Delta x_r \text{ wird}$$

$$EI_c\varphi_B = \frac{1}{3}\sum_r m_r M_r = 60{,}64\,\left[kNm^2\right]$$

Die Zahlenrechnung wird nachfolgend tabellarisch durchgeführt.

Bild 5.5-15 Voutenträger mit wirklichem und virtuellem Lastzustand

r	Δx	κ	$\kappa \cdot \Delta x$	I_c/I	$\overline{M}_r$	m_r	M_r	$m_r M_r$
0	0,75	1	0,75	0,125	0	0	0	0
1	0,75	4	3,00	0,187	0,075	0,0421	3,750	0,158
2	0,75	2	1,50	0,296	0,150	0,0666	7,500	0,500
3	0,75	4	3,00	0,512	0,225	0,3456	11,250	3,888
4	0,75	1						
	1,00	1	1,75	1,00	0,300	0,5250	15,00	7,875
5	1,00	4	4,00	1,00	0,400	1,6000	20,00	32,000
6	1,00	1						
	2,50	1	3,50	1,00	0,500	1,7500	25,00	43,750
7	2,50	4	10,00	1,00	0,750	7,5000	12,50	93,750
8	2,50	1	2,50	1,00	1,000	2,5000	0	0
$\sum$			$30,00 = 3\ell$				$3EI_c\varphi_B = 181{,}921$	

Für die Berechnung der Formänderungswerte von Voutenträgern existieren Zahlentafeln, die z. B. in HIRSCHFELD: Baustatik (siehe Literaturverzeichnis) enthalten sind. Dort findet man für den vorliegenden Fall mit $\lambda = 0{,}3$; $n = 0{,}125$; $\xi = 0{,}5$ in Tafel 36 den Wert $k_2 = 0{,}06058$ woraus sich $EI_c\alpha_{n0} = 60{,}58\,kNm^2$ ergibt.

5.5.8 Gebräuchliche Formeln für Einzelverformungen von Krag- und Einfeldträgern

Tabelle 5.1 enthält einige Formeln für Einzelverformungen, die bei statischen Berechnungen häufig benötigt werden. Im Vorgriff auf spätere Ausführungen enthält die Tabelle auch statisch unbestimmte Einfeldträger. Die Formeln lassen sich leicht mit Hilfe von Tafel 2 bestätigen.

Tabelle 5.1 Durchbiegungen und Enddrehwinkel von Krag- und Einfeldträgern

System	Belastung	Formänderung $\downarrow +w$	Formänderung $\curvearrowleft +\varphi$
A—————B ℓ	P	$w_B = \dfrac{P\ell^3}{3EI}$	$\varphi_B = -\dfrac{P\ell^2}{2EI}$
	p	$w_B = \dfrac{p\ell^4}{8EI}$	$\varphi_B = -\dfrac{p\ell^3}{6EI}$
	p	$w_B = \dfrac{p\ell^4}{30EI}$	$\varphi_B = -\dfrac{p\ell^3}{24EI}$
	p	$w_B = \dfrac{11}{120}\cdot\dfrac{p\ell^4}{EI}$	$\varphi_B = -\dfrac{p\ell^3}{8EI}$
	M_L	$w_B = -\dfrac{M_L\cdot\ell^2}{2EI}$	$\varphi_B = \dfrac{M_L\ell}{EI}$
A——m——B ℓ	P (m)	$w_m = \dfrac{P\ell^3}{48EI}$	$\varphi_A = -\varphi_B = -\dfrac{P\ell^2}{16EI}$
	p	$w_m = \dfrac{5}{384}\cdot\dfrac{p\ell^4}{EI}$	$\varphi_A = -\varphi_B = -\dfrac{p\ell^3}{24EI}$
	p	$w_m = \dfrac{5}{768}\cdot\dfrac{p\ell^4}{EI}$	$\varphi_A = -\dfrac{p\ell^3}{45EI}$; $\varphi_B = \dfrac{7}{360}\cdot\dfrac{p\ell^3}{EI}$
	M_L	$w_m = \dfrac{M_L\cdot\ell^2}{16EI}$	$\varphi_A = -\dfrac{M_L\ell}{6EI}$; $\varphi_B = \dfrac{M_L\ell}{3EI}$
A——m——B ℓ	P (m)	$w_m = \dfrac{7}{768}\cdot\dfrac{P\ell^3}{EI}$	$\varphi_B = \dfrac{P\ell^2}{32EI}$
	p	$w_m = \dfrac{2}{384}\cdot\dfrac{p\ell^4}{EI}$	$\varphi_B = \dfrac{p\ell^3}{48EI}$
	M_L	$w_m = \dfrac{M_L\cdot\ell^2}{32EI}$	$\varphi_B = \dfrac{M_L\ell}{4EI}$
——m—— ℓ	P (m)	$w_m = \dfrac{1}{192}\cdot\dfrac{P\ell^3}{EI}$	
	p	$w_m = \dfrac{1}{384}\cdot\dfrac{p\ell^4}{EI}$	

Kapitel 6
Biegelinien

6.1 Allgemeines und Grundgleichungen

Die Ermittlung von Biegelinien stellt eine Grundaufgabe der Statik dar. Biegelinien werden für baupraktische Zwecke nur selten benötigt, z. B. für die Festlegung von Lehrgerüstüberhöhungen und die Baugeometrie beim Freivorbau. Meist sind nur Einzelverformungen nachzuweisen wie beispielsweise die Maximaldurchbiegung eines Balkens im Feld und am Kragarm oder die größte Kopfverdrehung eines Fernsehmastes. Ihre eigentliche Bedeutung erhalten Biegelinien indirekt im Zusammenhang mit Einflusslinien, wie in Kapitel 7 gezeigt wird, da jede Einflusslinie im Prinzip eine Biegelinie darstellt.

Im Folgenden sollen nur Biegelinien gerader Stäbe behandelt werden, wobei unter Biegelinie die Funktion $w(x)$ zu verstehen ist, d. h. die Verschiebung senkrecht zur Stabachse in der x-z-Ebene.

Biegelinien lassen sich natürlich punktweise durch wiederholte Anwendung des Prinzips der virtuellen Kräfte gewinnen, indem an allen Stellen m, in denen die Ordinaten einer Biegelinie benötigt werden, jeweils $\overline{P}_m = 1$ lotrecht zur Stabachse angesetzt wird. Hier soll die Biegelinie analytisch aus (1.4.13) hergeleitet werden:

$$q_z = EI w'''' . \tag{6.1.1}$$

Diese Gleichung gilt unabhängig vom Grad der statischen Unbestimmtheit und setzt voraus, dass

- die Biegesteifigkeit EI über die Stablänge konstant ist,
- am Stab keine Linienmomente m_y wirken,
- die BERNOULLI-Hypothese vom Ebenbleiben der Querschnitte gilt, da die Schubverzerrungen vernachlässigt werden, und
- nur elastische Verzerrungen auftreten.

Die vierfache Integration von (6.1.1) verläuft gemäß (1.3.8), (1.3.9) und (1.3.34) in folgenden Schritten:

Belastungsverlauf: $q_z = EI \cdot w''''$

Querkraftverlauf: $Q = -EI \cdot w'''$

Momentenverlauf: $M = -EI \cdot w''$ (6.1.2)

Verdrehungswinkel: $EI \cdot \varphi = -EI \cdot w'$

Biegelinie: $EI \cdot w$.

Die EI-fache Biegelinie erhält man demnach durch zweimalige Integration der Momentenfunktion oder durch viermalige Integration der Lastfunktion. Dabei sind die Randbedingungen zu beachten. Da die Gleitung infolge Querkraft vernachlässigt wird, entsteht die Biegelinie allein aus den Verkrümmungen des Stabes und ist ebenso wie diese abhängig von der Biegesteifigkeit EI des Stabes.

Für den Einfeldträger unter Gleichlast ergeben sich aus (6.1.2) die in Bild 6.1-1 dargestellten Zustandslinien.

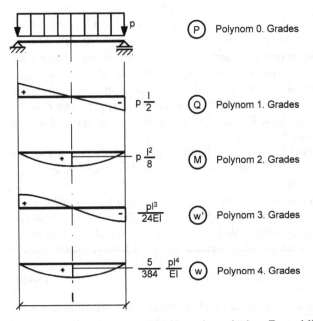

Bild 6.1-1 Einfeldträger unter Gleichlast mit zugehörigen Zustandslinien

Wie bereits gesagt, umfasst (6.1.1) nur die elastischen Deformationen. Treten auch nichtelastische Einflüsse auf, so gilt nach (1.3.35) und (5.5.7)

$$-w'' = \kappa = \frac{M}{EI} \cdot (1 + \varphi_K) + \alpha_T \cdot \frac{\Delta T}{h} .$$ (6.1.3)

Damit lässt sich das äquivalente Ersatzmoment

$$M_{eq} = M\left(1 + \varphi_K\right) + EI\alpha_T \frac{\Delta T}{h} \tag{6.1.4}$$

definieren, das in (6.1.2) anstelle von M zur Ermittlung der Biegelinie zu verwenden ist.

6.2 Analytische Integration

Allgemein gilt für einen geraden Stab unter der konstanten Querlast q_z:

Belastungsverlauf: $EI \cdot w'''' = q_z$

Querkraftverlauf: $EI \cdot w''' = q_z \cdot x + C_1$

Momentenverlauf: $EI \cdot w'' = q_z \dfrac{x^2}{2} + C_1 \cdot x + C_2$ (6.2.1)

Verdrehungswinkel: $EI \cdot w' = q_z \cdot \dfrac{x^3}{6} + C_1 \cdot \dfrac{x^2}{2} + C_2 \cdot x + C_3$

Biegelinie: $EI \cdot w = q_z \cdot \dfrac{x^4}{24} + C_1 \cdot \dfrac{x^3}{6} + C_2 \cdot \dfrac{x^2}{2} + C_3 \cdot x + C_4$

Die Integrationskonstanten C_i sind mit Hilfe der Rand- und Übergangsbedingungen aus Tabelle 6.1 bzw. 6.2 zu ermitteln.

Tabelle 6.1 Randbedingungen der Biegelinie in Abhängigkeit von der Lagerungsart

Lagerung	Randbedingungen
	$w = 0$ $w' = 0$
	$w = 0$ $M = 0 \Rightarrow w'' = 0$
	$M = 0 \Rightarrow w'' = 0$ $Q = 0 \Rightarrow w''' = 0$
	$Q = A \Rightarrow EIw''' = -c_N w$ $M = 0 \Rightarrow w'' = 0$
	$M = M_A \Rightarrow EIw'' = c_M w'$ $w = 0$

Tabelle 6.2 Übergangsbedingungen für die Biegelinie in Abhängigkeit von der Unstetigkeit

Unstetigkeit	Übergangsbedingungen
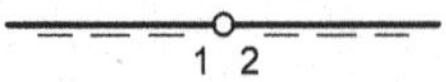	$w_{(1)} = w_{(2)}$ $w''_{(1)} = w''_{(2)} = 0; \quad w'''_{(1)} = w'''_{(2)}$
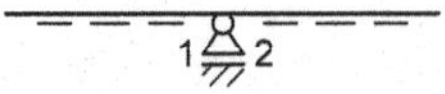	$w_{(1)} = w_{(2)} = 0$ $w'_{(1)} = w'_{(2)}; \quad w''_{(1)} = w''_{(2)}$
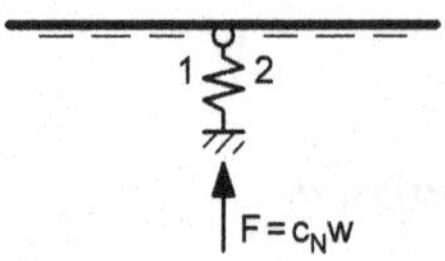	$w_{(1)} = w_{(2)}; \quad w'_{(1)} = w'_{(2)}; \quad w''_{(1)} = w''_{(2)}$ $Q_{(1)} + F = Q_{(2)} \Rightarrow w'''_{(1)} = w'''_{(2)} + \dfrac{c_N w_{(1)}}{EI}$

Als Beispiel für die analytische Ermittlung einer Biegelinie diene der in Bild 6.2-1 dargestellte Kragträger.

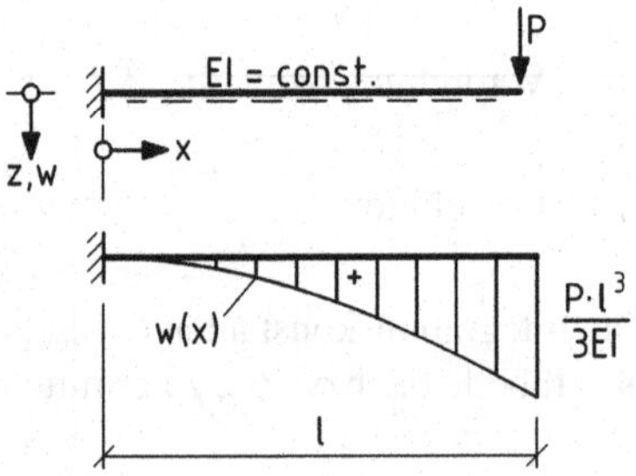

Bild 6.2-1 Kragträger unter Einzellast mit zugehöriger Biegelinie

Er unterliegt den Randbedingungen

$$w(0) = w'(0) = w''(\ell) = 0 \quad \text{und} \quad w'''(\ell) = -P/EI .$$

Die Bestimmungsgleichungen für die Konstanten in (6.2.1) lauten somit wegen $q_z = 0$

$$-P = C_1$$
$$0 = C_1 \cdot \ell + C_2$$
$$0 = C_3$$
$$0 = C_4 .$$

Daraus folgt

$$C_1 = -P ; \quad C_2 = P \cdot \ell ; \quad C_3 = C_4 = 0$$

und

$$EI w(x) = -\frac{P}{6}x^3 + \frac{P\ell}{2}x^2$$

mit

$$\max w = w(\ell) = \frac{P\ell^3}{3EI} \, .$$

Ausgehend vom Momentenverlauf

$$M(x) = -P(\ell - x)$$

hätte man in

$$EIw(x) = -\iint M(x)\,\mathrm{d}x^2 = \frac{Px^2}{2}\left(\ell - \frac{x}{3}\right)$$

dasselbe Ergebnis erhalten. Hierbei treten wegen $w(0) = w'(0) = 0$ bzw. $C_3 = C_4 = 0$ keine Integrationskonstanten auf.

Würde der Kragträger ungleichmäßig erwärmt, so wäre laut (6.1.4) ersatzweise

$$M_{\mathrm{eq}}(x) = EI\alpha_T \frac{\Delta T}{h} = \text{const.}$$

anzusetzen. Man erhielte damit

$$EIw(x) = -\iint M_{\mathrm{eq}}(x)\,\mathrm{d}x^2 = -EI\alpha_T \frac{\Delta T}{h} \cdot \frac{x^2}{2} \, .$$

6.3 Das Verfahren der ω-Zahlen

Wie bereits in Abschnitt 6.2 gezeigt, ermittelt man den Verlauf der Biegelinie $w(x)$ durch zweimalige Integration der Momentenlinie gemäß

$$EIw(x) = -\iint M(x)\,\mathrm{d}x^2 \, . \tag{6.3.1}$$

Für häufig vorkommende Momentenverläufe $M(x)$ sind die Biegelinien des gelenkig gelagerten Einfeldträgers mit seinen Randbedingungen $w(0) = w(\ell) = 0$ mittels der sogenannten ω-Zahlen tabelliert. Allgemein gilt

$$EIw(x) = \frac{M\ell^2}{r}\omega(\xi) \, . \tag{6.3.2}$$

Darin ist M eine ausgezeichnete Ordinate der Momentenlinie, r ein ganzzahliger Faktor, ℓ die Stützweite und $\xi = x/\ell$ die dimensionslose Koordinate in Stabrichtung. Die ω-Zahlen werden mit einem Index versehen, der auf die Form der zugehörigen Momentenfläche verweist.

Für zehn verschiedene M-Verläufe sind die jeweils spezielle Form von (6.3.2) und die Gleichung der zugehörigen ω-Zahlen in Tafel 4 zusammengestellt. Außerdem enthält die Tafel den Wert F_p, der das Integral der Biegelinie über die Länge ℓ, d. h. den Flächeninhalt der Biegelinie darstellt. Man benötigt diese Größe bei der Auswertung von Einflusslinien (siehe Abschnitt 7.5.2).

Als Beispiel für die Herleitung einer ω-Funktion diene der in Bild 6.3-1 dargestellte Fall.

Bild 6.3-1 Beispiel zur Herleitung einer ω-Funktion

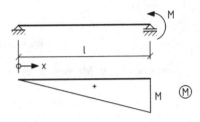

Mit $M(x) = M \cdot x/\ell$ ergibt sich

$$EIw(x) = -\iint M(x)\,\mathrm{d}x^2 = -\frac{M}{6\ell} \cdot x^3 + C_1 x + C_2\,.$$

Die Randbedingungen $w(0) = w(\ell) = 0$ liefern

$$C_1 = M\ell/6 \quad \text{und} \quad C_2 = 0\,.$$

Damit wird

$$EIw(x) = -\frac{M}{6\ell} \cdot x^3 + \frac{M\ell}{6} \cdot x = \frac{M\ell^2}{6} \cdot \left(\xi - \xi^3\right) = \frac{M\ell^2}{6} \cdot \omega_D(\xi)$$

mit

$$\omega_D = \xi - \xi^3\,.$$

Das Integral der Biegelinie über die Trägerlänge ist

$$EIF_p = \int_0^\ell EIw(x)\,\mathrm{d}x = \frac{M\ell^2}{6}\int_0^1 \left(\xi - \xi^3\right)\ell\,\mathrm{d}\xi = \frac{M\ell^3}{24}\,.$$

Die vorstehenden Ereignisse werden durch Zeile 2 der Tafel 4 bestätigt.

Die Anwendung von Tafel 4 wird an dem Zweifeldträger nach Bild 6.3-2 demonstriert. Dabei wird die M-Fläche in die in der Tafel enthaltenen Grundfälle aufgeteilt.

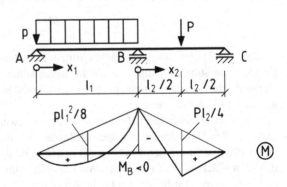

Bild 6.3-2 Beispiel zur Anwendung der ω-Funktionen

Die Biegelinie lautet

- im Feld 1: $EI w(x_1) = \dfrac{1}{6} M_B \ell_1^2 \omega_D + \dfrac{1}{3} \dfrac{p \ell_1^2}{8} \ell_1^2 \omega_p''$,

- im Feld 2: $EI w(x_2) = \dfrac{1}{6} M_B \ell_2^2 \omega_D' + \dfrac{1}{12} \dfrac{P \ell_2}{4} \ell_2^2 \omega_\Delta$.

Tafel 5 enthält die Zahlenwerte der verschiedenen ω-Funktionen für die Zwanzigstelpunkte des Trägers. Dabei gilt für die Fälle 3, 8 und 10 der Tafel 4

$$\omega'(\xi) = \omega(\xi') \ . \tag{6.3.3}$$

Oft lässt sich ein Tragwerk nicht in gelenkig gelagerte Einfeldträger zerlegen, ohne Ersatzlager hinzuzufügen, da sonst eine kinematische Kette entstände. Ein Beispiel hierfür zeigt das Bild 6.3-3. Das Gelenk und das Kragarmende sind zu unterstützen.

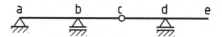

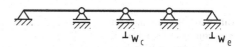

Bild 6.3-3 Aufteilung eines Balkens in gelenkig gelagerte Einfeldträger unter Hinzufügung von Ersatzlagern

In solchen Fällen sind die Durchbiegungen an den Orten m der Ersatzlager als Einzelverformungen δ_m nach dem Prinzip der virtuellen Kräfte zu ermitteln und bei der Biegelinie zu berücksichtigen.

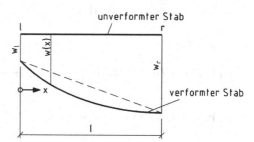

Bild 6.3-4 Anteile der Biegelinie aus Knotenverschiebungen und Stabverkrümmungen

In Bild 6.3-4 ist ein Einzelstab mit den Endpunkten ℓ und r in seiner Ursprungslage und nach der Verformung dargestellt. Dabei wurden die Verschiebungen $u(x)$ in Stablängsrichtung nicht berücksichtigt, da sie keinen Beitrag zur Biegelinie liefern. Die Biegelinie setzt sich aus einem linearen kinematischen Anteil infolge der beiden Knotenverschiebungen w_ℓ und w_r sowie der mit Hilfe der ω-Zahlen berechneten, gekrümmten Biegelinie des Einfeldträgers infolge des Biegemomentes $M(x)$ und gegebenenfalls der ungleichmäßigen Temperaturänderung ΔT zusammen:

$$w(x) = \frac{\ell^2}{EI} \sum \frac{M_i}{r_i} \omega_i(\xi) + w_\ell(1-\xi) + w_r \cdot \xi . \qquad (6.3.4)$$

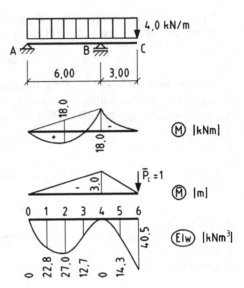

Bild 6.3-5 Einfeldträger mit
Kragarm unter Gleichlast
sowie zugehörige Biegelinie

Für den in Bild 6.3-5 dargestellten Träger bestimmt man zunächst mit Hilfe von
Tafel 2

$$EIw_C = \frac{6,00}{3}(-18,0+18,0)(-3,0) + \frac{3,00}{4}(-18,0)(-3,0) = 40,5\,\text{kNm}^3$$

und erhält damit

- im Feld 1: $EIw(x) = 6,00^2\left(-\dfrac{18,0}{6}\omega_D + \dfrac{18,0}{3}\omega_p''\right) = -108\,\omega_D + 216\,\omega_p''$,

- im Feld 2: $EIw(x) = -\dfrac{3,00^2}{12}18,0\,\omega_p' + EIw_C \cdot \xi = -13,5\,\omega_p' + 40,5\cdot\xi$.

Die Auswertung dieser Gleichungen erfolgt tabellarisch mit Hilfe von Tafel 5.

Feld	Punkt	ξ	ω_D	ω_p''	ω_p'	EIw
A–B	0	0	0	0		0
	1	0,25	0,2344	0,2227		22,8
	2	0,5	0,3750	0,3125	–	27,0
	3	0,75	0,3281	0,2227		12,7
	4	1	0	0		0
B–C	4	0			0	0
	5	0,5	–	–	0,4375	14,3
	6	1			0	40,5

Die Biegelinie ist in Bild 6.3-5 dargestellt. Am Lager B muss der Übergang tangential sein. Knicke treten in Biegelinien nur an Gelenken auf.

Zusammenfassend lässt sich das allgemeine Vorgehen bei der Ermittlung einer Biegelinie wie folgt beschreiben:

1. Bestimmung der Biegemomentenlinie $M(x)$ infolge der vorgegebenen Einwirkungen, gegebenenfalls unter Erfassung einer ungleichmäßigen Temperaturänderung ΔT und des Kriechens nach (6.1.4).
2. Unterteilung des Tragwerks in gerade Stabelemente mit konstanter Biegesteifigkeit, deren Biegemomentenverläufe in die Grundformen nach Tafel 4 zerlegbar sind.
3. Bestimmung der Verschiebungen w aller Knoten, jeweils rechtwinklig zur Stabachse.
4. Ermittlung der Biegelinienanteile infolge der Knotenverschiebungen für alle Stabelemente durch geradlinige Verbindung von jeweils w_l und w_r.
5. Ermittlung der Biegelinienanteile infolge Stabverkrümmungen durch $M(x)$ bzw. $M_{eq}(x)$ mit Hilfe der ω-Zahlen (Tafel 5).
6. Superposition der Ordinaten der Biegelinienanteile aus den Schritten 4 und 5.

6.4 Die MOHRsche Analogie

Aus (6.1.2) folgt

$$M(x) = -\iint q_z(x)\, \mathrm{d}x^2 \tag{6.4.1}$$

und

$$w(x) = -\iint \frac{M(x)}{EI(x)}\, \mathrm{d}x^2 . \tag{6.4.2}$$

Demnach kann die Biegelinie $w(x)$ als Momentenlinie eines Ersatzträgers infolge der gedachten Belastung $\kappa(x) = \frac{M(x)}{EI(x)}$ berechnet werden. Dieser Zusammenhang wird als MOHRsche Analogie bezeichnet.

Beim gelenkig gelagerten Einfeldträger der Stützweite ℓ gelten für M und w die gleichen Randbedingungen, nämlich $M(0) = M(\ell) = 0$ und $w(0) = w(\ell) = 0$.

Deshalb stimmen in diesem Fall der reale Träger und der Ersatzträger überein, wie dies in Bild 6.4-1 gezeigt wird.

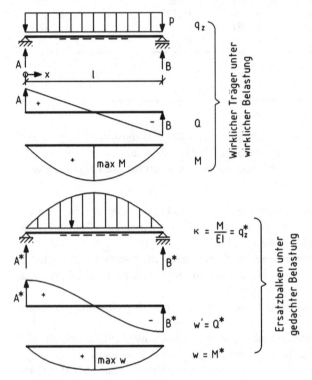

Bild 6.4-1 MOHRsche Analogie beim einfachen Träger

Die Analogie erstreckt sich nicht nur auf die Momente infolge der Lasten q_z und $q_z^* = \frac{M}{EI}$, sondern auch auf die zugehörigen Querkräfte. So wie Q die erste Ableitung von M ist, ist $Q^* = w'$ die erste Ableitung von $M^* = w$. Die Auflagerkräfte A^* und B^* stellen demnach die Stabendverdrehungen dar. Hier ergibt sich z. B.

$$w_A' = A^* = \frac{1}{2} \cdot \frac{2}{3} \ell \cdot \frac{\max M}{EI} = \frac{\ell}{3} \frac{p\ell^2}{8EI} = \frac{p\ell^3}{24EI} = -w_B'$$

$$\max w = \frac{\max M}{EI} \cdot \frac{\ell^2}{3} \cdot \max \omega_p'' = \frac{p\ell^4}{24EI} \cdot 0{,}3125 = \frac{5}{384} \frac{p\ell^4}{EI} \; .$$

Diese Werte findet man in Tabelle 5.1 bestätigt.

Beim Kragträger (siehe Bild 6.4-2) stimmen die Randbedingungen für M und w nicht überein. Sie sind genau umgekehrt, da an der Einspannstelle $M(0) \neq 0$ und $w(0) = 0$ ist, während am freien Ende $M(\ell) = 0$ und $w(\ell) \neq 0$ gilt. Dementsprechend sind die Lagerungsverhältnisse zu vertauschen. Man erhält

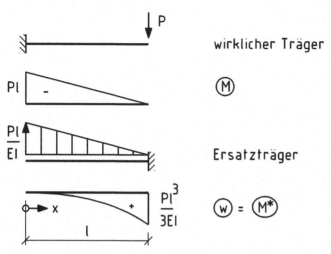

Bild 6.4-2 MOHRsche Analogie am Kragträger

$$w'(\ell) = Q^*(\ell) = \frac{\ell}{2} \cdot \frac{P\ell}{EI} = \frac{P\ell^2}{2EI}$$

$$w(\ell) = M^*(\ell) = \frac{P\ell^2}{2EI} \cdot \frac{2\ell}{3} = \frac{P\ell^3}{3EI} \ .$$

Allgemein gilt, dass dort, wo der wirkliche Träger ein Lager mit $w = 0$ oder ein Gelenk mit $\Delta\varphi \neq 0$ aufweist, beim Ersatzträger ein Gelenk mit $M^* = 0$ bzw. ein Lager mit Sprung in der Q^*-Fläche anzuordnen ist. In Bild 6.4-3 wird dies für einen GERBER-Träger gezeigt.

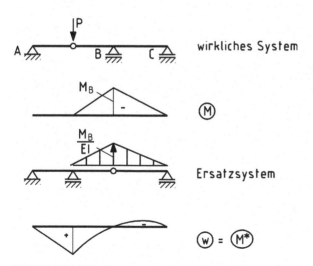

Bild 6.4-3 MOHRsche Analogie beim GERBERträger

Kapitel 7
Einflusslinien

7.1 Definition

Eine Einflusslinie unterscheidet sich begrifflich wesentlich von einer Zustandslinie. Die Zustandslinie (siehe Abschnitt 3.3) gibt die Werte einer bestimmten Zustandsgröße Z, z. B. eines Biegemoments, in allen Systempunkten infolge einer vorgegebenen ortsfesten Beanspruchung an. Dabei wird der Wert der Zustandsgröße an dem Ort aufgetragen, wo er auftritt. Ein Beispiel hierfür zeigt das Bild 7.1-1.

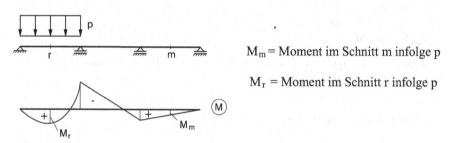

$M_m =$ Moment im Schnitt m infolge p

$M_r =$ Moment im Schnitt r infolge p

Bild 7.1-1 Zustandslinie M infolge ortsfester Belastung p

Die Einflusslinie dagegen beschreibt den Einfluss einer Einheitslastgröße mit variablem Angriffspunkt m auf eine Zustandsgröße Z in einem bestimmten Punkt r des gegebenen Systems. Im Folgenden wird die Einflusslinie für Z_r mit „Z_r" bezeichnet. Der Ort r heißt Aufpunkt, m ist der Lastort. Unter Lastgurt ist der Weg der Wanderlast zu verstehen.

Grundsätzlich kann die wandernde Einheitslastgröße eine beliebig gerichtete Kraft oder auch ein Moment sein. Im Folgenden soll jedoch nur der einzige für die Praxis relevante Fall einer vertikalen Wanderlast $P = 1$ betrachtet werden.

Die Ordinate η_m der Einflusslinie stellt den Wert der betreffenden Zustandsgröße Z_r dar, wenn die Last 1 im Punkt m des Lastgurtes steht (siehe Bild 7.1-2).

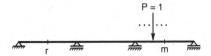

η_m = Moment im Schnitt r infolge P = 1
im Punkt m

η_r = Moment im Schnitt r infolge P = 1
im Punkt r

Bild 7.1-2 Einflusslinie „M_r" infolge einer vertikalen Wanderlast $P = 1$

Einflusslinien werden sowohl für Schnittgrößen (M, Q, N, M_T) und entsprechende Auflagerreaktionen als auch für Verformungen (u, w, φ, ϑ) benötigt. Auch für abgeleitete Größen, wie z. B. Spannungen (σ, τ) und Verzerrungen (ε, κ), sind Einflusslinien denkbar.

Man verwendet Einflusslinien bei der Berechnung von Bauwerken, die durch ortsveränderliche Verkehrslasten beansprucht werden, d. h. insbesondere für Brücken und Kranbahnen. Dabei wird stets ein quasistatischer Ortswechsel vorausgesetzt. Dynamische Wirkungen sind separat, z. B. durch einen Schwingbeiwert, zu erfassen.

Zu einer vollständigen Einflusslinie gehören vier Bestimmungsstücke:

- der Verlauf,
- der Maßstab,
- das Vorzeichen und
- die Dimension.

Diese Ausführungen gelten unabhängig davon, ob das System statisch bestimmt oder unbestimmt ist.

7.2 Auswertungsformeln

Da η_m die Zustandsgröße Z_r infolge $P_m = 1$ angibt, erhält man den Wert dieser Zustandsgröße infolge einer vorgegebenen Belastung, indem man die einzelnen Lasten mit den zugehörigen Einflussordinaten multipliziert und die Produkte aufsummiert. Bei Streckenlasten erfolgt die Auswertung der Einflusslinie dementsprechend durch Integration des Produkts aus Belastung $p(x)$ und Einflussordinate $\eta(x)$ über die Belastungslänge. Somit erhält man, falls das Tragwerk durch einen Lastenzug, bestehend aus Einzellasten P_i und verteilter Belastung $p(x)$, beansprucht wird, die Gleichung

$$Z_r = \sum_i P_i \cdot \eta_i + \int p(x) \cdot \eta(x) \cdot dx \,. \qquad (7.2.1)$$

Falls nur $p = $ const. wirkt, ergibt sich hieraus

$$Z_r = p \int \eta(x) \cdot dx = p \cdot F_p \,. \qquad (7.2.2)$$

Hierbei stellt F_p die Fläche der Einflusslinie im Bereich von p dar. Für M_r in Bild 7.1-1 ergibt sich somit $M_r = p \cdot F_p$ mit $F_p =$ schraffierte Fläche in Bild 7.1-2. An dieser Stelle sei auf die in Tafel 4 angegebenen Werte $EI \cdot F_p$ hingewiesen.

Einflusslinien dienen zunächst der Bestimmung der ungünstigsten Laststellungen, die zu den Betragsmaxima einer Zustandsgröße Z_r führen, und danach auch der Berechnung der bemessungsrelevanten Extremwerte. In dem Dreifeldträger von Bild 7.1-2 wird das Feldmoment M_r maximal, wenn das erste und das dritte Feld belastet sind. Das minimale Feldmoment M_r ergibt sich aus einer Belastung des mittleren Feldes.

Die praktische Durchführung der Auswertung wird in Abschnitt 7.5 an einigen Beispielen gezeigt.

7.3 Einflusslinien für Kraftgrößen

7.3.1 Grundlagen

Zur anschaulichen Herleitung der Einflusslinie für eine Schnittgröße S_r ist es zweckmäßig, im gegebenen System an der Stelle r einen zu S komplementären Mechanismus einzufügen und dann die Arbeitsgleichung aufzustellen. Am Beispiel des in Bild 7.3-1 dargestellten Dreifeldträgers wird dies für das Feldmoment M_r gezeigt.

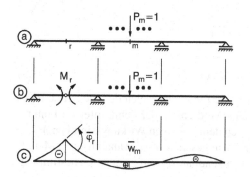

tatsächliches System mit der wandernden Einheitslast $P_m = 1$

modifiziertes System mit zugeordnetem Mechanismus zur gesuchten Schnittgröße

Biegelinie $\overline{w}(x)$ infolge eines beliebigen virtuellen Moments $\overline{M}_r$

Bild 7.3-1 Beispiel zur Herleitung der Einflusslinie für eine Schnittgröße

Zu Bild 7.3-1 seien folgende Erläuterungen gegeben:

- In Teil a des Bildes steht die Last $P = 1$ in einem beliebigen Punkt m. Sie erzeugt im Schnitt r die Schnittgröße M_r.
- In Teil b des Bildes ist an der Stelle r der zu M_r konjugierte Mechanismus, ein Gelenk, eingefügt. Gleichzeitig ist das äußere Momentenpaar M_r angebracht, so dass statisch kein Unterschied zum gegebenen System besteht.
- Durch äußere virtuelle Gewalt, und zwar durch ein beliebiges virtuelles Moment $\overline{M}_r$, wird am Gelenk die virtuelle gegenseitige Verdrehung $\overline{\varphi}_r$ (positiv im

Sinne von M_r) erzeugt, wodurch die Biegelinie $\overline{w}(x)$ entsteht mit der Ordinate $\overline{w}_m$ unter der Last 1 (siehe Teil c des Bildes).

Bei der virtuellen Verformung des gesamten Systems verrichten die wirklichen Kraftgrößen insgesamt keine Arbeit, da sie im Gleichgewicht stehen. Wenn wie üblich die Querkraftverformungen vernachlässigt werden, erhält man demnach nach dem Arbeitssatz (5.2.9)

$$\sum \overline{W}^* = \overline{W}_a^* + \overline{W}_i^* = M_r \cdot \overline{\varphi}_r + P_m \cdot \overline{w}_m - \int M \cdot \overline{\kappa} \cdot \mathrm{d}x = 0 \qquad (7.3.1)$$

mit: M = wirkliche Momente im gesamten System infolge $P_m = 1$
        $\overline{\varphi}_r$ = virtuelle gegenseitige Verdrehung am Gelenk
        $\overline{w}_m$ = virtuelle Verschiebung am Ort und in Richtung von P_m
        $\overline{\kappa}$ = virtuelle Stabverkrümmung im gesamten System.

Wird in ein statisch bestimmtes System ein Mechanismus eingefügt, so entsteht eine zwangläufige kinematische Kette, die sich widerstandslos bewegen lässt. Demnach entstehen bei der virtuellen Verformung des Systems keine Schnittgrößen, so dass das Integral in (7.3.1) verschwindet. Dass dies auch bei statisch unbestimmten Systemen zutrifft, wird in Abschnitt 8.8.1 bewiesen. Es verbleibt daher

$$M_r \cdot \overline{\varphi}_r + P_m \cdot \overline{w}_m = 0 . \qquad (7.3.2)$$

Wenn man $\overline{\varphi}_r = -1$ erzwingt, d.h. $\overline{M}_r$ in der entsprechenden Größe wählt, und $P_m = 1$ einführt, ergibt sich zunächst

$$M_r = \overline{w}_m$$

und allgemein

$$\text{„} M_r \text{“} = \overline{w}(x) . \qquad (7.3.3)$$

Diese Gleichung besagt: Die Einflusslinie für M_r ist gleich der Biegelinie $\overline{w}(x)$ des Lastgurtes infolge einer gegenseitigen Verdrehung der Schnittufer im Punkt r um $\overline{\varphi}_r = -1$, d.h. um den Wert 1 entgegen dem positiven Wirkungssinn von M_r.

Somit lässt sich die Einflusslinie „M_r" – abgesehen von der analytischen Methode (siehe Abschnitt 7.3.2), die nur selten anwendbar ist – auf zwei Arten bestimmen:

1. Ermittlung derjenigen Biegelinie des tatsächlichen Systems, die sich durch direkten Ansatz einer aufgezwungenen negativen Einheitsverformung $\overline{\varphi}_r = -1$ ergibt (siehe Abschnitt 7.3.3, 8.8.1.1 und 9.6.1).
2. Ermittlung derjenigen Biegelinie des modifizierten Systems, die sich durch den Ansatz von M_r ergibt, wenn M_r gerade so groß gewählt wird, dass am eingefügten Gelenk eine gegenseitige Verdrehung $\overline{\varphi}_r = -1$ erzeugt wird (siehe Abschnitt 8.8.1.2).

Allgemein gilt: Die Einflusslinie für eine Schnittgröße S_r (N_r, Q_r, M_r) infolge einer Wanderlast $P_m = 1$ ist identisch mit der Biegelinie $\overline{w}(x)$ des Lastgurtes infolge der zur gesuchten Schnittgröße S_r komplementären, erzwungenen virtuellen Einheitsverformung $\overline{\delta}_r = -1$ ($\Delta\overline{u}_r$, $\Delta\overline{w}_r$, $\overline{\varphi}_r$) in r. Dabei weisen P_m und $\overline{w}(x)$ immer in die gleiche Richtung, d. h. im Allgemeinen lotrecht nach unten.

Unter $\overline{w}(x)$ ist also im Folgenden stets die Biegelinie des Lastgurtes zu verstehen. Die Biegelinien der Stäbe, über welche die Last nicht wandert, werden nicht benötigt.

Die Einflusslinie	„N_r"	„Q_r"	„M_r"
ist identisch mit der Biegelinie	$\overline{w}(x)$	$\overline{w}(x)$	$\overline{w}(x)$
infolge der Einheitsverformung	$\Delta\overline{u}_r = -1$	$\Delta\overline{w}_r = -1$	$\overline{\varphi}_r = -1$

$\Delta\overline{u}_r = -1$ entspricht einer Entfernung der Schnittufer im Punkt r in Stabrichtung um 1. Dementsprechend stellt $\Delta\overline{w}_r = -1$ eine Querverschiebung um 1 entgegen der positiven Definition der Querkraft dar (vgl. Bild 7.3-2).

Auch für ein Torsionsmoment M_{Tr} gilt, dass die Einflusslinie mit der Biegelinie $\overline{w}(x)$ identisch ist. In diesem Fall wird $\overline{w}(x)$ durch $\overline{\vartheta}_r = -1$ verursacht, d. h. durch eine gegenseitige Verdrehung der Schnittufer um die Stabachse.

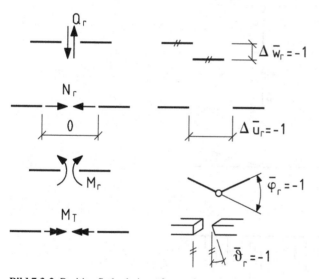

Bild 7.3-2 Positive Stabschnittgrößen und zugehörige negative Einheitsverformungen

Die vorstehenden Regeln gelten unabhängig davon, ob das System statisch bestimmt oder unbestimmt ist.

Wie bereits gesagt, lässt sich die negative Einheitsverformung bei statisch bestimmten Systemen ohne Widerstand aufzwingen, d. h. es entstehen keine Schnittgrößen. Die Biegelinie, die mit der gesuchten Einflusslinie identisch ist, verläuft deshalb abschnittsweise geradlinig und ergibt sich aus geometrischen bzw. kinematischen Überlegungen. Bei statisch unbestimmten Systemen dagegen verläuft die Biegelinie bzw. Einflusslinie krummlinig (siehe Kapitel 8 und 9).

Für statisch bestimmte Systeme kommen zwei Methoden zur Ermittlung der Einflusslinien von Kraftgrößen in Betracht, die analytische und die kinematische Methode.

7.3.2 Analytische Methode für statisch bestimmte Stabwerke

Die analytische Methode wird hier nur kurz anhand zweier Beispiele vorgestellt. Sie gewährt zwar einen guten Einblick in das Wesen der Einflusslinie, hat aber keine große praktische Bedeutung, da sie sich nur auf einfache Systeme sinnvoll anwenden lässt.

Ohne den Arbeitssatz und die im vorigen Abschnitt hergeleitete Grundgleichung (7.3.3) zu verwenden, wird die Einflusslinie als Funktion des variablen Lastortes aus Gleichgewichtsbedingungen ermittelt.

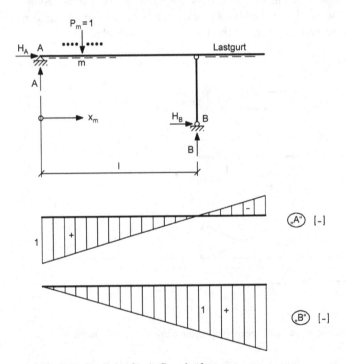

Bild 7.3-3 Einflusslinien für Auflagerkräfte

Auf dem Lastgurt des in Bild 7.3-3 dargestellten Rahmens steht die Wanderlast $P_m = 1$. Die Auflagerkräfte A und B ergeben sich als Funktionen von der Laststellung x_m aus Momentenbetrachtungen um die beiden Auflagerpunkte.

Da $H_A = H_B = 0$ ist, gilt

$$\sum M_B = „A" \cdot \ell - 1 \cdot (\ell - x_m) = 0$$

$$„A" = 1 - \frac{x_m}{\ell} \tag{7.3.4}$$

$$\sum M_A = -„B" \cdot \ell + 1 \cdot x_m = 0$$

$$„B" = \frac{x_m}{\ell} . \tag{7.3.5}$$

Zur Ermittlung von „Q_r" und „M_r" wird das Gleichgewicht zweckmäßig jeweils für denjenigen Teil des Tragwerks formuliert, auf dem sich P_m nicht befindet.

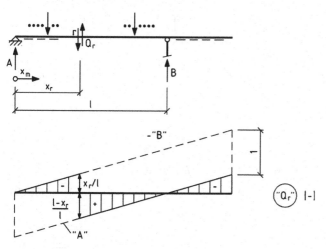

Bild 7.3-4 Einflusslinie für eine Querkraft

Die Gleichungen für „Q_r" werden an Bild 7.3-4 aufgestellt:
Last links von r, d. h. $x_m \leq x_r$:

$$\sum Z_r = „Q_r" + „B" = 0$$

$$„Q_r" = -„B" . \tag{7.3.6}$$

Last rechts von r, d. h. $x_m \geq x_r$:

$$\sum Z_\ell = „A" - „Q_r" = 0$$

$$„Q_r" = „A" . \tag{7.3.7}$$

Aus Bild 7.3-5 ergibt sich die analytische Ermittlung der Einflusslinie „M_r":
Last links von r, d. h. $x_m \leq x_r$:

$$\sum M_r = „M_r" - „B" \cdot (\ell - x_r) = 0$$

$$„M_r" = „B" \cdot (\ell - x_r) . \tag{7.3.8}$$

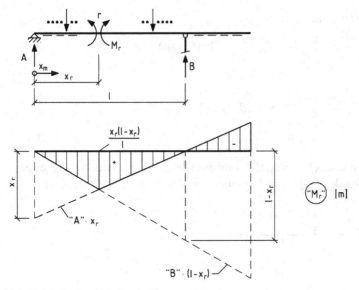

Bild 7.3-5 Einflusslinie für ein Biegemoment

Last rechts von r, d. h. $x_m \geq x_r$:

$$\sum M_r = \text{„}A\text{"} \cdot x_r - \text{„}M_r\text{"} = 0$$

$$\text{„}M_r\text{"} = \text{„}A\text{"} \cdot x_r . \tag{7.3.9}$$

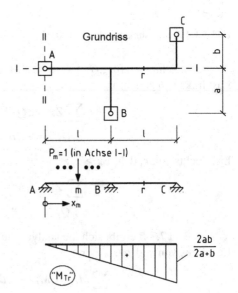

Bild 7.3-6 Einflusslinie für
ein Torsionsmoment

Für den in Bild 7.3-6 dargestellten, statisch bestimmten Trägerrost wird die Einflusslinie eines Torsionsmoments bestimmt.

$$\sum M_{\mathrm{I}} = \text{„}C\text{"} \cdot b - \text{„}B\text{"} \cdot a = 0$$

$$\text{„}B\text{"} = \text{„}C\text{"} \cdot b/a$$

$$\sum M_{\mathrm{II}} = -\text{„}B\text{"} \cdot \ell - \text{„}C\text{"} \cdot 2\ell + 1 \cdot x_m = 0$$

$$\text{„}C\text{"} = \frac{x_m}{\ell(b/a + 2)}$$

$$\text{„}M_{\mathrm{Tr}}\text{"} = \text{„}C\text{"} \cdot b = \frac{b \cdot x_m}{\ell \cdot (b/a + 2)} \, . \tag{7.3.10}$$

7.3.3 Kinematische Methode für statisch bestimmte Stabwerke

Meist werden Einflusslinien für Kraftgrößen statisch bestimmter Tragwerke nach der kinematischen Methode ermittelt. Das geschieht auf der Grundlage der Gleichung (7.3.3), d. h.

$$\text{„}S_r\text{"} = \overline{w}(x) \, . \tag{7.3.11}$$

Das allgemeine Vorgehen lässt sich wie folgt beschreiben:

- Im Aufpunkt r den der gesuchten Schnittgröße S_r entsprechenden Mechanismus einbauen, d. h. ein Gelenk für „M_r", einen Querkraftmechanismus für „Q_r", einen Normalkraftmechanismus für „N_r"
- für das auf diese Weise kinematisch verschieblich gemachte System die Pole und Nebenpole bestimmen (siehe Abschnitt 3.2.3)
- dem eingebauten Mechanismus die Bewegung -1 erteilen, d. h. entgegen der positiven Richtung von S_r
- zugehörige Biegelinie $\overline{w}(x)$ des Lastgurtes bestimmen.

Es sei nochmals darauf hingewiesen, dass Verschiebungen $\overline{w}$ nach unten, d. h. in Richtung von P_m, positive Einflussordinaten darstellen und dass unter $\overline{w}(x)$ stets die Biegelinie des Lastgurtes zu verstehen ist. Bei Fachwerken erhält man im Allgemeinen unterschiedliche Einflusslinien für die Stabkräfte, je nachdem ob die Last auf dem Ober- oder Untergurt wandert.

Für die Ermittlung der Biegelinie $\overline{w}(x)$ mit Hilfe des Polplans gelten zwei Regeln:

- Unter bzw. über Hauptpolen ist die Vertikalverschiebung gleich Null.
- Unter bzw. über dem Nebenpol zweier benachbarter Scheiben tritt in der Biegelinie im Allgemeinen ein Knick auf.

In den Bildern 7.3-7 bis 7.3-10 wird die Ermittlung von vier Einflusslinien entsprechend den obigen Erläuterungen vollzogen.

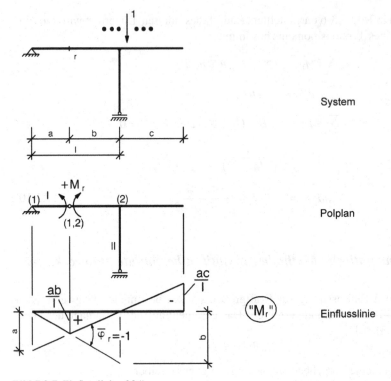

Bild 7.3-7 Einflusslinie „M_r"

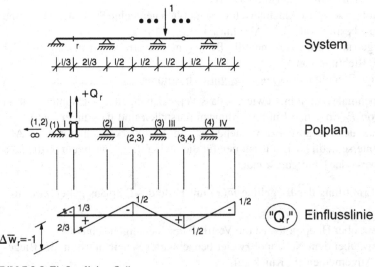

Bild 7.3-8 Einflusslinie „Q_r"

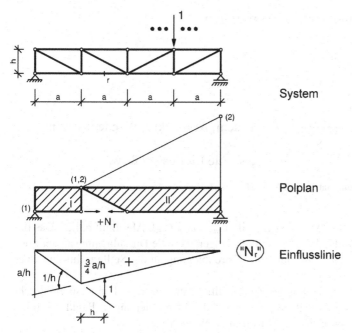

Bild 7.3-9 Einflusslinie „N_r"

Im Polplan von Bild 7.3-9 entspricht die Entfernung der Schnittufer um 1 einer gegenseitigen Verdrehung der Scheiben I und II um $1/h$.

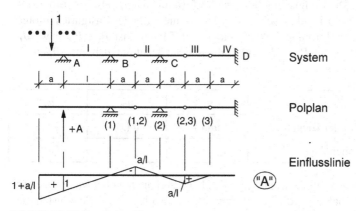

Bild 7.3-10 Einflusslinie „A"

7.4 Einflusslinien für Verformungen

7.4.1 Grundlagen

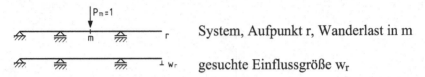

System, Aufpunkt r, Wanderlast in m

gesuchte Einflussgröße w_r

Bild 7.4-1 Beispiel zum Satz von MAXWELL

Nach dem Satz von MAXWELL gilt $\delta_{rm} = \delta_{mr}$ (vgl. Abschnitt 5.4.2). Das bedeutet für den in Bild 7.4-1 dargestellten Träger, dass die Durchbiegung an der Stelle r infolge einer Last in m gleich der Durchbiegung an der Stelle m infolge einer gleich großen Last in r ist.

Bestimmt man die Biegelinie (Zustandslinie) infolge $P = 1$ in r, so entspricht der in m abgelesene Wert dieser Biegelinie der Durchbiegung in Punkt r infolge $P = 1$ in m. Denkt man sich m nun variabel (Wanderlast), folgt:

δ_{rm} = Einflusslinie „w_r" für die Wanderlast $P_m = 1$

δ_{mr} = Biegelinie $w(x)$ des Lastgurtes infolge $P = 1$ in Punkt r.

Die Einflusslinie „w_r" ist also identisch mit der Biegelinie $w(x)$ des Lastgurtes infolge $P = 1$ in r. Dabei ist unter Lastgurt der Weg der Wanderlast zu verstehen.

Allgemein gilt: Die Einflusslinie für eine Verformung δ_r (u_r, w_r, φ_r) infolge einer Wanderlast $P_m = 1$ ist identisch mit der Biegelinie $w(x)$ des Lastgurtes infolge der zur gesuchten Verformung δ_r komplementären Einheitslast P_{xr}, P_{zr} bzw. M_r in r. Dabei weisen immer P_m und $w(x)$ in die gleiche Richtung, d. h. im Allgemeinen lotrecht nach unten.

Die Einflusslinie	„u_r"	„w_r"	„φ_r"
ist identisch mit der Biegelinie	$w(x)$	$w(x)$	$w(x)$
infolge der Einheitslast	$P_{xr} = 1$	$P_{zr} = 1$	$M_r = 1$

u_r und P_{xr} sowie w_r und P_{zr} sind jeweils gleich gerichtet, wobei wahlweise das lokale oder das globale Koordinatensystem gilt. Ist also bei einem Schrägstab die lokale Verschiebung „u_r" in Stabrichtung gesucht, so ist dementsprechend $P_{xr} = 1$ in derselben Richtung anzusetzen. Soll jedoch die globale Horizontalverschiebung „u_r" bestimmt werden, so wirkt $P_{xr} = 1$ horizontal. Auch die Vektoren von φ_r und M_r sind gleich gerichtet. Demnach muss man, um die Einflusslinie ϑ_r" zu erhalten, ein tordierendes Einheitsmoment ansetzen und die zugehörige Biegelinie $w(x)$ berechnen.

Die vorstehenden Regeln gelten unabhängig davon, ob das System statisch bestimmt oder unbestimmt ist.

Anders als bei den Einflusslinien für Kraftgrößen werden die Einflusslinien für Verformungen am Originalsystem bestimmt, also nicht am $(n-1)$-fach statisch unbestimmten Tragwerk. Während die Einflusslinien für Kraftgrößen statisch bestimmter Systeme abschnittsweise geradlinig verlaufen, sind diejenigen für Formänderungen entsprechend der Biegebeanspruchung aus der Einheitslast stets, also unabhängig vom Grad der statischen Unbestimmtheit, gekrümmt. Die Biegelinie $w(x)$ wird nach Ermittlung der Schnittgrößen des Einheitslastzustands nach Kapitel 6 berechnet, d. h. in der Regel mit Hilfe der ω-Zahlen (Tafel 5). Hierzu muss der Lastgurt in entsprechende Ersatzbalken mit konstanter Biegesteifigkeit zerlegt werden. Die Einzeldurchbiegungen der Lager der Ersatzbalken sind zusätzlich zu ermitteln. Es ist auch hier zu beachten, dass jeweils nur die Biegelinie des Lastgurtes benötigt wird (genaugenommen deren Projektion in Richtung der Wanderlast), nicht aber die Biegelinie des gesamten Systems. Da Einflusslinien für Verformungen Biegelinien darstellen, dürfen sie nur an Gelenken im Lastgurt einen Knick aufweisen.

7.4.2 Einflusslinien für Verschiebungen

Für den Träger aus Bild 7.4-1 wird in Bild 7.4-2 skizziert, wie vorzugehen ist, wenn die Einflusslinie für die Durchbiegung am Kragarmende ermittelt werden soll.

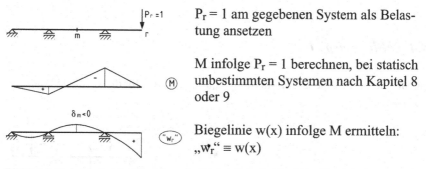

$P_r = 1$ am gegebenen System als Belastung ansetzen

M infolge $P_r = 1$ berechnen, bei statisch unbestimmten Systemen nach Kapitel 8 oder 9

Biegelinie w(x) infolge M ermitteln: „$w_r^{\ast}$" $\equiv$ w(x)

Bild 7.4-2 Vorgehen bei der Ermittlung der Einflusslinie für eine Verschiebung

Im vorliegenden Fall ist bei der Ermittlung von $w(x)$ mit Hilfe der ω-Zahlen die Durchbiegung der Kragarmspitze gesondert zu bestimmen.

7.4.3 Einflusslinien für Verdrehungen

Der Rechenvorgang ist der gleiche wie bei Verschiebungen mit dem Unterschied, dass statt einer Kraft $P_r = 1$ ein Moment $M_r = 1$ angesetzt wird. In Bild 7.4-3 wird am Beispiel des bereits oben behandelten Trägers dargestellt, wie man die Einflusslinie für die Verdrehung der Kragarmspitze erhält.

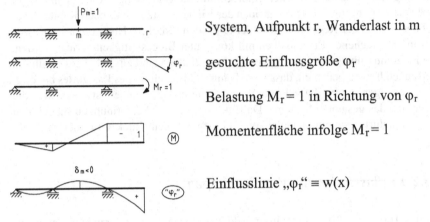

System, Aufpunkt r, Wanderlast in m

gesuchte Einflussgröße φ_r

Belastung $M_r = 1$ in Richtung von φ_r

Momentenfläche infolge $M_r = 1$

Einflusslinie „φ_r" $\equiv w(x)$

Bild 7.4-3 Vorgehen bei der Ermittlung der Einflusslinie für eine Verdrehung

7.4.4 Zahlenbeispiel

Gesucht sind die EI-fachen Einflusslinien „w_r" und „u_r" für die vertikale Wanderlast $P_m = 1$.

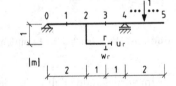

Bild 7.4-4 Systemskizze des Zahlenbeispiels

7.4.4.1 Einflusslinie „w_r"

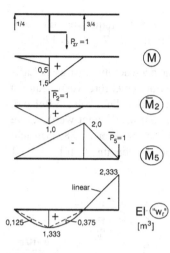

Belastung $P_{zr} = 1$ und Lagerreaktionen

M-Fläche des Lastgurtes infolge $P_{zr} = 1$

$$EI\delta_2 = \int M \cdot \overline{M}_2 \cdot dx = +1{,}333$$

$$EI\delta_5 = \int M \cdot \overline{M}_5 \cdot dx = -2{,}333$$

Stiche der Biegelinie:

$$\frac{1}{6} \cdot 0{,}5 \cdot 2^2 \cdot 0{,}375 = 0{,}125$$

$$\frac{1}{6} \cdot 1{,}5 \cdot 2^2 \cdot 0{,}375 = 0{,}375$$

Bild 7.4-5 Ermittlung der Einflusslinie „w_r"

7.4.4.2 Einflusslinie „u_r"

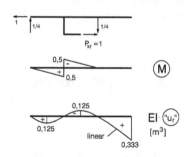

Belastung $P_{xr} = 1$ und Lagerreaktionen
M-Fläche des Lastgurtes infolge $P_{xr} = 1$

$$EI\delta_2 = \int M \cdot \overline{M}_2 \cdot dx = 0$$

$$EI\delta_5 = \int M \cdot \overline{M}_5 \cdot dx = +0{,}333$$

Stiche der Biegelinie:

$$\pm \frac{1}{6} \cdot 0{,}5 \cdot 2^2 \cdot 0{,}375 = \pm 0{,}125$$

Bild 7.4-6 Ermittlung der Einflusslinie „u_r"

7.5 Auswertung von Einflusslinien

7.5.1 Polygonale Einflusslinien

Die Einflusslinien für Kraftgrößen statisch bestimmter Systeme verlaufen abschnittsweise geradlinig. Somit entspricht die Integration nach (7.2.2) der Flächenberechnung von Dreiecken und Trapezen.

Mit der Auswertung einer Einflusslinie ist die Suche nach der ungünstigsten Laststellung verbunden. Diese kann oft nur versuchsweise durch mehrere Auswertungen für verschiedene Positionen des Lastenzugs gefunden werden. Dies soll am Beispiel des in Bild 7.3-3 gezeigten Systems für das Feldmoment M_r gezeigt werden. Die Einflusslinie „M_r" wird von Bild 7.3-5 übernommen, wobei hier $\ell = 8{,}00$ m und $x_r = 3{,}20$ m seien (siehe Bild 7.5-2). Der vorgegebene Lastenzug ist in Bild 7.5-1 dargestellt.

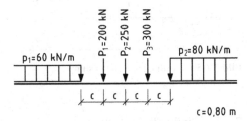

Bild 7.5-1 Vorgegebener
Lastenzug

Bild 7.5-2 zeigt außer „M_r" verschiedene Stellungen des Lastenzugs. Dabei wurde berücksichtigt, dass der Zug seine Richtung ändern kann und nur insoweit anzusetzen ist, wie er ungünstig wirkt. Gesucht sei max M_r. Die Auswertung nach (7.2.1) liefert

- für Stellung 1:

$$M_r = 60 \cdot 0{,}80 \cdot 0{,}48/2 + 200 \cdot 0{,}96 + 250 \cdot 1{,}44 + 300 \cdot 1{,}92 + 80 \cdot 4{,}00 \cdot 1{,}60/2$$
$$= 1395{,}52$$

- für Stellung 2:

$$M_r = 80 \cdot 0{,}80 \cdot 0{,}48/2 + 300 \cdot 0{,}96 + 250 \cdot 1{,}44 + 200 \cdot 1{,}92 + 60 \cdot 4{,}00 \cdot 1{,}60/2$$
$$= 1239{,}36$$

- für Stellung 3:

$$M_r = 60 \cdot 1{,}60 \cdot 0{,}96/2 + 200 \cdot 1{,}44 + 250 \cdot 1{,}92 + 300 \cdot 1{,}60 + 80 \cdot 3{,}20 \cdot 1{,}28/2$$
$$= 1457{,}92$$

- für Stellung 4:

$$M_r = 80 \cdot 1{,}60 \cdot 0{,}96/2 + 300 \cdot 1{,}44 + 250 \cdot 1{,}92 + 200 \cdot 1{,}60 + 60 \cdot 3{,}20 \cdot 1{,}28/2$$
$$= 1416{,}32$$

- für Stellung 5:

$$M_r = 60 \cdot 2{,}40 \cdot 1{,}44/2 + 200 \cdot 1{,}92 + 250 \cdot 1{,}60 + 300 \cdot 1{,}28 + 80 \cdot 2{,}40 \cdot 0{,}96/2$$
$$= 1363{,}84$$

- für Stellung 6:

$$M_r = 80 \cdot 2{,}40 \cdot 1{,}44/2 + 300 \cdot 1{,}92 + 250 \cdot 1{,}60 + 200 \cdot 1{,}28 + 60 \cdot 2{,}40 \cdot 0{,}96/2$$
$$= 1439{,}36.$$

Das maximale Feldmoment tritt bei Laststellung 3 auf und beträgt
max $M_r = 1457{,}92\,\text{kNm}$.

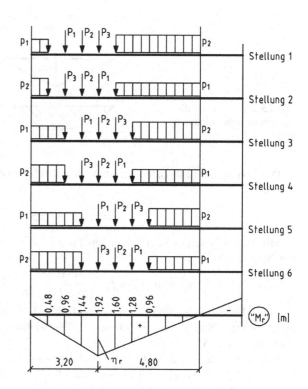

Bild 7.5-2 Einflusslinie mit
verschiedenen Laststellungen
für max M_r

7.5.2 Gekrümmte Einflusslinien

Gekrümmte Einflusslinien können für konstante Streckenlasten p mit Hilfe der Tafel 4 ausgewertet werden, und zwar nach (7.2.2)

$$Z_r = p \cdot \int \eta(x)\, \mathrm{d}x = p \cdot F_p \ .$$

Der Wert einer Zustandsgröße Z_r ergibt sich aus dem Produkt der konstanten äußeren Belastung p mit dem Flächeninhalt der Einflusslinie im Bereich dieser Belastung. Die Auswertung der Einflusslinie einer Weggröße wird am Beispiel des Trägers nach Bild 7.5-3 gezeigt.

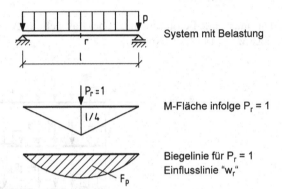

System mit Belastung

M-Fläche infolge $P_r = 1$

Bild 7.5-3 Beispiel für die Auswertung einer Einflusslinie bei Volllast

Biegelinie für $P_r = 1$
Einflusslinie "w_r"

Der Verlauf der Einflusslinie ergibt sich aus Tafel 4 (Zeile 5, Spalte 3) mit $M = \ell/4$ zu

$$\text{„}w_r\text{"} = \frac{M \cdot \ell^2}{12EI} \cdot \omega_\Delta = \frac{\ell^3}{48EI} \cdot \omega_\Delta \ .$$

Mit Hilfe von Spalte 5 der genannten Tafel erhält man infolge von p die Mittendurchbiegung

$$w_r = p \cdot F_p = p \cdot \frac{5 \cdot M \cdot \ell^3}{96 \cdot EI} = \frac{5}{384} \cdot \frac{p \cdot \ell^4}{EI} \ .$$

w_r ist die Mittendurchbiegung eines einfachen Trägers, der auf ganzer Länge mit der konstanten Streckenlast p belastet ist. Die Richtigkeit dieses Wertes bestätigt man mit Tabelle 5.1.

Wäre der Träger von Bild 7.5-3 nur im mittleren Bereich auf einer Länge von $0{,}4\ell$ belastet (siehe Bild 7.5-4), würde man die Einflusslinie am besten numerisch nach SIMPSON (siehe Abschnitt 5.5.7) auswerten, was in der folgenden Tabelle geschieht. Die ω-Zahlen werden aus Tafel 5 entnommen.

Bild 7.5-4 Beispiel für die Auswertung einer Einflusslinie bei Teillast

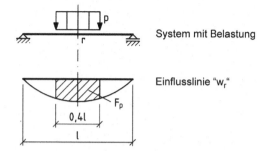

System mit Belastung

Einflusslinie "w$_r$"

ξ	ω_Δ	κ	$\kappa \cdot \omega_\Delta$
0,3	0,7920	1	0,7920
0,4	0,9440	4	3,7760
0,5	1,0000	2	2,0000
0,6	0,9440	4	3,7760
0,7	0,7920	1	0,7920
$\sum$	–	–	11,1360

Man erhält

$$F_p = \frac{\ell^3}{48EI} \cdot \int\limits_{0,3\ell}^{0,7\ell} \omega_\Delta \cdot \mathrm{d}x = \frac{\ell^3}{48EI} \cdot \frac{\Delta x}{3} \cdot 11{,}1360 = \frac{\ell^3}{48EI} \cdot \frac{\ell}{30} \cdot 11{,}1360$$

und damit

$$w_r = p \cdot F_p = 0{,}007733 \frac{p\ell^4}{EI} \; .$$

Kapitel 8
Das Kraftgrößenverfahren zur Berechnung statisch unbestimmter Stabwerke

8.1 Allgemeine Schreibweise für ebene Stabwerke

In Abschnitt 2.2 wurde bereits ausgeführt, dass bei einem statisch unbestimmten System die zur Verfügung stehenden Gleichgewichtsbedingungen nicht ausreichen, um sämtliche unbekannten Auflagerreaktionen und Schnittgrößen zu berechnen.

Zusätzlich werden Verformungsbedingungen benötigt. Deren Anzahl gibt den Grad n der statischen Unbestimmtheit an, der gewöhnlich mit Hilfe eines Abzählkriteriums (siehe Abschnitt 2.2.1) bestimmt wird.

Eine Methode zur Berechnung statisch unbestimmter Stabwerke stellt das Kraftgrößenverfahren dar. Sein Grundgedanke ist, dass ein n-fach statisch unbestimmtes System durch Einfügen von n Mechanismen in ein statisch bestimmtes System verwandelt werden kann. Dieses statisch bestimmte Grundsystem erlaubt dann Verformungen, die am ursprünglichen Tragwerk nicht möglich waren. Um diese rückgängig zu machen bzw. um den ursprünglichen Zustand wiederherzustellen, müssen an den n Mechanismen die dort in Wirklichkeit vorhandenen inneren Kraftgrößen als äußere Wirkungen X_i mit $i = 1 \ldots n$, d.h. als „statisch Unbestimmte", angesetzt werden.

Die Wahl des statisch bestimmten Grundsystems ist beliebig, vorausgesetzt, dass beim Einfügen der n Mechanismen keine kinematische Verschieblichkeit entsteht, auch nicht bei einem Teil des Systems.

In Bild 8.1-1 werden für einen Dreifeldträger mehrere mögliche, statisch bestimmte Grundsysteme mit den zugehörigen X_i gezeigt. Die erste der fünf Möglichkeiten mit den X_i als Stützmomenten stellt den in Hinsicht auf Arbeitsaufwand und Rechengenauigkeit günstigsten Ansatz dar. Es ist zu empfehlen, die statisch Unbestimmten so zu wählen, dass sich ihr Einfluss auf möglichst kleine Bereiche des Systems erstreckt und dass das statisch bestimmte Grundsystem in seinem Tragverhalten so wenig wie möglich vom gegebenen System abweicht.

K. Meskouris, E. Hake, *Statik der Stabtragwerke*
© Springer 2009

Bild 8.1-1 Dreifeldträger mit mehreren möglichen, statisch bestimmten Grundsystemen

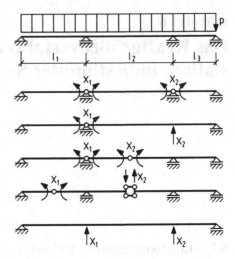

Durch die Bedingung, dass die Summe der unverträglichen Verformungen an jedem der n Mechanismen infolge der äußeren Lasten und der X_i verschwinden muss, werden n Bestimmungsgleichungen für die unbekannten Kraftgrößen X_i gewonnen. Diese Gleichungen werden als Formänderungsbedingungen oder Elastizitätsgleichungen bezeichnet. Sie lauten allgemein

$$\delta_i = \delta_{i0} + X_1 \cdot \delta_{i1} + X_2 \cdot \delta_{i2} + \ldots + X_n \cdot \delta_{in} = 0 \quad \text{für} \quad i = 1 \ldots n$$

bzw.

$$\delta_{i0} + \sum_{k=1}^{n} X_k \cdot \delta_{ik} = 0 \, . \tag{8.1.1}$$

Damit stehen den n Unbekannten X_i genau n Gleichungen gegenüber.

Bei den Formänderungswerten δ_{ik} deutet der zweite Index auf die Ursache der Verformung hin: δ_{i0} ist die lastabhängige Verformung, δ_{ik} für $k = 1 \ldots n$ die Verformung infolge $X_k = 1$. Der erste Index hat drei Bedeutungen: Er gibt die Art, den Ort und die positive Richtung der Formänderungsgröße an. Ist X_i eine Kraft (ein Moment), so stellt δ_{ik} die Verschiebung (Verdrehung) an der Stelle i in Richtung von X_i dar. Für ein Kräftepaar (Momentenpaar) X_i ergibt sich δ_{ik} als gegenseitige Verschiebung (Verdrehung) der Schnittufer an der Stelle i in Richtung von X_i.

Im Beispiel des Abschnitts 8.2 ist demnach δ_{11} die Verdrehung am Angriffspunkt von X_1 im Uhrzeigersinn und δ_{21} die Verschiebung des Gleitlagers nach links. Ursache ist in beiden Fällen $X_1 = 1$.

Die vollständigen Formeln für die Formänderungswerte ergeben sich aus (5.5.20). Für die x-z-Ebene erhält man unter der Voraussetzung, dass Kriechen, Schwinden und die Querkraftverformungen vernachlässigbar sind, aus (5.5.25)

$$EI_c\delta_{i0} = \int N_i N_0 \frac{I_c}{A}\,dx + \int M_i M_0 \frac{I_c}{I}\,dx$$

$$+ EI_c \int \left(N_i \alpha_T T_S + M_i \alpha_T \frac{\Delta T}{h} \right) \cdot dx$$

$$+ EI_c \sum_f \left(\frac{F_{fi}F_{f0}}{c_{Nf}} + \frac{M_{fi}M_{f0}}{c_{Mf}} \right) \tag{8.1.2}$$

$$+ EI_c \sum_w (A_{wi}\Delta s_w + M_{wi}\Delta\varphi_w) \,,$$

$$EI_c\delta_{ik} = \int N_i N_k \frac{I_c}{A}\,dx + \int M_i M_k \frac{I_c}{I}\,dx$$

$$+ EI_c \sum_f \left(\frac{F_{fi}F_{fk}}{c_{Nf}} + \frac{M_{fi}M_{fk}}{c_{Mf}} \right) . \tag{8.1.3}$$

Nach Lösung des Gleichungssystems (8.1.1) werden dem statisch bestimmtem Lastzustand die Wirkungen der statisch Unbestimmten überlagert. Die endgültigen Zustandsgrößen Z ergeben sich dann aus

$$Z = Z_0 + X_1 \cdot Z_1 + X_2 \cdot Z_2 + \ldots + X_n \cdot Z_n$$

bzw.

$$Z = Z_0 + \sum_{k=1}^{n} X_k \cdot Z_k \,. \tag{8.1.4}$$

Die Schnittgrößen statisch bestimmter Tragwerke werden allein mit Hilfe von Gleichgewichtskontrollen überprüft. Zur Überprüfung der Schnittgrößen statisch unbestimmter Systeme sind zusätzliche Verformungskontrollen erforderlich. Sie dienen dem Nachweis, dass Formänderungsbedingungen eingehalten werden. Somit besteht die Durchführung einer Formänderungsprobe in der Berechnung einer Verformung, die aus Kontinuitätsgründen Null sein muss.

Gleichgewichtsproben $\sum H = \sum V = \sum M = 0$ können

- am Gesamtsystem zur Kontrolle der Auflagerreaktionen,
- am Teilsystem zur Kontrolle beliebiger Schnittgrößen und
- am Tragwerksknoten zur Kontrolle der Stabendschnittgrößen

durchgeführt werden.

Zu Formänderungsproben dienen dieselben Formeln wie zur Berechnung von Einzelverformungen, d. h. analog zu (8.1.2)

$$EI_c\delta_i = \int N_i N \frac{I_c}{A}\, dx + \int M_i M \frac{I_c}{I}\, dx$$

$$+ EI_c \int \left(N_i \alpha_T T_S + M_i \alpha_T \frac{\Delta T}{h} \right) \cdot dx$$

$$+ EI_c \sum_f \left(\frac{F_{fi}F_f}{c_{Nf}} + \frac{M_{fi}M_f}{c_{Mf}} \right) \tag{8.1.5}$$

$$+ EI_c \sum_w (A_{wi}\Delta s_w + M_{wi}\Delta\varphi_w) \;.$$

Darin sind N, M, F_f und M_f die endgültigen Schnittgrößen des gegebenen Systems.

Entsprechend dem Grad n der statischen Unbestimmtheit gibt es n unabhängige Formänderungsproben, die alle durchzuführen sind, wenn die Richtigkeit der Berechnung vollständig überprüft werden soll.

Verformungskontrollen werden unter Verwendung des Reduktionssatzes (siehe Abschnitt 8.7) an einem beliebigen statisch bestimmten System durchgeführt, das aus dem vorliegenden statisch unbestimmten System durch Schnitte oder Einfügen von Mechanismen hervorgegangen ist. Als virtuelle Lastfälle werden Kräfte oder Momente an den Schnittstellen bzw. an den eingefügten Bewegungsmechanismen angesetzt.

Der Berechnungsablauf des Kraftgrößenverfahrens wird im folgenden Abschnitt an einem einfachen Beispiel schrittweise demonstriert.

8.2 Beispiel mit Berechnungsablauf

1. System und Grad der statischen Unbestimmtheit
   $n = a + z - 3p = 5 + 0 - 3 \cdot 1 = 2$

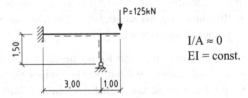

Bild 8.2-1 Statisch unbestimmter Rahmen mit Belastung

$I/A \approx 0$
$EI = \text{const.}$

2. Wahl des statisch bestimmten Grundsystems und Ansatz der X_i

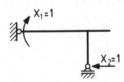

Bild 8.2-2 Statisch bestimmtes Grundsystem und Ansatz der X_i

3. Lastzustand am statisch bestimmten Grundsystem: Ermittlung von M_0

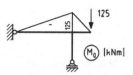

Bild 8.2-3 Momentenfläche
des Grundsystems infolge der
äußeren Belastung

4. Einheitszustände am statisch bestimmten Grundsystem: Ermittlung von M_i

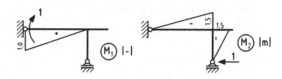

Bild 8.2-4 Momentenflächen
des Grundsystems infolge
$X_i = 1$

5. Formänderungsbedingungen

$$X_1\delta_{11} + X_2\delta_{12} + \delta_{10} = 0$$
$$X_1\delta_{21} + X_2\delta_{22} + \delta_{20} = 0 \, .$$

6. Formänderungswerte
Für die Werte δ_{i0} infolge der äußeren Last gilt entsprechend (8.1.2) im vorliegendem Fall wegen $I/A \approx 0$

$$\delta_{i0} = \int \frac{M_i \cdot M_0}{EI} \, \mathrm{d}x \, .$$

Die lastunabhängigen Formänderungswerte δ_{ik} infolge $X_k = 1$ ergeben sich aus (8.1.3) zu

$$\delta_{ik} = \delta_{ki} = \int \frac{M_i \cdot M_k}{EI} \, \mathrm{d}x \, .$$

Mit den Zahlenwerten des Beispiels und mit Hilfe von Tafel 2 erhält man

$$
\begin{aligned}
EI \cdot \delta_{10} &= 1/6 \cdot 1,0 \cdot (-125) \cdot 3,00 & &= -62,5 \\
EI \cdot \delta_{20} &= 1/3 \cdot (-1,5) \cdot (-125) \cdot 3,00 & &= 187,5 \\
EI \cdot \delta_{11} &= 1/3 \cdot 1,0^2 \cdot 3,00 & &= 1,0 \\
EI \cdot \delta_{22} &= 1/3 \cdot 1,5^2(3,00 + 1,50) & &= 3,375 \\
EI \cdot \delta_{12} &= EI \cdot \delta_{21} = 1/6 \cdot 1,0 \cdot (-1,5) \cdot 3,00 & &= -0,75 \, .
\end{aligned}
$$

7. Statisch Überzählige: Gleichungssystem und Lösung

X_1	X_2	
1,0	−0,75	+62,5
−0,75	3,375	−187,5

$X_1 = 25,0\,\mathrm{kNm}$

$X_2 = -50,0\,\mathrm{kN}$.

8. Superposition der Zustandsgrößen: $M = M_0 + X_1 \cdot M_1 + X_2 \cdot M_2$

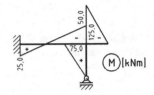

Bild 8.2-5 Momentenfläche
des statisch unbestimmten
Rahmens

9. Formänderungsproben
   Aus (8.1.5) ergibt sich hier

$$\delta_i = \int \frac{M_i \cdot M}{EI} \, dx \quad \text{mit} \quad i = 1 \ldots n$$

und damit weiter

$EI\delta_1 = 1/6 \cdot 1{,}0 \cdot (2 \cdot 25{,}0 - 50{,}0) \cdot 3{,}00 = 0$

$EI\delta_2 = 1/6 \cdot (-1{,}5) \cdot (25{,}0 - 2 \cdot 50{,}0) \cdot 3{,}00 + 1/3 \cdot (-1{,}5) \cdot 75{,}0 \cdot 1{,}50 = 0$.

Die Formänderungsbedingungen sind erfüllt.

8.3 Das Gleichungssystem des Kraftgrößenverfahrens und seine Lösung

Das System der Elastizitätsgleichungen schreibt sich als Matrizengleichung in der Form:

$$\begin{bmatrix} \delta_{11} & \delta_{12} & \ldots & \delta_{1n} \\ \delta_{21} & \delta_{22} & \ldots & \delta_{2n} \\ \vdots & \vdots & \vdots & \vdots \\ \delta_{n1} & \delta_{n2} & \ldots & \delta_{nn} \end{bmatrix} \cdot \begin{bmatrix} X_1 \\ X_2 \\ \vdots \\ X_n \end{bmatrix} + \begin{bmatrix} \delta_{10} \\ \delta_{20} \\ \vdots \\ \delta_{n0} \end{bmatrix} = \begin{bmatrix} 0 \\ 0 \\ \vdots \\ 0 \end{bmatrix} \qquad (8.3.1)$$

oder

$$\boldsymbol{\delta} \cdot \boldsymbol{X} + \boldsymbol{\delta}_0 = \boldsymbol{0} \, . \qquad (8.3.2)$$

Die Matrix $\boldsymbol{\delta}$ ist quadratisch ($n \times n$) und symmetrisch ($\delta_{ki} = \delta_{ik}$). Die Glieder der Hauptdiagonale sind positiv ($\delta_{ii} > 0$), und die Determinante verschwindet nicht ($\det \boldsymbol{\delta} \neq 0$).

Die statisch Unbestimmten erhält man durch Invertierung

$$\boldsymbol{X} = -\boldsymbol{\delta}^{-1} \cdot \boldsymbol{\delta}_0 = \boldsymbol{\beta} \cdot \boldsymbol{\delta}_0 \, , \qquad (8.3.3)$$

wobei die $\boldsymbol{\beta}$-Matrix die negative Inverse der $\boldsymbol{\delta}$-Matrix ist:

$$\boldsymbol{\beta} = -\boldsymbol{\delta}^{-1} . \tag{8.3.4}$$

Für die Lösung des linearen Gleichungssystems bieten sich verschiedene Methoden an wie z. B.

- der GAUSSsche Algorithmus
- das CHOLESKY-Verfahren
- dem GAUSSschen Algorithmus verwandte Verfahren wie die Methode nach BANACHIEWICZ
- die CRAMERsche Regel (Determinantenmethode).

Für $n > 3$ kommt im Allgemeinen eine Auflösung per Handrechnung nicht in Frage. Für $n = 2$ und $n = 3$ wird hier die allgemeine Lösung mit β-Zahlen angegeben, was im Prinzip der Anwendung der CRAMERschen Regel entspricht.

<u>*n = 2*</u> :

$$X_a\delta_{aa} + X_b\delta_{ab} + \delta_{ao} = 0$$
$$X_a\delta_{ba} + X_b\delta_{bb} + \delta_{b0} = 0 \tag{8.3.5}$$

$$X_a = \beta_{aa}\delta_{a0} + \beta_{ab}\delta_{b0}$$
$$X_b = \beta_{ba}\delta_{a0} + \beta_{bb}\delta_{b0} \tag{8.3.6}$$

mit

$$\beta_{aa} = -\delta_{bb}/D \quad \beta_{ab} = \delta_{ab}/D$$
$$\beta_{ba} = \beta_{ab} \qquad \beta_{bb} = -\delta_{aa}/D \quad D = \delta_{aa}\delta_{bb} - \delta_{ab}^2 . \tag{8.3.7}$$

<u>*n = 3*</u> :

$$X_a\delta_{aa} + X_b\delta_{ab} + X_c\delta_{ac} + \delta_{a0} = 0$$
$$X_a\delta_{ba} + X_b\delta_{bb} + X_c\delta_{bc} + \delta_{b0} = 0 \tag{8.3.8}$$
$$X_a\delta_{ca} + X_b\delta_{cb} + X_c\delta_{cc} + \delta_{c0} = 0$$

$$X_a = \beta_{aa}\delta_{a0} + \beta_{ab}\delta_{b0} + \beta_{ac}\delta_{c0}$$
$$X_b = \beta_{ba}\delta_{a0} + \beta_{bb}\delta_{b0} + \beta_{bc}\delta_{c0} \qquad \beta_{ik} = \beta_{ki} \tag{8.3.9}$$
$$X_c = \beta_{ca}\delta_{a0} + \beta_{cb}\delta_{b0} + \beta_{cc}\delta_{c0}$$

mit

$$\beta_{aa} = \left(-\delta_{bb}\delta_{cc} + \delta_{bc}^2\right)/D$$

$$\beta_{ab} = \left(\delta_{ab}\delta_{cc} - \delta_{ac}\delta_{cb}\right)/D$$

$$\beta_{ac} = \left(-\delta_{ab}\delta_{bc} + \delta_{ac}\delta_{bb}\right)/D$$

$$\beta_{bb} = \left(-\delta_{aa}\delta_{cc} + \delta_{ac}^2\right)/D$$

$$\beta_{bc} = \left(\delta_{aa}\delta_{cb} - \delta_{ab}\delta_{ca}\right)/D$$

$$\beta_{cc} = \left(-\delta_{aa}\delta_{bb} + \delta_{ab}^2\right)/D$$

$$(8.3.10)$$

$$D = \delta_{aa}\delta_{bb}\delta_{cc} + \delta_{ab}\delta_{bc}\delta_{ca} + \delta_{ac}\delta_{ba}\delta_{cb} - \delta_{ca}\delta_{bb}\delta_{ac}$$
$$- \delta_{cb}\delta_{bc}\delta_{aa} - \delta_{ba}\delta_{ab}\delta_{cc} \, .$$

8.4 Ausnutzung von Symmetrie und Antimetrie

Unter Ausnutzung der in Abschnitt 4.4 dargestellten Symmetrie- und Antimetrie-eigenschaften der Zustandslinien lässt sich die Anzahl der statisch unbestimmten Größen in vielen Fällen reduzieren. Gegeben sei der in Bild 8.4-1 dargestellte, symmetrische, ebene Rahmen. Er ist starr eingespannt und durch zwei diagonale Gelenkstäbe ausgesteift. Aus (2.2.6) ergibt sich $n = 6 + 4 \cdot 2 - 3 \cdot 3 = 5$.

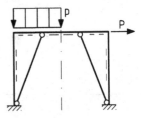

Bild 8.4-1 Symmetrischer Rahmen mit allgemeiner Belastung

Die Belastung kann, wie in Bild 8.4-2 gezeigt, in einen symmetrischen und einen antimetrischen Anteil aufgeteilt werden. Nach getrennter Berechnung für beide Anteile ergeben sich die endgültigen Zustandsgrößen durch Superposition.

Auf der Symmetrieachse haben bei symmetrischer Belastung die Zustandsgrößen mit antimetrischem Verlauf (Q) den Wert Null. Dementsprechend weisen die Zustandsgrößen mit symmetrischem Verlauf (N, M) im antimetrischen Belastungsfall auf der Symmetrieachse den Wert Null auf. Das hat die in Bild 8.4-3 angegebenen Auswirkungen auf die fünf anzusetzenden statisch Unbestimmten.

Man erkennt, dass hier X_1 und X_5 nicht einzeln angesetzt werden müssen, da ihr Verhältnis zueinander bekannt ist, wenn die Belastung entweder symmetrisch

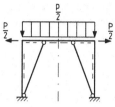

symmetrischer Anteil:

N-Verlauf symmetrisch

Q-Verlauf antimetrisch

M-Verlauf symmetrisch

w'-Verlauf antimetrisch

w-Verlauf symmetrisch

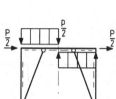

antimetrischer Anteil:

N-Verlauf antimetrisch

Q-Verlauf symmetrisch

M-Verlauf antimetrisch

w'-Verlauf symmetrisch

w-Verlauf antimetrisch

Bild 8.4-2 Symmetrische und antimetrische Lastanteile

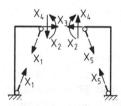

symmetrische Beanspruchung:
$$X_4 = 0, \qquad X_5 = X_1$$
antimetrische Beanspruchung:
$$X_2 = 0, \qquad X_3 = 0$$
$$X_5 = -X_1$$

Bild 8.4-3 Allgemeiner Ansatz der X_i

oder antimetrisch ist. Man fasst sie jeweils zu einer Lastgruppe zusammen (siehe Bild 8.4-4).

Bild 8.4-4 Ansatz der X_i bei symmetrischer und antimetri-scher Beanspruchung

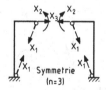

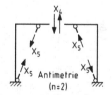

Im Symmetriefall verbleiben in Bild 8.4-3 wegen $X_4 = 0$ und $X_5 = X_1$ drei Unbekannte, bei Antimetrie wegen $X_2 = X_3 = 0$ und $X_5 = -X_1$ nur zwei. Man erkennt, dass die Summe der statisch Überzähligen $3 + 2 = 5$ beträgt und damit dem Grad n der statischen Unbestimmtheit des Originalsystems entspricht.

Bei symmetrischen Systemen mit rein symmetrischer oder antimetrischer Belastung ist ein Ansatz von Lastgruppen immer zu empfehlen. Bei unsymmetrischer Belastung, die in symmetrische und antimetrische Anteile aufgeteilt werden muss, steht der Reduktion der Anzahl der Unbekannten der Nachteil gegenüber, dass die Teilergebnisse zu superponieren sind.

Unabhängig davon, ob die Belastung in symmetrische und antimetrische Anteile zerlegt wird oder nicht, empfiehlt es sich immer, bei der Wahl des statisch bestimmten Grundsystems eine vorhandene Systemsymmetrie beizubehalten, da sich für ein symmetrisches X_s und ein antimetrisches X_a

$$\delta_{sa} = \int M_s(x) \cdot M_a(x) \cdot dx = 0$$

ergibt. So gilt z. B. für Bild 8.4-4: $\delta_{14} = \delta_{24} = \delta_{34} = 0$.

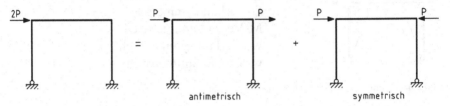

Bild 8.4-5 Aufteilung einer horizontalen Riegellast

Bei symmetrischen Rahmen ist zu beachten, dass die Biegemomente infolge einer horizontalen Riegellast nur dann antimetrisch verlaufen, wenn $I/A \approx 0$ ist und deshalb der symmetrische Lastanteil (siehe Bild 8.4-5) nur Normalkräfte hervorruft. Andernfalls ergeben sich geringfügige betragsmäßige Unterschiede auf beiden Seiten des Systems. Das ist in der Regel bei Computerberechnungen der Fall, wo meist die tatsächliche Größe der Querschnittsfläche berücksichtigt wird.

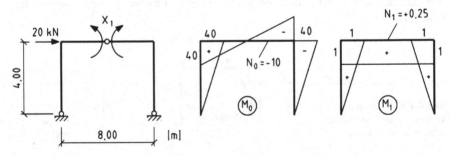

Bild 8.4-6 Grundsystem mit zugehörigen M-Flächen

Besteht beispielsweise der in Bild 8.4-5 dargestellte Rahmen aus einem Walzprofil HEB 400 mit

$$I_y/A = 57680/198 = 291\,\mathrm{cm}^2 = 0{,}0291\,\mathrm{m}^2\,,$$

so erhält man mit den Werten von Bild 8.4-6

$$EI_y\delta_{11} = 0{,}25^2 \cdot 0{,}0291 \cdot 8{,}00 + 1^2(2 \cdot 4{,}00/3 + 8{,}00) = 10{,}6812$$

$$EI_y\delta_{10} = -0{,}25 \cdot 10 \cdot 0{,}0291 \cdot 8{,}00 = -0{,}5820$$

$$X_1 = +\frac{0{,}5820}{10{,}6812} = +0{,}055\,\text{kNm}.$$

Die beiden Eckmomente betragen somit 40,055 und 39,945 kNm. Sie unterscheiden sich um ca. 3‰.

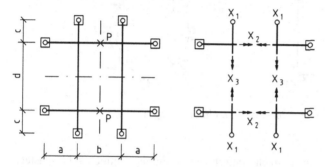

Bild 8.4-7 Doppelsymmetrischer Trägerrost und Ansatz der X_i

Der in Bild 8.4-7 dargestellte Trägerrost ist 8fach statisch unbestimmt. Aus Symmetriegründen verschwinden sämtliche Torsionsmomente und sind je vier Auflagerkräfte gleich.

Wegen $X_2 = X_3 = 0$ benötigt man beim Ansatz von vier gleichen Auflagerkräften als Lastgruppe X_1 nur eine einzige Elastizitätsgleichung.

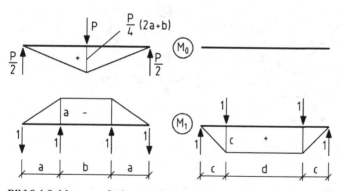

Bild 8.4-8 Momentenflächen am Grundsystem

Die Momentenflächen am Grundsystem sind in Bild 8.4-8 dargestellt.

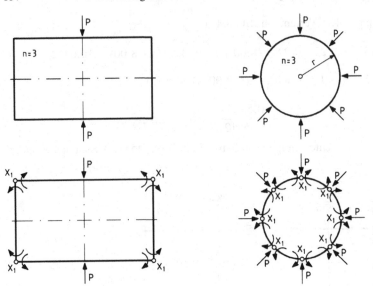

Bild 8.4-9 Ansatz von Lastgruppen mit mehr als *n* Einzelwirkungen

In Bild 8.4-9 sind zwei dreifach statisch unbestimmte, symmetrisch belastete Systeme dargestellt. Um die Symmetrie bei der Lösung des Problems ausnutzen zu können, setzt man vorteilhaft Lastgruppen mit mehr als drei Einzelwirkungen an. Die dabei entstehende kinematische Verschieblichkeit ist unerheblich, da nur symmetrische Kraftgrößen wirken, so dass ersatzweise hinzugefügte Lager kraftlos bleiben würden.

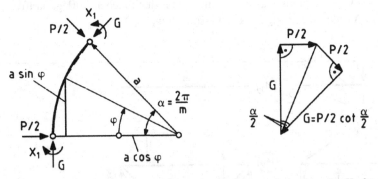

Bild 8.4-10 Grundsystem eines geschlossenen Kreisrings mit einwirkenden Kraftgrößen ($m \geq 2$)

Hier soll die Berechnung für den in Bild 8.4-9 dargestellten Kreisring mit m Lasten P allgemein durchgeführt werden ($m \geq 2$). Die Gelenkkraft G (siehe Bild 8.4-10) muss aus Symmetriegründen tangential wirken. Sie ergibt sich aus einem Krafteck in Abhängigkeit von P.

Biegemomente:

$$M_0 = Ga\,(1 - \cos\varphi) - \frac{P}{2}a\,\sin\varphi = \frac{Pa}{2}\left[\cot\frac{\alpha}{2}\,(1 - \cos\varphi) - \sin\varphi\right]$$

$$M_1 \equiv 1\,.$$

Formänderungswerte:

$$EI\delta_{11} = \int\limits_0^\alpha 1^2 a\,\mathrm{d}\varphi = a\alpha$$

$$EI\delta_{10} = \int\limits_0^\alpha 1 \cdot \frac{Pa}{2}\left[\cot\frac{\alpha}{2}\,(1 - \cos\varphi) - \sin\varphi\right]a\,\mathrm{d}\varphi$$

$$= \frac{Pa^2}{2}\left[\cot\frac{\alpha}{2}\,(\varphi - \sin\varphi) + \cos\varphi\right]_0^\alpha$$

$$= \frac{Pa^2}{2}\left[\cot\frac{\alpha}{2}\,(\alpha - \sin\alpha) + \cos\alpha - 1\right]\,.$$

Statisch Unbestimmte:

$$X_1 = -\frac{\delta_{10}}{\delta_{11}} = -\frac{Pa}{2\alpha}\left[\cot\frac{\alpha}{2}\,(\alpha - \sin\alpha) + \cos\alpha - 1\right]\,.$$

Für $m = 2$ und $\alpha = \pi$ ergibt sich beispielsweise

$$M = M_0 + X_1 M_1 = -\frac{Pa}{2}\sin\varphi + \frac{Pa}{\pi} = Pa\left(\frac{1}{\pi} - \frac{\sin\varphi}{2}\right)\,.$$

Der Momentenverlauf ist in Bild 8.4-11 dargestellt.

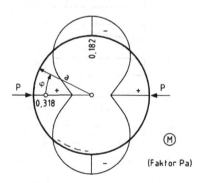

Bild 8.4-11 Biegemomente eines Kreisrings infolge zweier diametral wirkender Einzellasten

8.5 Die Behandlung von Zwängungslastfällen

Die Formänderungswerte δ_{i0} enthalten gegebenenfalls Anteile aus lastfreier Beanspruchung wie Temperaturänderungen und Lagerbewegungen. Diese beiden Lastfälle werden im Folgenden getrennt untersucht.

Im Unterschied zu statisch bestimmten Systemen kann ein statisch unbestimmtes Tragwerk den Verformungen aus lastfreier Beanspruchung nicht zwängungsfrei folgen. Es treten Zwängungskräfte auf, die analog zu den Schnittgrößen aus äußeren Lasten zu berechnen sind.

8.5.1 Temperaturänderungen

Aus Gleichung (8.1.2) folgt

$$\delta_{i0,T} = \int N_i \cdot \alpha_T \cdot T_S \cdot \mathrm{d}x + \int M_i \frac{\alpha_T \cdot \Delta T}{h}\, \mathrm{d}x . \tag{8.5.1}$$

Wenn die Größen $\alpha_T \cdot T_s$ und $\frac{\alpha_T \cdot \Delta T}{h}$ als Zustandsgrößen aufgefasst werden, sind bei der Berechnung von δ_{i0} für den Lastfall Temperatur ebenfalls die M_i-M_k-Tafeln (Tafel 2 und 3) verwendbar. Dies wird in Bild 8.5-1 am Beispiel des beidseits eingespannten Trägers gezeigt.

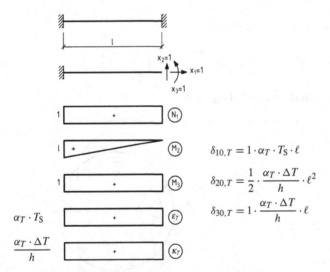

$\delta_{10,T} = 1 \cdot \alpha_T \cdot T_S \cdot \ell$

$\delta_{20,T} = \dfrac{1}{2} \cdot \dfrac{\alpha_T \cdot \Delta T}{h} \cdot \ell^2$

$\delta_{30,T} = 1 \cdot \dfrac{\alpha_T \cdot \Delta T}{h} \cdot \ell$

Bild 8.5-1 Ermittlung der δ_{i0} infolge von Temperaturänderungen mit Hilfe der M_i-M_k-Tafeln

Mit

$$\delta_{11} = \frac{\ell}{EA} \; ; \quad \delta_{12} = \delta_{13} = 0 \; ; \quad \delta_{22} = \frac{\ell^3}{3EI} \; ; \quad \delta_{23} = \frac{\ell^2}{2EI} \; ; \quad \delta_{33} = \frac{\ell}{EI}$$

erhält man das Gleichungssystem

X_1	X_2	X_3	
$\dfrac{\ell}{EA}$	0	0	$-\alpha_T \cdot T_S \cdot \ell$
0	$\dfrac{\ell^3}{3EI}$	$\dfrac{\ell^2}{2EI}$	$-\dfrac{\alpha_T \cdot \Delta T}{2h} \cdot \ell^2$
0	$\dfrac{\ell^2}{2EI}$	$\dfrac{\ell}{EI}$	$-\dfrac{\alpha_T \cdot \Delta T}{h} \cdot \ell$

mit der Lösung

$$X_1 = -EA\alpha_T T_S \; ; \quad X_2 = 0 \; ; \quad X_3 = -EI\frac{\alpha_T \Delta T}{h} \; .$$

Damit ergeben sich die Schnittgrößen

$$N = X_1 \cdot N_1 = -EA\alpha_T T_S \, ,$$

$$Q = X_2 \cdot Q_2 = 0 \, ,$$

$$M = X_2 \cdot M_2 + X_3 \cdot M_3 = -EI\frac{\alpha_T \Delta T}{h} \, .$$

Sie sind über die Stablänge konstant. Die Formänderungsproben nach (8.1.5) lauten

$$EI_c\delta_1 = \int N_1 N \frac{I_c}{A} \cdot dx + EI_c \int N_1 \alpha_T T_S \cdot dx$$

$$= -EI_c \alpha_T T_S \cdot \ell + EI_c \alpha_T T_S \cdot \ell = 0$$

$$EI_c\delta_2 = \int M_2 M \frac{I_c}{I} \cdot dx + EI_c \int M_2 \frac{\alpha_T \Delta T}{h} \cdot dx$$

$$= -\frac{1}{2}\ell \cdot EI_c \cdot \frac{\alpha_T \Delta T}{h} \cdot \ell + EI_c \cdot \frac{1}{2}\ell \cdot \frac{\alpha_T \Delta T}{h} \cdot \ell = 0$$

$$EI_c\delta_3 = \int M_3 M \frac{I_c}{I} \cdot dx + EI_c \int M_3 \frac{\alpha_T \Delta T}{h} \cdot dx$$

$$= -EI_c \cdot \frac{\alpha_T \Delta T}{h} \cdot \ell + EI_c \cdot \frac{\alpha_T \Delta T}{h} \cdot \ell = 0 \, .$$

Zur Ermittlung der Biegelinie wird das äquivalente Ersatzmoment M_{eq} nach (6.1.4) berechnet:

$$M_{eq}(x) = M(x) + EI\frac{\alpha_T \Delta T}{h} = -EI\frac{\alpha_T \Delta T}{h} + EI\frac{\alpha_T \Delta T}{h} \equiv 0.$$

Daraus folgt für den beidseits eingespannten Balken

$$w(x) \equiv 0.$$

T_S und ΔT erzeugen zwar Normalkräfte und Momente in ihm, verformen ihn aber nicht.

8.5.2 Vorgegebene Lagerbewegungen

Die Formänderungswerte $\delta_{i0,\Delta}$ infolge vorgegebener Lagerbewegungen können mit Hilfe der Arbeitsgleichung nach dem Prinzip der virtuellen Kräfte berechnet oder auch kinematisch ermittelt werden. Für den erstgenannten Weg gilt entsprechend (8.1.2)

$$\delta_{i0,\Delta} = \sum_w (A_{wi}\Delta s_w + M_{wi} \cdot \Delta\varphi_w). \tag{8.5.2}$$

Darin sind, wie in Bild 5.5-7 dargestellt,

$\Delta s_w = $ Verschiebung des Lagers w (positiv nach unten)
$\Delta\varphi_w = $ Verdrehung des Lagers w (linksdrehend)
$A_{wi} = $ Auflagerkraft am Lager w infolge $X_i = 1$ (positiv nach oben)
$M_{wi} = $ Einspannmoment am Lager w infolge $X_i = 1$ (rechtsdrehend).

Bei der Lösung auf kinematischem Wege ist $\delta_{i0,\Delta}$ als geometrischer Wert der Verschiebungsfigur des statisch bestimmten Grundsystems zu entnehmen.

Beide Methoden werden an den Beispielen der Bilder 8.5-2 und 8.5-3 vorgeführt.

Die Auflagerkräfte des in Bild 8.5-2 dargestellten Zweifeldträgers infolge $X_1 = 1$ lauten

$$A_1 = \frac{1}{\ell_1}; \quad C_1 = \frac{1}{\ell_2}; \quad B_1 = -\left(\frac{1}{\ell_1} + \frac{1}{\ell_2}\right).$$

Damit ergibt sich aus (8.5.2)

$$\delta_{10,\Delta} = \frac{1}{\ell_1} \cdot 0 - \left(\frac{1}{\ell_1} + \frac{1}{\ell_2}\right) \cdot \Delta s_B + \frac{1}{\ell_2} \cdot 0 = -\left(\frac{1}{\ell_1} + \frac{1}{\ell_2}\right) \cdot \Delta s_B.$$

Aus der Verschiebungsfigur liest man den gleichen Wert ab.

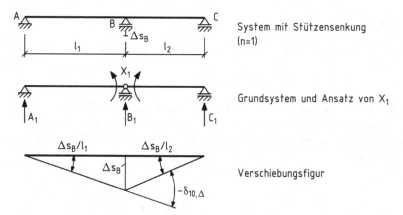

Bild 8.5-2 Zweifeldträger mit Stützensenkung

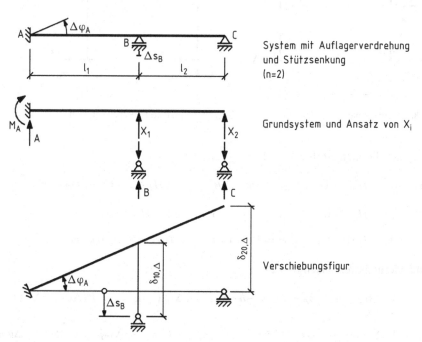

Bild 8.5-3 Zweifeldträger mit vorgegebener Auflagerverdrehung und Stützensenkung

In Bild 8.5-3 wird ein weiteres Beispiel gezeigt. Die Auflagerreaktionen infolge $X_1 = 1$ und $X_2 = 1$ lauten

$$A_1 = -1; \quad B_1 = 1; \quad C_1 = 0; \quad M_{A1} = \ell_1$$

$$A_2 = -1; \quad B_2 = 0; \quad C_2 = 1; \quad M_{A2} = \ell_1 + \ell_2.$$

Aus (8.5.2) ergibt sich damit

$$\delta_{10,\Delta} = -1 \cdot 0 + 1 \cdot \Delta s_B + 0 \cdot 0 + \ell_1 \cdot \Delta\varphi_A = \Delta s_B + \ell_1 \cdot \Delta\varphi_A$$

$$\delta_{20,\Delta} = -1 \cdot 0 + 0 \cdot \Delta s_B + 1 \cdot 0 + (\ell_1 + \ell_2) \cdot \Delta\varphi_A = (\ell_1 + \ell_2) \cdot \Delta\varphi_A \,.$$

Die Verschiebungsfigur liefert auf anschauliche Weise die gleichen Werte.

Bei einer horizontalen Lagerbewegung Δs_w wäre in (8.5.2) unter A_{wi} die in Gegenrichtung wirkende horizontale Lagerkraft H_{wi} zu verstehen. Siehe hierzu das Beispiel von Bild 8.5-4.

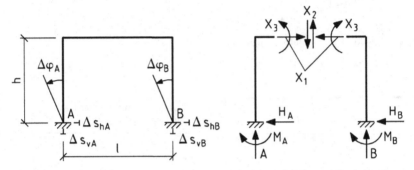

Bild 8.5-4 Eingespannter Rahmen mit vorgegebenen allgemeinen Lagerbewegungen

Auflagerreaktionen infolge $X_i = 1$:

$$A_1 = 0 \,; \quad H_{A1} = 1 \,; \quad M_{A1} = -h \,; \quad B_1 = 0 \,; \quad H_{B1} = -1 \,; \quad M_{B1} = h$$

$$A_2 = 1 \,; \quad H_{A2} = 0 \,; \quad M_{A2} = -\frac{\ell}{2} \,; \quad B_2 = -1 \,; \quad H_{B2} = 0 \,; \quad M_{B2} = -\frac{\ell}{2}$$

$$A_3 = 0 \,; \quad H_{A3} = 0 \,; \quad M_{A3} = 1 \,; \quad B_3 = 0 \,; \quad H_{B3} = 0 \,; \quad M_{B3} = -1 \,.$$

Formänderungswerte nach (8.5.2):

$$\delta_{10,\Delta} = 1 \cdot \Delta s_{hA} - h \cdot \Delta\varphi_A - \Delta s_{hB} + h \cdot \Delta\varphi_B = (\Delta s_{hA} - \Delta s_{hB}) + h (\Delta\varphi_B - \Delta\varphi_A)$$

$$\delta_{20,\Delta} = 1 \cdot \Delta s_{vA} - \frac{\ell}{2} \cdot \Delta\varphi_A - 1 \cdot \Delta s_{vB} - \frac{\ell}{2} \cdot \Delta\varphi_B = (\Delta s_{vA} - \Delta s_{vB}) - \frac{\ell}{2} (\Delta\varphi_A + \Delta\varphi_B)$$

$$\delta_{30,\Delta} = 1 \cdot \Delta\varphi_A - 1 \cdot \Delta\varphi_B = (\Delta\varphi_A - \Delta\varphi_B) \,.$$

Diese Werte hätte man leicht auch mit Hilfe kinematischer Überlegungen erhalten.

8.6 Grundformen statisch unbestimmter Tragwerke

8.6.1 Durchlaufträger

Der Durchlaufträger ist eines der in der Praxis am häufigsten verwendeten Tragwerke. Deshalb wird er hier ausführlich behandelt. Insbesondere wird an ihm auch im Einzelnen dargestellt, wie die für die Bemessung einzelner Querschnitte benötigten Extremwerte der Schnittgrößen zu bestimmen sind.

8.6.1.1 Ansatz der statisch Unbestimmten

Ein Durchlaufträger mit f Feldern ist $(f-1)$fach statisch unbestimmt. In Bild 8.1-1 wurde bereits dargestellt, dass die n statisch Unbestimmten auf verschiedene Arten

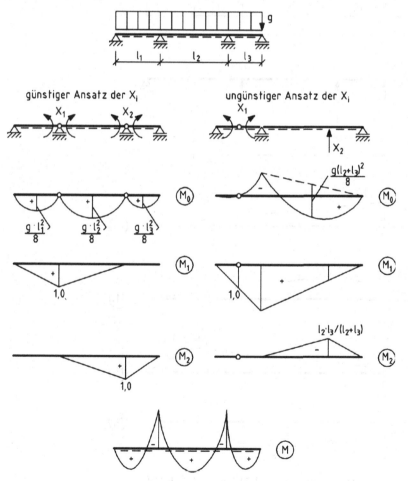

Bild 8.6-1 Dreifeldträger mit unterschiedlichem Ansatz der beiden X_i

angesetzt werden können. Eine geschickte Wahl des Grundsystems vereinfacht die Berechnung, wie in Bild 8.6-1 am Beispiel eines Dreifeldträgers mit $n = 2$ gezeigt wird.

Werden die Stützmomente als statisch Unbestimmte gewählt, so besteht das Grundsystem nur aus Einfeldträgern. Die Flächen M_i mit $i = 0 \ldots 2$ sind denkbar einfach, und die Ermittlung der Formänderungswerte δ_{ik} erfordert wesentlich weniger Aufwand als bei dem gezeigten ungünstigen Ansatz.

Auch der Ansatz der Zwischenlagerkräfte als statisch Unbestimmte (siehe Bild 8.6-2) erweist sich als ungünstig, da die Überlagerung der M_i-Flächen miteinander sehr aufwendig ist.

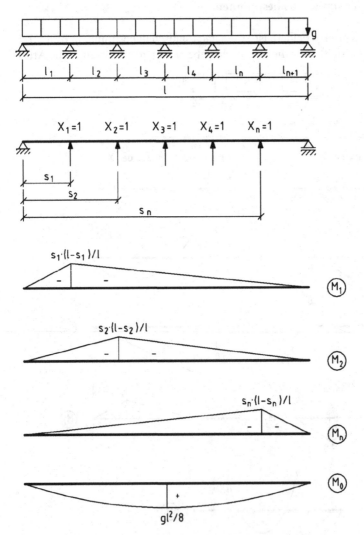

Bild 8.6-2 Ansatz der X_i beim Durchlaufträger als Zwischenlagerkräfte

Der Einfluss sämtlicher X_i erstreckt sich bei Ansatz nach Bild 8.6-2 auf das gesamte System. Deshalb ist das Gleichungssystem schlechter konditioniert, als wenn die Stützmomente als X_i gewählt worden wären, und Rundungsfehler wirken sich stärker aus.

Am vorteilhaftesten werden die Stützmomente als statisch Unbestimmte gewählt (siehe Bild 8.6-3).

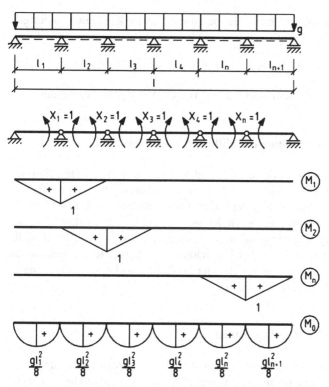

Bild 8.6-3 Ansatz der X_i beim Durchlaufträger als Stützmomente

Die Ermittlung der Formänderungswerte wird hier besonders einfach, und es entfallen die lastunabhängigen Werte δ_{ij}, wenn die Stützen i und j nicht direkt benachbart sind. Für $EI = $ const. gilt dann

$$\delta_{i0} = \frac{g}{24EI}(\ell_i^3 + \ell_{i+1}^3) \quad \text{für} \quad i = 1 \ldots n$$

$$\delta_{ii} = \frac{1}{3EI}(\ell_i + \ell_{i+1}) \quad \text{für} \quad i = 1 \ldots n$$

$$\delta_{ij} = \frac{1}{6EI}\ell_{i+1} = \delta_{ji} \quad \text{für} \quad i = 1 \ldots (n-1) \quad \text{und} \quad j = i+1$$

$$\delta_{ij} = 0 \quad \text{für} \quad |j-i| \geq 2 \ .$$

(8.6.1)

Damit ergibt sich beispielsweise für einen Sechsfeldträger

$$\boldsymbol{\delta} = \begin{bmatrix} \delta_{11} & \delta_{12} & 0 & 0 & 0 \\ \delta_{21} & \delta_{22} & \delta_{23} & 0 & 0 \\ 0 & \delta_{32} & \delta_{33} & \delta_{34} & 0 \\ 0 & 0 & \delta_{43} & \delta_{44} & \delta_{45} \\ 0 & 0 & 0 & \delta_{54} & \delta_{55} \end{bmatrix} . \tag{8.6.2}$$

Die Matrix besitzt Bandstruktur mit der Bandbreite 3. Eine Zeile des zugehörigen Gleichungssystems in der Form

$$X_{i-1} \cdot \ell_i + 2 X_i (\ell_i + \ell_{i+1}) + X_{i+1} \cdot \ell_{i+1} = -6 E I \delta_{i0} \tag{8.6.3}$$

wird auch als Dreimomentensatz oder als Satz von CLAPEYRON bezeichnet.

8.6.1.2 Schnittgrößenermittlung mit Hilfe von Tabellenwerken

Zahlentafeln zur Berechnung von Schnitt- und Auflagergrößen von Durchlaufträgern mit gleichen Stützweiten und mit $E I$ = const. enthalten z. B. der Betonkalender, HIRSCHFELD: Baustatik, SCHNEIDER: Bautabellen und WENDEHORST: Zahlentafeln. Dort sind Lastfälle wie Gleichlast, Dreiecklast, Trapezlast und Einzellast erfasst und ungünstigste Lastkombinationen dargestellt. Bei ZELLERER: Durchlaufträger findet man Zwei- bis Fünffeldträger mit ungleichen Stützweiten unter Gleichlast. Nähere Angaben zu den zitierten Werken und weitere Quellenhinweise enthält das Literaturverzeichnis.

8.6.1.3 Maßgebende Lastkombinationen

Durchlaufträger werden durch ständige Lasten und Verkehrslasten beansprucht, wobei erstere auf ganzer Länge wirken. Die Verkehrslasten hingegen sind jeweils in ungünstigster Stellung zu berücksichtigen und deshalb feldweise anzusetzen. Die für die Bemessung der einzelnen Schnitte benötigten Extremwerte der Schnittgrößen ergeben sich durch entsprechende Kombinationen der Einzellastfälle.

Tabelle 8.1 Dreifeldträger mit Biegemomenten aus den Einzellastfällen und den ungünstigsten Lastkombinationen

Einzel-Lastfälle	Lastfall-Kombinationen

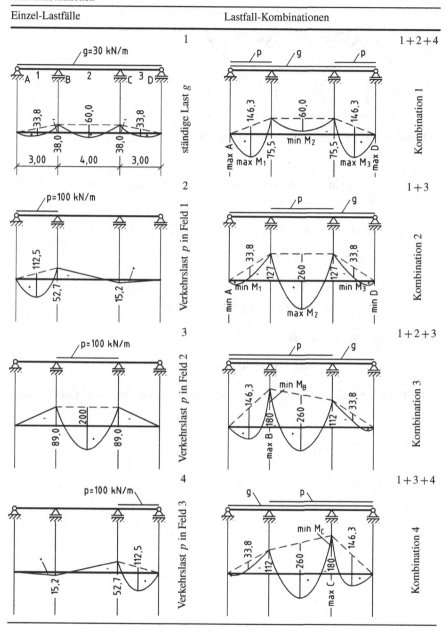

In Tabelle 8.1 werden die maßgebenden Feld- und Stützmomente eines Dreifeldträgers aus vier Einzellastfällen und vier Lastkombinationen ermittelt.

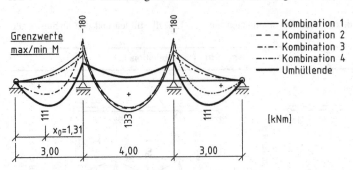

Bild 8.6-4 Momenten-Umhüllende für einen Dreifeldträger

Die Momenten-Umhüllende ist in Bild 8.6-4 dargestellt. Für Kombination 1 (Tabelle 8.1) ergibt sich

$$\max A = (30 + 100) \cdot 3{,}00/2 - 75{,}5/3{,}00 = 169{,}8\,\text{kN}$$

und damit im Feld 1 nach (4.1.2)

$$\max M_1 = 169{,}8^2/(2 \cdot 130) = 111\,\text{kNm}\,,$$
$$x_0 = 169{,}8/(30 + 100) = 1{,}31\,\text{m}\,.$$

Aus Kombination 2 erhält man

$$\max M_2 = 260 - 127 = 133\,\text{kNm}\,.$$

In Bild 8.6-5 sind die maßgebenden Lastkombinationen für einen Fünffeldträger dargestellt.

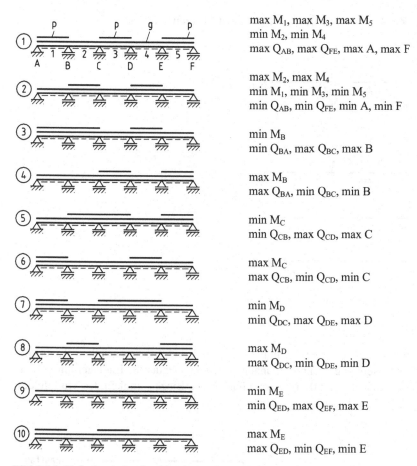

Bild 8.6-5 Maßgebende Lastkombinationen eines Fünffeldträgers

Prinzipiell gilt beim Durchlaufträger für die Anordnung der Verkehrslast:

- Die maximalen und minimalen Feldmomente ergeben sich bei feldweise wechselnder Wirkung von p (siehe Kombinationen 1 und 2). Hierbei treten auch die Extrema der Kräfte an den Endlagern auf.
- Die minimalen Stützmomente erhält man, wenn p in den beiden, der betrachteten Stütze benachbarten Feldern und anschließend feldweise wechselnd wirkt (siehe Kombinationen 3, 5, 7 und 9). Im gleichen Lastfall treten auch an derselben Stelle die maximale Auflagerkraft und die betragsmäßig größten Querkräfte auf.
- Genau umgekehrt muss die Verkehrslast angesetzt werden, um die maximalen Stützmomente und minimalen Auflagerkräfte zu berechnen (siehe Kombinationen 4, 6, 8 und 10).

8.6.1.4 Zahlenbeispiel: Dreifeldträger mit Stützensenkungen

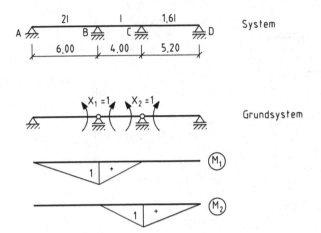

Bild 8.6-6 Dreifeldträger mit Ansatz der X_i und M_i-Flächen

Gesucht sei die Momentenumhüllende des in Bild 8.6-6 dargestellten Trägers infolge Stützensenkung, wenn sich unabhängig voneinander die Endlager um 1,0 cm, die Zwischenlager um 2,0 cm setzen können. Die Biegesteifigkeit des Mittelfeldes beträgt $EI = 120\,\text{MNm}^2$.

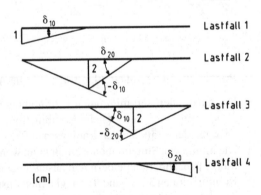

Bild 8.6-7 Verschiebungs-
figuren infolge der einzelnen
Setzungen

Mit $I_c = I$ erhält man

$$EI_c\delta_{11} = \frac{6{,}00}{3} \cdot \frac{1}{2} \cdot 1{,}0^2 + \frac{4{,}00}{3} \cdot \frac{1}{1} \cdot 1{,}0^2 = 2{,}3333$$

$$EI_c\delta_{12} = \frac{4{,}00}{6} \cdot \frac{1}{1} \cdot 1{,}0^2 = 0{,}6667$$

$$EI_c\delta_{22} = \frac{4{,}00}{3} \cdot \frac{1}{1} \cdot 1{,}0^2 + \frac{5{,}20}{3} \cdot \frac{1}{1{,}6} \cdot 1{,}0^2 = 2{,}4167 \,.$$

LF1: $\quad EI_c\delta_{10} = 120000\frac{0{,}01}{6{,}00} = 200$

$\qquad\quad EI_c\delta_{20} = 0$

LF2: $\quad EI_c\delta_{10} = -120000\left(\frac{0{,}02}{6{,}00} + \frac{0{,}02}{4{,}00}\right) = -1000$

$\qquad\quad EI_c\delta_{20} = 120000 \cdot \frac{0{,}02}{4{,}00} = 600$

LF3: $\quad EI_c\delta_{10} = 120000 \cdot \frac{0{,}02}{4{,}00} = 600$

$\qquad\quad EI_c\delta_{20} = -120000\left(\frac{0{,}02}{4{,}00} + \frac{0{,}02}{5{,}20}\right) = -1061{,}5$

LF4: $\quad EI_c\delta_{10} = 0$

$\qquad\quad EI_c\delta_{20} = 120000\frac{0{,}01}{5{,}20} = 230{,}8 \,.$

Gleichungssystem und Lösung:

X_1	X_2		LF1	LF2	LF3	LF4
2,3333	0,6667		−200	1000	−600	0
0,6667	2,4167		0	−600	1061,5	−230,8

	LF1	LF2	LF3	LF4
X_1	−93,1	542,3	−415,4	29,6
X_2	25,7	−397,9	553,8	−103,7 .

Man erkennt, dass sich die Extremwerte der statisch Unbestimmten bei Kombination der Lastfälle 1 und 3 bzw. 2 und 4 ergeben. Im Mittelfeld treten die größten Feldmomente auf, wenn sich die beiden Zwischenlager setzen, d.h. bei der Lastkombination 2 + 3. Dementsprechend erhält man min M_2 aus der Kombination 1 + 4. Die Superposition erfolgt tabellarisch. Die Umhüllende ist in Bild 8.6-8 dargestellt.

Gesuchte Größe	Lastfall	X_1	X_2
max X_1 min X_2	2 + 4	571,9	−501,6
min X_1 max X_2	1 + 3	−508,5	579,5
max M_2	2 + 3	126,9	155,9
min M_2	1 + 4	−63,5	−78,0

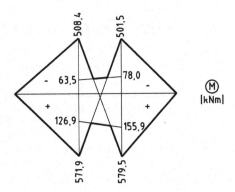

Bild 8.6-8 Umhüllende der Biegemomente

Für Lastfall 2 werden die beiden Formänderungsproben durchgeführt. Nach (8.1.5) gilt hier

$$EI_c\delta_i = \int M_i M \frac{I_c}{I} \cdot \mathrm{d}x + EI_c \cdot B_i \cdot \Delta s_B \ .$$

Hieraus ergibt sich

$$EI_c\delta_1 = \frac{6,00}{3} \cdot \frac{1}{2} \cdot 1 \cdot 542,3 + \frac{4,00}{6} \cdot \frac{1}{1} \cdot 1 \cdot (2 \cdot 542,3 - 397,9)$$

$$+ 120000 \cdot \left(-\frac{1}{6,00} - \frac{1}{4,00} \right) \cdot 0,02$$

$$= 542,3 + 457,8 - 1000,0 = 0,1 \approx 0 \ ,$$

$$EI_c\delta_2 = \frac{4,00}{6} \cdot \frac{1}{1} \cdot 1 \cdot (542,3 - 2 \cdot 397,9) + \frac{5,20}{3} \cdot \frac{1}{1,6} \cdot 1 \cdot (-397,9)$$

$$+ 120000 \cdot \frac{1}{4,00} \cdot 0,02$$

$$= -169,0 - 431,1 + 600,0 = -0,1 \approx 0 \ .$$

8.6.2 Ebene Rahmen

8.6.2.1 Allgemeines zur Berechnung

Die tragenden Strukturen von Gebäuden werden oft durch räumliche, ein- oder mehrgeschossige Rahmen gebildet (siehe Bild 1.1-4). Diese können meist für die Berechnung gedanklich in ebene Rahmen zerlegt werden. Einige Beispiele für ebene Rahmen finden sich in Bild 4.1-16. Auch für Brücken werden bisweilen Rahmenkonstruktionen gewählt (siehe Bild 8.6-9).

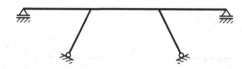

Bild 8.6-9 Beispiel für eine
Rahmenbrücke

Die statisch bestimmten Rahmen wurden bereits in Abschnitt 4.1.5 behandelt. Für die Berechnung statisch unbestimmter Rahmen mit Regelform (siehe Bild 8.6-10) existieren sogenannte Rahmenformeln, mit denen sämtliche in der Praxis auftretenden Lastfälle erfasst werden können (siehe z. B. Betonkalender sowie auch Tafel 6 und 7). Mehrgeschossige Rahmen werden wegen des erheblichen Rechenaufwands praktisch nur noch mit Hilfe von Rechenprogrammen untersucht.

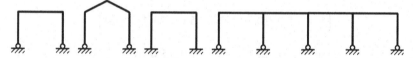

Bild 8.6-10 Beispiele für statisch unbestimmte Rahmen mit Regelform

Im folgenden Abschnitt wird ein ebener Rahmen mit Zugband (siehe Bild 8.6-11) nach dem Kraftgrößenverfahren berechnet. Dabei werden die Formänderungsgrößen auf der Basis der vollständigen Formel (5.5.20) ermittelt, um den Einfluss der Normalkraft- und Querkraftverformungen aufzeigen zu können.

8.6.2.2 Beispiel: Einfacher Rahmen mit Zugband

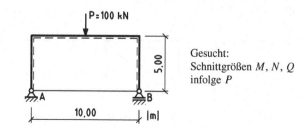

Gesucht:
Schnittgrößen M, N, Q
infolge P

Bild 8.6-11 Rahmen mit
Zugband ($n = 1$)

Querschnitts- und Baustoffwerte:

$I = b \cdot d^3/12$

$A = b \cdot d$

$I_c = I_{Riegel}$

$E = \text{const.}$

$E/G = 2,4$

$A/A_Q = 1/0,833 = 1,2$

	I [m^4]	A [m^2]	I_c/I	I_c/A [m^2]
Riegel 60/100	0,05	0,6	1	0,0833
Stiele 40/40	0,00213	0,16	23,44	0,3125
Zugband 10/10	–	0,01	–	5,0

Lastfall $X_1 = 1$:

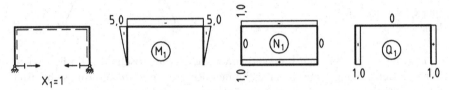

Bild 8.6-12 Schnittgrößen des Grundsystems infolge $X_1 = 1$

$$EI_c\delta_{11} = \int M_1^2 \frac{I_c}{I}\, dx + \int N_1^2 \frac{I_c}{A}\, dx + \frac{E}{G} \int Q_1^2 \frac{I_c}{A} \cdot \frac{A}{A_Q} \cdot dx$$

$$= \left(5,0^2 \cdot 1,0 \cdot 10,00 + 2 \cdot \frac{1}{3} \cdot 5,0^2 \cdot 23,44 \cdot 5,00 \right)$$

$$+ \left(1,0^2 \cdot 0,0833 \cdot 10,00 + 1,0^2 \cdot 5,0 \cdot 10,00 \right)$$

$$+ \left(2 \cdot 2,4 \cdot 1,0^2 \cdot 0,3125 \cdot 1,20 \cdot 5,00 \right)$$

$$= (250 + 1953) + (1 + 50) \qquad + 9 = 2263 .$$

$$\qquad\quad \uparrow \qquad\qquad \uparrow \qquad\quad \uparrow$$

$$\text{(aus } M) \quad\;\; \text{(aus } N) \quad\; \text{(aus } Q)$$

Da das Zugband verhältnismäßig weich ist, muss dessen Formänderung berücksichtigt werden. Die Längskraftverformung des Riegels und die Querkraftverformung der Stiele fallen nicht ins Gewicht.

Lastfall $P = 100\,\text{kN}$:

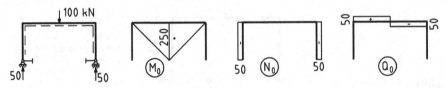

Bild 8.6-13 Schnittgrößen des Grundsystems infolge P

$$EI_c\delta_{10} = \frac{1}{2}(-5,0)\cdot 250\cdot 1,0\cdot 10,00 = -6250$$

$$X_1 = -\frac{-6250}{2263} = +2,76\,\text{kN}\,.$$

Endgültige Schnittgrößen:

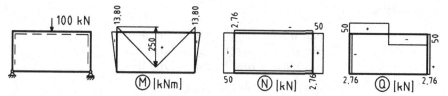

Bild 8.6-14 Endgültige Schnittgrößen

Zugbandverlängerung:

$$EI_c\Delta\ell = \int_A^B N_1 N \frac{I_c}{A}\,dx = 1,0\cdot 2,76\cdot 5,0\cdot 10,00 = 138\,\text{kNm}^3\,.$$

8.6.2.3 Einfache Rahmenformeln

Die Tafeln 6 und 7 enthalten die Auflagerreaktionen zweier einfacher, statisch unbestimmter Rechteckrahmen für alle üblichen Lastfälle. Damit lassen sich sämtliche Schnittgrößen leicht ermitteln. Hier seien die Formeln für die Eckmomente angegeben:

- Für den Zweigelenkrahmen gilt bei unbelastetem Stiel

$$M_c = -H_A\cdot h \quad \text{und} \quad M_d = -H_B\cdot h\,, \tag{8.6.4}$$

im Lastfall Wind von links

$$M_c = -H_A\cdot h - wh^2/2\,. \tag{8.6.5}$$

- Für den eingespannten Rahmen ergibt sich bei unbelastetem Stiel

$$M_c = M_A - H_A\cdot h \quad \text{und} \quad M_d = M_B - H_B\cdot h\,, \tag{8.6.6}$$

im Lastfall Wind von links

$$M_c = M_A - H_A\cdot h - wh^2/2\,. \tag{8.6.7}$$

8.6.2.4 Bemessungsschnittgrößen

Für die Bemessung einzelner Querschnitte werden die ungünstigsten Kombinationen der Schnittgrößen M, Q, N und gegebenenfalls M_T benötigt. Obwohl dies nicht immer auf der sicheren Seite liegt, begnügt man sich in der Regel damit, diejenigen Lastkombinationen zu untersuchen, bei denen jeweils eine der genannten Schnittgrößen ihre Extremwerte einnimmt. Für einen Spannbeton-Brückenträger wären das die Kombinationen

$$\begin{array}{llll}
\max M, & \text{zug}\,Q, & \text{zug}\,N, & \text{zug}\,M_T \\
\min M, & \text{zug}\,Q, & \text{zug}\,N, & \text{zug}\,M_T \\
\max |Q|, & \text{zug}\,M, & \text{zug}\,N, & \text{zug}\,M_T \\[4pt]
\max N, & \text{zug}\,M, & \text{zug}\,Q, & \text{zug}\,M_T \\
\min N, & \text{zug}\,M, & \text{zug}\,Q, & \text{zug}\,M_T \\
\max |M_T|, & \text{zug}\,M, & \text{zug}\,Q, & \text{zug}\,N \ .
\end{array}$$

Im Stahlbetonbau werden Biege- und Schubbemessung getrennt durchgeführt, so dass die Kombinationen M und N sowie Q und M_T zu untersuchen sind.

Im folgenden Beispiel (Bild 8.6-15) werden für den Schnitt m eines Rahmens die Extremwerte des Biegemoments M_m und der Normalkräfte N_m mit dem jeweils zugehörigen Wert N_m bzw. M_m berechnet. Die gegebenen sechs Lastfälle (LF) werden dabei in ungünstigster Weise überlagert.

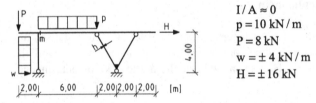

$$I / A \approx 0$$
$$p = 10 \; \text{kN} / \text{m}$$
$$P = 8 \; \text{kN}$$
$$w = \pm 4 \; \text{kN} / \text{m}$$
$$H = \pm 16 \; \text{kN}$$

Bild 8.6-15 Rahmen mit Belastung

Das System ist zweifach statisch unbestimmt (Bild 8.6-16).

Bild 8.6-16 Statisch bestimmtes Grundsystem und Ansatz der X_i

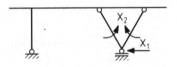

Zur Ermittlung der Formänderungswerte werden die Momentenflächen am Grundsystem benötigt (Bild 8.6-17).

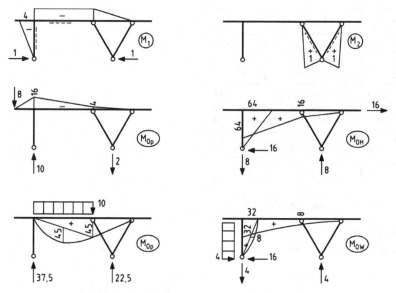

Bild 8.6-17 Momente am Grundsystem

Formänderungswerte:

$$EI\delta_{11} = \frac{4,00}{3} \cdot 4^2 + 6,00 \cdot 4^2 + \frac{4,00}{3} \cdot 4^2 = 138,67$$

LF P : $\quad EI\delta_{10} = \frac{6,00}{2} \cdot 4 \cdot (16+4) + \frac{4,00}{3} \cdot 4 \cdot 4 = +261,33$

LF p : $\quad EI\delta_{10} = -6,00 \cdot 4 \cdot 45 \cdot \left(\frac{1}{2} + \frac{2}{3}\right) - \frac{4,00}{3} \cdot 4 \cdot 45 = -1500$

LF H : $\quad EI\delta_{10} = -\frac{4,00}{3} \cdot 4 \cdot (64+16) - \frac{6,00}{2} \cdot 4 \cdot (64+16) = -1386,67$

LF w : $\quad EI\delta_{10} = -\frac{4,00}{3} \cdot 4 \cdot (32+8+8) - \frac{6,00}{2} \cdot 4 \cdot (32+8) = -736$

$$EI\delta_{12} = 0 \rightarrow X_1 = -\delta_{10}/\delta_{11} ; \quad X_2 = -\delta_{20}/\delta_{22} .$$

X_2 hat keinen Einfluss auf M_m und N_m. Deshalb werden δ_{20} und δ_{22} nicht benötigt.

M_m und zugehörige Werte N_m :

$$M_m = M_{m0} + X_1 M_{m1} \quad \text{mit} \quad X_1 = -\delta_{10}/\delta_{11} \quad \text{und} \quad M_{m1} = -4$$

LF	M_{m0}	X_1	M_m	zug N_m
P	-16	$-1,885$	$-8,46$	$+1,89$
p	0	$+10,82$	$-43,27$	$-10,82$
$+H$	$+64$	$+10,00$	$+24,00$	$+6,00$
$-H$	-64	$-10,00$	$-24,00$	$-6,00$
$+w$	$+32$	$+5,31$	$+10,77$	$-5,31$
$-w$	-32	$-5,31$	$-10,77$	$+5,31$

Extremwerte von M_m und zugehörige N_m:

$$
\begin{aligned}
\max M_m &= 24,00 + 10,77 & &= 34,77\,\text{kNm} \\
\text{zug}\,N_m &= 6,00 - 5,31 & &= 0,69\,\text{kN}
\end{aligned}
$$

$$
\begin{aligned}
\min M_m &= -8,46 - 43,27 - 24,00 - 10,77 = -86,50\,\text{kNm} \\
\text{zug}\,N_m &= 1,89 - 10,82 - 6,00 + 5,31 = -9,62\,\text{kN}\,.
\end{aligned}
$$

Extremwerte von N_m und zugehörige M_m:

$$
\begin{aligned}
\max N_m &= 1,89 + 6,00 + 5,31 = 13,20\,\text{kN} \\
\text{zug}\,M_m &= -8,46 + 24,00 - 10,77 = 4,77\,\text{kNm}
\end{aligned}
$$

$$
\begin{aligned}
\min N_m &= -10,82 - 6,00 - 5,31 = -22,13\,\text{kN} \\
\text{zug}\,M_m &= -43,27 - 24,00 + 10,77 = -56,50\,\text{kNm}\,.
\end{aligned}
$$

Der Lastfall ständige Last wurde hier nicht untersucht. Er ist den berechneten Schnittgrößen M_m, N_m vor der Bemessung zu überlagern.

8.6.3 Trägerroste

8.6.3.1 Grundlagen

Definitionsgemäß ist der Trägerrost ein ebenes Tragwerk, das nur durch solche Lastfälle beansprucht wird, die eine Verformung aus seiner Ebene heraus verursachen (siehe Abschnitt 4.2). Wird diese durch die x- und y-Achse gebildet, so sind demnach folgende Beanspruchungen möglich:

- Lasten in z-Richtung
- Lastmomente um die x- oder y-Achse
- vertikale Stützensenkungen und
- ungleichmäßige Temperaturänderungen $\Delta T = T_u - T_0$.

Da in der Systemebene keine Lasten wirken, verschwinden die Schnittgrößen N, Q_y, M_z. Es verbleiben nur Q_z, M_T und M_y. Somit ergeben sich aus (5.5.20) die folgenden Gleichungen für die Formänderungsgrößen:

$$EI_c\delta_{i0} = \int M_{yi}M_{y0} \cdot \frac{I_c}{I_y}\,dx + \int M_{Ti}M_{T0} \cdot \frac{EI_c}{GI_T}\,dx + EI_c\int M_{yi} \cdot \frac{\alpha_T\,\Delta T}{h_z}\,dx$$
$$+ EI_c\sum_f\left(\frac{F_{fi}F_{f0}}{c_{Nf}} + \frac{M_{fi}M_{f0}}{c_{Mf}}\right) + EI_c\sum_w(A_{wi}\,\Delta s_w + M_{wi}\,\Delta\varphi_w) \tag{8.6.8}$$

$$EI_c\delta_{ik} = \int M_{yi}M_{yk} \cdot \frac{I_c}{I_y}\,dx + \int M_{Ti}M_{Tk} \cdot \frac{EI_c}{GI_T}\,dx + EI_c\sum\left(\frac{F_{fi}F_{fk}}{c_{Nf}} + \frac{M_{fi}M_{fk}}{c_{Mf}}\right). \tag{8.6.9}$$

In diesen Gleichungen wurden Kriechen, Schwinden und die Querkraftverformungen vernachlässigt. Außerdem wurde vorausgesetzt, dass y eine Hauptachse des Stabquerschnitts ist.

8.6.3.2 Berechnungsbeispiel

Die Berechnung wird beispielhaft für den einfach statisch unbestimmten Trägerrost nach Bild 8.6-18 durchgeführt. Als statisch Unbestimmte wird die Auflagerkraft D gewählt.

Isometrie:

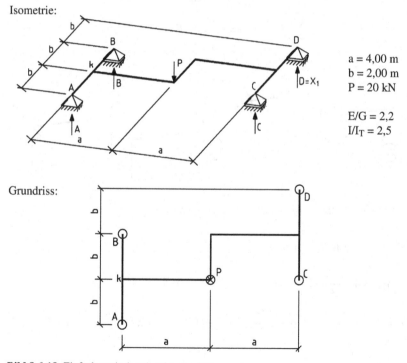

$a = 4{,}00$ m
$b = 2{,}00$ m
$P = 20$ kN

$E/G = 2{,}2$
$I/I_T = 2{,}5$

Grundriss:

Bild 8.6-18 Einfach statisch unbestimmter Trägerrost

Lastfall P am Grundsystem:

$$\sum M_{AB} = 0 \Rightarrow C = \frac{P}{2} = 10\,\text{kN}$$

$$\sum V = 0 \Rightarrow A + B = \frac{P}{2} = 10\,\text{kN}$$

$$\sum M_{kC} = 0 \Rightarrow A = B = \frac{P}{4} = 5\,\text{kN}.$$

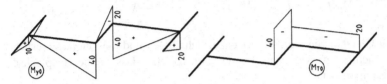

Bild 8.6-19 Momentenflächen des Grundsystems infolge P

Lastfall $X_1 = 1$ am Grundsystem:

$$\sum M_{AB} = 0 \Rightarrow C = -1$$

$$\sum V = 0 \Rightarrow A = -B$$

$$\sum M_{kC} = 0 \Rightarrow A = -B = 1.$$

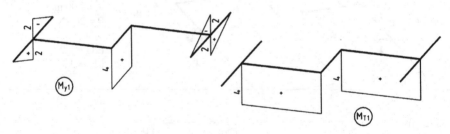

Bild 8.6-20 Momentenflächen des Grundsystems infolge $X_1 = 1$

Formänderungswerte und Lösung X_1:

$$EI \cdot \delta_{11} = 4 \cdot \frac{2,00}{3} \cdot 2^2 + 2,00 \cdot 4^2 + 2 \cdot 2,2 \cdot 2,5 \cdot 4,00 \cdot 4^2 = 746,7$$

$$EI \cdot \delta_{10} = -\frac{2,00}{2} \cdot 20 \cdot 4 - \frac{2,00}{3} \cdot 20 \cdot 2 - 4,00 \cdot 2,2 \cdot 2,5 \cdot 20 \cdot 4 = -1866,7$$

$$X_1 = +\frac{1866,7}{746,7} = +2,50\,\text{kN}.$$

Endgültige Größen:

$$A = 5 + 2,5 = 7,5\,\text{kN}$$
$$B = 5 - 2,5 = 2,5\,\text{kN}$$
$$C = 10 - 2,5 = 7,5\,\text{kN}$$
$$D = 2,5\,\text{kN}\,.$$

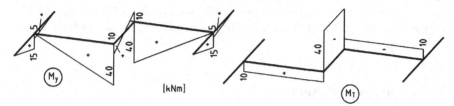

Bild 8.6-21 Momentenflächen des Trägerrosts

Formänderungsprobe:

$$EI \cdot \delta_1 = \int M_y \cdot M_{y1}\,\mathrm{d}x + \frac{EI}{GI_T} \cdot \int M_T \cdot M_{T1}\,\mathrm{d}x = 0$$

(wegen Symmetrie bzw. Antimetrie).

8.6.4 Räumliche Rahmen

8.6.4.1 Grundlagen

Die Stäbe räumlicher Rahmen weisen im Allgemeinen sämtliche sechs Schnittgrößen auf. Deshalb sind die Formänderungsgrößen entsprechend (5.5.20) aus

$$EI_c\delta_{i0} = \int N_i N_0 \cdot \frac{I_c}{A}\,\mathrm{d}x + \int M_{Ti} M_{T0} \cdot \frac{EI_c}{GI_T}\,\mathrm{d}x$$

$$+ \int M_{yi} M_{y0} \cdot \frac{I_c}{I_y}\,\mathrm{d}x + \int M_{zi} M_{z0} \cdot \frac{I_c}{I_z}\,\mathrm{d}x$$

$$+ EI_c \int \left(N_i \alpha_T T_S + M_{yi} \frac{\alpha_T \Delta T_z}{h_z} + M_{zi} \frac{\alpha_T \Delta T_y}{h_y} \right) \cdot \mathrm{d}x$$

$$+ EI_c \sum_f \left(\frac{F_{fi} F_{f0}}{c_{Nf}} + \frac{M_{fi} M_{f0}}{c_{Mf}} \right) + EI_c \sum_w (A_{wi} \cdot \Delta s_w + M_{wi} \cdot \Delta\varphi_w)\,,$$

$$(8.6.10)$$

$$EI_c\delta_{ik} = \int N_i N_k \cdot \frac{I_c}{A}\,\mathrm{d}x + \int M_{Ti} M_{Tk} \cdot \frac{EI_c}{GI_T}\,\mathrm{d}x$$

$$+ \int M_{yi} M_{yk} \cdot \frac{I_c}{I_y}\,\mathrm{d}x + \int M_{zi} M_{zk} \cdot \frac{I_c}{I_z}\,\mathrm{d}x \qquad (8.6.11)$$

$$+ EI_c \sum_f \left(\frac{F_{fi} F_{fk}}{c_{Nf}} + \frac{M_{fi} M_{fk}}{c_{Mf}} \right)$$

zu berechnen. Dabei wurde vorausgesetzt, dass Kriechen, Schwinden und die Querkraftverformungen vernachlässigbar sind und, wie bereits zu Gleichung (5.1.12) bemerkt, die Hauptquerschnittsachsen mit den lokalen Koordinatenachsen y und z übereinstimmen.

8.6.4.2 Berechnungsbeispiel

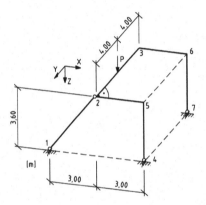

$P = 24$ kN
$I_y = I_z = I$
$I_T = 2\,I$
$E = 2{,}6\,G$
$I/A \approx 0$

Gesucht sind die Momentenflächen infolge P.
An den Knoten 1, 2, 4 und 7 befinden sich Kugelgelenke.

Bild 8.6-22 Räumlicher Rahmen

Mit Hilfe von (2.2.7) erhält man

$$n = 9 + 3 - (1 \cdot 6 + 1 \cdot 5) = 1 \, .$$

Wegen des Gelenkes im Punkt 2 tritt am Knoten 1 keine Auflagerkomponente in globaler y-Richtung auf. Als statisch Überzählige wird die Auflagerkomponente des Knotens 4 in globaler y-Richtung gewählt. Aus Gleichgewichtsgründen wirkt X_1 am Knoten 7 entgegengesetzt (siehe Bild 8.6-23).

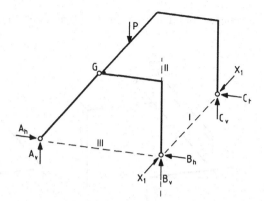

Bild 8.6-23 Ansatz der statisch Überzähligen

Momente am statisch bestimmten Grundsystem infolge P:

$$\sum M_\mathrm{I} = 0 \Rightarrow A_\mathrm{v} = P \cdot \frac{3}{6} = 12\,\mathrm{kN}$$

$$\sum M_\mathrm{III} = 0 \Rightarrow C_\mathrm{v} = P \cdot \frac{4}{8} = 12\,\mathrm{kN}$$

$$\sum M_G = 0 \Rightarrow A_\mathrm{h} = A_\mathrm{v} \cdot \frac{3}{3{,}6} = 10\,\mathrm{kN}$$

$$\sum V = 0 \Rightarrow B_\mathrm{v} = P - A_\mathrm{v} - C_\mathrm{v} = 0$$

$$\sum M_\mathrm{II} = 0 \Rightarrow C_\mathrm{h} = 0$$

$$\sum H = 0 \Rightarrow B_\mathrm{h} = A_\mathrm{h} = 10\,\mathrm{kN}\,.$$

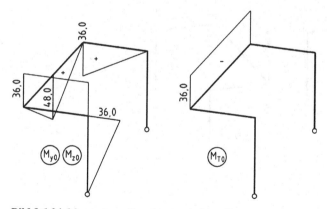

Bild 8.6-24 Momente am Grundsystem infolge P

Momente am statisch bestimmten Grundsystem infolge $X_1 = 1$:

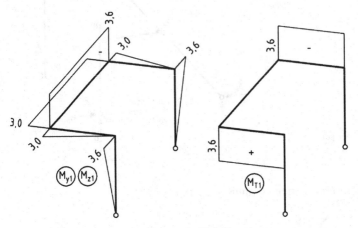

Bild 8.6-25 Momente am Grundsystem infolge $X_1 = 1$

Formänderungsgrößen und X_1:

$$EI \cdot \delta_{10} = -\frac{8,00}{2} \cdot 3,6 \cdot 48,0 = -691,2$$

$$EI \cdot \delta_{11} = 8,00 \cdot (3,0^2 + 3,6^2) + \frac{2}{3} \cdot (3,0^3 + 3,6^3) + 2 \cdot \frac{2,6 \cdot GI}{2 \cdot GI} \cdot 3,00 \cdot 3,6^2 = 325,9$$

$$X_1 = -\frac{-691,2}{325,9} = 2,121\,\text{kN}.$$

Endgültige Momentenflächen:

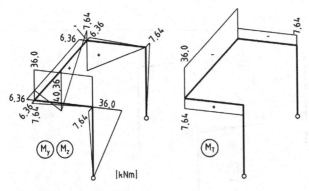

[kNm]

Bild 8.6-26 Endgültige Momente

8.6.4.3 Verdrehte Hauptquerschnittsachsen

An einem einfachen Beispiel soll gezeigt werden, wie zu verfahren ist, wenn bei einem Stab keine der Hauptquerschnittsachsen in die Systemebene fällt.

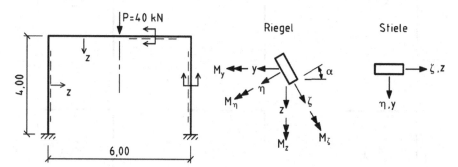

Bild 8.6-27 Rahmen mit verdrehtem Riegel

Der Riegelquerschnitt des in Bild 8.6-27 dargestellten Rahmens sei um $\alpha = 30°$ gegen die Horizontale gedreht. Die Biegemomente müssen vektoriell in die Richtungen der Hauptachsen zerlegt werden. Drei der sechs statisch Unbestimmten werden aus Symmetriegründen gleich Null, und zwar die beiden Querkräfte und das Torsionsmoment in Riegelmitte. Es verbleiben die Normalkraft und die beiden Biegemomente (siehe Bild 8.6-28).

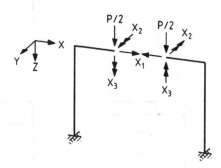

Bild 8.6-28 Grundsystem und Ansatz der X_i

Es werden nur die Schnittgrößen der linken Rahmenhälfte betrachtet. Für den Riegel gilt

$$M_\eta = M_y \cdot \cos\alpha + M_z \cdot \sin\alpha = 0{,}866 \cdot M_y + 0{,}500 \cdot M_z$$
$$M_\zeta = -M_y \cdot \sin\alpha + M_z \cdot \cos\alpha = -0{,}500 \cdot M_y + 0{,}866 \cdot M_z \,.$$

Damit erhält man für das Grundsystem die in Bild 8.6-29 dargestellten M-Flächen.

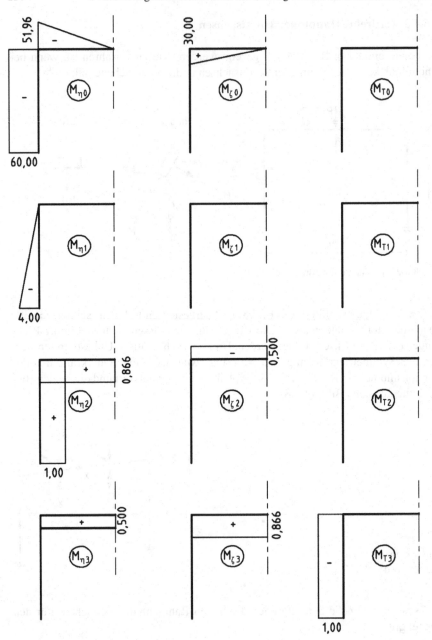

Bild 8.6-29 Momentenflächen am Grundsystem (linke Rahmenhälfte)

Es seien die Querschnittswerte

$$I_\eta = 40000\,\mathrm{cm}^4\,, \quad I_\zeta = 20000\,\mathrm{cm}^4\,, \quad I_T = 44000\,\mathrm{cm}^4$$

gegeben. Mit $E/G = 2{,}6$ und $I_c = I_\eta$ ergeben sich dann für das halbe System folgende Formänderungswerte:

$$EI_c\delta_{11} = \frac{1}{3}\cdot 4{,}00^3 = 21{,}33$$

$$EI_c\delta_{12} = -\frac{1}{2}\cdot 4{,}00^2\cdot 1{,}00 = -8{,}00$$

$$EI_c\delta_{13} = 0$$

$$EI_c\delta_{22} = 4{,}00\cdot 1{,}00^2 + 3{,}00\cdot 0{,}866^2 + \frac{40}{20}\cdot 3{,}00\cdot 0{,}500^2 = 7{,}75$$

$$EI_c\delta_{23} = 3{,}00\cdot 0{,}866\cdot 0{,}500 - \frac{40}{20}\cdot 3{,}00\cdot 0{,}500\cdot 0{,}866 = -1{,}30$$

$$EI_c\delta_{33} = 3{,}00\cdot 0{,}500^2 + \frac{40}{20}\cdot 3{,}00\cdot 0{,}866^2 + \frac{40}{44}\cdot 2{,}6\cdot 4{,}00\cdot 1{,}00^2 = 14{,}70$$

$$EI_c\delta_{10} = \frac{4{,}00}{2}\cdot 4{,}00\cdot 60{,}00 = 480{,}00$$

$$EI_c\delta_{20} = -4{,}00\cdot 1{,}00\cdot 60{,}00 - \frac{3{,}00}{2}\cdot 0{,}866\cdot 51{,}96 - \frac{40}{20}\cdot\frac{3{,}00}{2}\cdot 0{,}500\cdot 30{,}00$$

$$= -352{,}50$$

$$EI_c\delta_{30} = -\frac{3{,}00}{2}\cdot 0{,}500\cdot 51{,}96 + \frac{40}{20}\cdot\frac{3{,}00}{2}\cdot 0{,}866\cdot 30{,}00 = 38{,}97\,.$$

Gleichungssystem und Lösung:

X_1	X_2	X_3	
21,33	−8,00	0	−480,00
−8,00	7,75	−1,30	+352,50
0	−1,30	14,70	−38,97

$$X_1 = -8{,}82\,\mathrm{kN}\,, \quad X_2 = 36{,}47\,\mathrm{kNm}\,, \quad X_3 = 0{,}57\,\mathrm{kNm}\,.$$

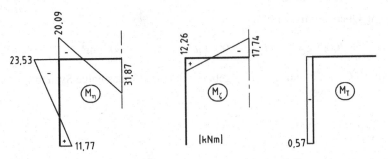

Bild 8.6-30 Endgültige Momentenflächen der linken Rahmenhälfte

Die endgültigen M-Flächen sind aus Bild 8.6-30 zu ersehen. Man erkennt, dass in den Stielen Torsion auftritt, obwohl es sich um ein ebenes System handelt, das in seiner Ebene belastet ist.

8.7 Verformungen statisch unbestimmter Systeme

8.7.1 Einzelverformungen und Reduktionssatz

Die in Abschnitt 5.5.4 hergeleiteten Formeln (5.5.20) bis (5.5.25) zur Berechnung von Einzelverformungen δ_m gelten in gleicher Weise für statisch bestimmte und unbestimmte Systeme. Der Unterschied besteht darin, dass sich die Zustandsgrößen M, Q, N etc. sowie die Federschnittgrößen F_f und M_f beim statisch unbestimmten System gemäß (8.1.4) aus einem statisch bestimmten Anteil und dem Einfluss der statisch Überzähligen zusammensetzen:

$$Z = Z_0 + \sum_k X_k Z_k \, . \tag{8.7.1}$$

In Gleichung (8.1.5) wurde dies für Formänderungsproben bereits berücksichtigt. Nach dem Arbeitssatz werden Einzelverformungen durch Integration über Produkte je zweier Schnittkraftflächen berechnet. Die Zustandslinien Z des Systems unter der gegebenen Beanspruchung werden dabei mit den Schnittgrößenflächen $\overline{Z}$ infolge der zur gesuchten Verformung korrespondierenden virtuellen Einheitslast überlagert. Der sogenannte Reduktionssatz besagt, dass sich bei einem statisch unbestimmten System jeweils immer nur eine der beiden Zustandsflächen auf dieses System zu beziehen braucht, während für die andere ein beliebiges, kinematisch unverschiebliches Grundsystem herangezogen werden darf, das aus dem statisch unbestimmten System durch Reduktion hervorgegangen ist. Zweckmäßig wird für den virtuellen Lastfall ein statisch bestimmtes Grundsystem gewählt.

Unter Reduktion ist hier die Wegnahme von Bindungen oder das Einfügen von Mechanismen zu verstehen. Es dürfen keine zusätzlichen Bindungen hergestellt werden. Die Ausgangssteifigkeiten gelten auch für das reduzierte System.

Der Reduktionssatz soll an einem zweifach statisch unbestimmten System anhand von (5.5.23) bewiesen werden:

$$\delta_m = \int \frac{\overline{M} \cdot M}{EI}\, dx = \int \frac{(\overline{M}_0 + \overline{X}_1 \cdot M_1 + \overline{X}_2 \cdot M_2) \cdot M}{EI}\, dx$$

$$= \int \frac{\overline{M}_0 \cdot M}{EI}\, dx + \overline{X}_1 \cdot \int \frac{M_1 \cdot M}{EI}\, dx + \overline{X}_2 \cdot \int \frac{M_2 \cdot M}{EI}\, dx\ .$$

Die beiden letzten Integrale verschwinden, da an den Angriffsstellen der statisch Unbestimmten keine gegenseitigen Verformungen der Schnittufer möglich sind. Damit gilt nach dem Reduktionssatz

$$\delta_m = \int \frac{\overline{M}M}{EI}\, dx = \int \frac{\overline{M}_0 M}{EI}\, dx\ . \tag{8.7.2}$$

Wäre bei obigem Beweis nicht $\overline{M}$, sondern M in seine Anteile zerlegt worden, hätte man

$$\delta_m = \int \frac{\overline{M}M}{EI}\, dx = \int \frac{\overline{M}M_0}{EI}\, dx \tag{8.7.3}$$

erhalten. In (8.7.2) und (8.7.3) bedeuten

$\overline{M}, M$ die virtuellen bzw. wirklichen Momente am gegebenen, statisch unbestimmten System

$\overline{M}_0, M_0$ die virtuellen bzw. wirklichen Momente am reduzierten, zweckmäßig statisch bestimmt gewählten Grundsystem.

Natürlich gelten (8.7.2) und (8.7.3) sinngemäß auch für alle anderen Zustandsgrößen, so dass in (5.5.20) bis (5.5.25) entweder die wirklichen oder die virtuellen Zustandsgrößen von einem beliebigen reduzierten Grundsystem stammen dürfen.

Die Anwendung des Reduktionssatzes wird an einem Beispiel (siehe Bild 8.7-1) gezeigt.

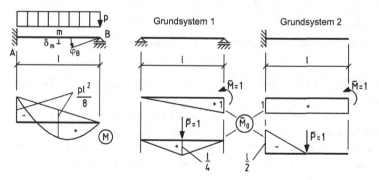

Bild 8.7-1 Beispiel zur Anwendung des Reduktionssatzes

Grundsystem 1:

$$EI\varphi_B = \frac{\ell}{6}\left(-\frac{p\ell^2}{8}\right)\cdot 1 + \frac{\ell}{3}\cdot\frac{p\ell^2}{8}\cdot 1 = \frac{p\ell^3}{48}$$

$$EI\delta_m = \frac{\ell}{4}\left(-\frac{p\ell^2}{8}\right)\cdot\frac{\ell}{4} + \frac{5\ell}{12}\cdot\frac{p\ell^2}{8}\cdot\frac{\ell}{4} = \frac{p\ell^4}{192}\ .$$

Grundsystem 2:

$$EI\varphi_B = \frac{\ell}{2}\left(-\frac{p\ell^2}{8}\right)\cdot 1 + \frac{2\ell}{3}\cdot\frac{p\ell^2}{8}\cdot 1 = \frac{p\ell^3}{48}$$

$$EI\delta_m = \frac{1}{6}\cdot\frac{\ell}{2}\left(-2\cdot\frac{p\ell^2}{8} - \frac{p\ell^2}{16}\right)\cdot\left(-\frac{\ell}{2}\right) + \frac{1}{4}\cdot\frac{\ell}{2}\cdot\frac{p\ell^2}{8}\cdot\left(-\frac{\ell}{2}\right) = \frac{p\ell^4}{192}\ .$$

8.7.2 Formänderungsproben

In Abschnitt 8.1 wurde die Notwendigkeit von Verformungskontrollen begründet und mit (8.1.5) die Formel für den Fall angegeben, dass die Formänderungsproben mit Hilfe von Einheitszuständen $X_i = 1$ durchgeführt werden sollen. In den Abschnitten 8.2, 8.5.1, 8.6.1.4, 8.6.3.2 und 9.5 finden sich Beispiele für die Durchführung von Formänderungsproben. Wenn es bei hochgradig unbestimmten Systemen zu aufwendig ist, entsprechend dem Grad der statischen Unbestimmtheit alle n unabhängigen Formänderungsproben durchzuführen, sollte wenigstens so geprobt werden, dass dabei alle Stäbe des Systems erfasst werden.

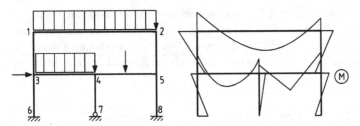

Bild 8.7-2 8fach statisch unbestimmter Rahmen mit Belastung und M-Fläche

Ein Beispiel hierzu wird in Bild 8.7-2 für einen 8fach statisch unbestimmten Rahmen gezeigt.

Wenn die in Bild 8.7-3 dargestellten vier Formänderungsproben aufgehen, dürfte M mit großer Wahrscheinlichkeit richtig sein. Es wäre allerdings denkbar, dass verschiedene Fehler sich bei den Proben gegenseitig aufheben. Bei den vier virtuellen Einheitszuständen wurde in unterschiedlicher Weise vom Reduktionssatz Gebrauch gemacht.

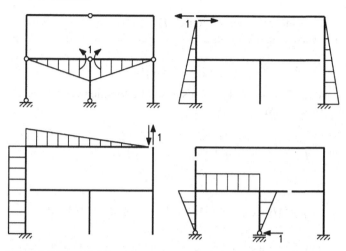

Bild 8.7-3 Virtuelle Einheitszustände für Formänderungsproben

8.7.3 Biegelinien

Die in Kapitel 6 beschriebenen Verfahren zur Ermittlung von Biegelinien gelten unabhängig vom Grad der statischen Unbestimmtheit. Deshalb erübrigen sich besondere Ausführungen in Bezug auf statisch unbestimmte Tragwerke. Vor Anwendung des Verfahrens der ω-Zahlen nach (6.3.2) sind natürlich die Biegemomente M des wirklichen Systems zu ermitteln. Dies kann mit Hilfe von Tabellenwerken, dem Kraftgrößenverfahren oder einer beliebigen anderen Berechnungsmethode geschehen.

8.8 Einflusslinien

8.8.1 Einflusslinien für Kraftgrößen

In Abschnitt 7.3.1 wurde hergeleitet, dass die Einflusslinie für eine Kraftgröße S_r infolge einer Wanderlast $P_m = 1$ identisch ist mit der Biegelinie $w(x)$ des Lastgurtes, die durch eine zu S_r komplementäre, aufgezwungene Weggröße $\delta_r = -1$ hervorgerufen wird. Dies gilt unabhängig vom Grad der statischen Unbestimmtheit. Während aber durch δ_r in statisch bestimmten Tragwerken keine Schnittgrößen entstehen, so dass „S_r" abschnittsweise geradlinig verläuft, setzt ein statisch unbestimmtes System der Zwangsverformung Widerstand entgegen, der mit Biegeverformungen, d. h. mit Verkrümmungen des Lastgurts, verbunden ist. Deshalb muss hier der Nachweis nachgeholt werden, dass das Integral $\int M\overline{\kappa} \cdot dx$ in (7.3.1) verschwindet.

Dieses Integral stellt die innere Arbeit der durch $P_m = 1$ verursachten Momente M bei der virtuellen Verformung $\overline{\kappa}$ infolge $\delta_r = -1$ dar. Nach (8.1.4) kann $\overline{\kappa}$ in der Form

$$\overline{\kappa} = \overline{\kappa}_0 + \overline{X}_1 \kappa_1 + \overline{X}_2 \kappa_2 + \ldots + \overline{X}_n \kappa_n$$

geschrieben werden, wobei $\overline{\kappa}_0 = 0$ ist, da δ_r im statisch bestimmten Grundsystem keine Krümmungen verursacht. Mit

$$\kappa_1 = \frac{M_1}{EI}, \qquad \kappa_2 = \frac{M_2}{EI}, \qquad \ldots \quad \kappa_n = \frac{M_n}{EI}$$

erhält man

$$EI \int M\overline{\kappa} \cdot \mathrm{d}x = \overline{X}_1 \int MM_1 \, \mathrm{d}x + \overline{X}_2 \int MM_2 \, \mathrm{d}x + \ldots + \overline{X}_n \int MM_n \, \mathrm{d}x \, .$$

Sämtliche Integrale auf der rechten Seite dieser Gleichung verschwinden, da sie Formänderungsbedingungen darstellen. Somit ist der ausstehende Beweis erbracht:

$$\int M\overline{\kappa} \cdot \mathrm{d}x = 0 \, .$$

Im Folgenden werden drei Methoden zur Ermittlung von Einflusslinien für Kraftgrößen statisch unbestimmter Systeme behandelt. Ein weiteres Verfahren, das auf der Drehwinkelmethode basiert, wird in Abschnitt 9.6.1.1 beschrieben.

8.8.1.1 Benutzung eines statisch bestimmten Grundsystems

Am statisch bestimmten Grundsystem lässt sich die der gesuchten Einflussgröße entsprechende Einheitsverformung zwanglos vornehmen. Dabei treten Formänderungswerte δ_{i0} auf, die aus geometrischen Beziehungen bestimmbar sind. Nach Ermittlung der X_i durch Lösung des Gleichungssystems ist die Biegelinie zu berechnen, die sich aus einem kinematischen und einem durch Schnittgrößen bedingten Anteil zusammensetzt und identisch ist mit der gesuchten Einflusslinie.

In Bild 8.8-1 wird das Verfahren am Beispiel eines Zweifeldträgers auf die Ermittlung eines Feldmoments angewandt. Dabei ist w_{m0} der kinematische Anteil der Biegelinie und $X_1 \cdot w_{m1}$ die Biegelinie infolge X_1.

Soll das Stützmoment bestimmt werden, so ist $x_r = \ell$ zu setzen, und es ergibt sich

$$X_1 = -\frac{3}{2} \cdot \frac{EI}{\ell} \, .$$

Der kinematische Anteil w_{m0} entfällt dann. Es gilt somit

$$\text{„}M_B\text{“} = X_1 \cdot w_{m1} \, .$$

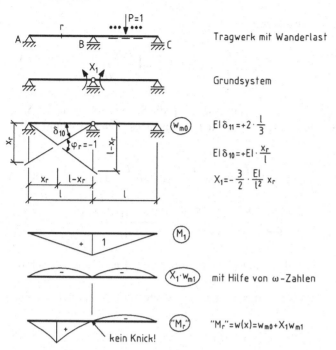

Bild 8.8-1 Ermittlung der Einflusslinie für ein Feldmoment

8.8.1.2 Benutzung eines (n−1)fach statisch unbestimmten Systems

Beim $(n-1)$-Verfahren wird die Einheitsverformung dem System nicht direkt, sondern indirekt aufgezwungen.

Zunächst wird im Aufpunkt r ein zur gesuchten Schnittgröße komplementärer Mechanismus angeordnet. Dadurch entsteht ein $(n-1)$-fach statisch unbestimmtes „modifiziertes" System.

An dem eingefügten Mechanismus wird die Lastgröße $S_r = 1$ angebracht, so dass sich dort die Verformung δ_{rr} einstellt, die natürlich von der zu erzwingenden negativen Einheitverformung abweicht. Die Verformungen infolge $S_r = 1$ sind deshalb mit einem Verzerrungsfaktor f_v zu multiplizieren, damit die Biegelinie das Lastgurtes gleich der gesuchten Einflusslinie „S_r" ist. Aus der Bedingung

$$f_v \cdot \delta_{rr} = -1 \qquad (8.8.1)$$

folgt

$$f_v = -1/\delta_{rr} . \qquad (8.8.2)$$

In der x-z-Ebene ergibt sich aus (8.1.3)

$$EI_c\delta_{rr} = \int N_{(n-1)}^2 \frac{I_c}{A} \cdot dx + \int M_{(n-1)}^2 \frac{I_c}{I} \cdot dx + EI_c \sum_f \left(\frac{F_{f,(n-1)}^2}{c_{Nf}} + \frac{M_{f,(n-1)}^2}{c_{Mf}} \right).$$
(8.8.3)

Darin sind $N_{(n-1)}$, $M_{(n-1)}$, $F_{f,(n-1)}$ und $M_{f,(n-1)}$ die Schnittgrößen infolge $S_r = 1$ am modifizierten System. Aufgrund des Reduktionssatzes (siehe Abschnitt 8.7.1) gilt dann auch

$$EI_c\delta_{rr} = \int N_{(n-1)} N_0 \frac{I_c}{A} \cdot dx + \int M_{(n-1)} M_0 \frac{I_c}{I} \cdot dx \qquad (8.8.4)$$

$$+ EI_c \sum_f \left(\frac{F_{f,(n-1)} \cdot F_{f0}}{c_{Nf}} + \frac{M_{f,(n-1)} \cdot M_{f0}}{c_{Mf}} \right)$$

mit N_0, M_0, F_{f0} und M_{f0} als Schnittgrößen infolge $S_r = 1$ an einem statisch bestimmten Grundsystem.

Wird die Biegelinie des Lastgurtes infolge $M_{(n-1)}$ etc. mit δ_{mr} bezeichnet, dann ergibt sich „S_r" aus

$$\text{„}S_r\text{"} = f_v \cdot \delta_{mr} = -\frac{\delta_{mr}}{\delta_{rr}} . \qquad (8.8.5)$$

Das allgemeine Vorgehen beim $(n-1)$-Verfahren lässt sich wie folgt zusammenfassen:

- Im Aufpunkt r den zur gesuchten Größe S_r komplementären Mechanismus einbauen und die entsprechende Lastgröße $S_r = 1$ ansetzen, d. h.

- Schnittgrößen $M_{(n-1)}$ etc. des modifizierten Systems infolge $S_r = 1$ mit Hilfe des Kraftgrößenverfahrens berechnen.
- δ_{rr} nach (8.8.3) oder (8.8.4) ermitteln.
- Biegelinie δ_{mr} des Lastgurts des modifizierten Systems infolge $M_{(n-1)}$ etc. berechnen und entsprechend (8.8.5) verzerren, damit sich „S_r" ergibt. Stattdessen kann „S_r" auch direkt als Biegelinie infolge der mit f_v multiplizierten Schnittgrößen $M_{(n-1)}$ etc. ermittelt werden.

Im Folgenden wird das Verfahren auf das in Bild 8.8-2 dargestellte Beispiel angewendet. Zu bestimmen ist „M_r".

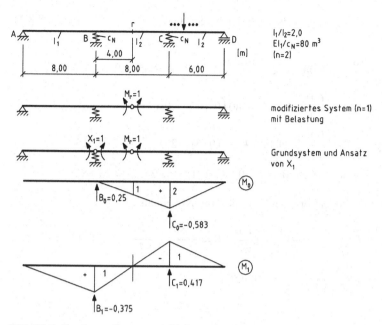

Bild 8.8-2 Gegebenes System, modifiziertes System und Grundsystem mit statisch bestimmten M-Flächen

$$EI_1\delta_{10} = 2,0\cdot\frac{8,00}{6}\cdot 2\cdot(-1) - 2,0\cdot\frac{6,00}{3}\cdot 2\cdot 1$$
$$+80(-0,25\cdot 0,375 - 0,583\cdot 0,417) = -40,28$$

$$EI_1\delta_{11} = \frac{8,00}{3}\cdot 1^2 + 2,0\cdot\frac{8,00}{3}\left(1^2 - 1\cdot 1 + 1^2\right) + 2,0\cdot\frac{6,00}{3}\cdot 1^2$$
$$+80\left(0,375^2 + 0,417^2\right) = 37,14$$

$$X_1 = +40,28/37,14 = +1,085\ .$$

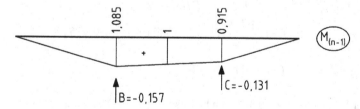

Bild 8.8-3 Momentenfläche des modifizierten Systems infolge $M_r = 1$

Die in Bild 8.8-3 dargestellte Momentenfläche $M_{(n-1)}$ ergibt sich analog zu (8.1.4) aus

$$M_{(n-1)} = M_0 + X_1\cdot M_1\ .$$

δ_{rr} wird zur Kontrolle nach jeder der beiden Gleichungen (8.8.3) und (8.8.4) berechnet:

$$EI_1\delta_{rr} = \frac{8{,}00}{3} \cdot 1{,}085^2 + 2{,}0 \cdot \frac{8{,}00}{3} \left(1{,}085^2 + 1{,}085 \cdot 0{,}915 + 0{,}915^2\right)$$

$$+ 2{,}0 \cdot \frac{6{,}00}{3} \cdot 0{,}915^2 + 80 \left(0{,}157^2 + 0{,}131^2\right) = 25{,}88$$

$$EI_1\delta_{rr} = 2{,}0 \cdot \frac{8{,}00}{6} \cdot 2 \cdot (1{,}085 + 2 \cdot 0{,}915) + 2{,}0 \cdot \frac{6{,}00}{3} \cdot 2 \cdot 0{,}915$$

$$+ 80(-0{,}25 \cdot 0{,}157 + 0{,}583 \cdot 0{,}131) = 25{,}86 \approx 25{,}88 \, .$$

An den beiden Federn ergeben sich die Einflussordinaten

$$w_B = f_v \cdot \frac{B}{c_N} = -\frac{1}{EI_1\delta_{rr}} \cdot \frac{EI_1}{c_N} \cdot B = -\frac{80(-0{,}157)}{25{,}87} = +0{,}485 \, ,$$

$$w_C = -\frac{80(-0{,}131)}{25{,}87} = +0{,}406 \, .$$

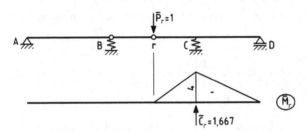

Bild 8.8-4 Virtueller Lastansatz im Aufpunkt des Grundsystems

Die Einflussordinate w_r am eingefügten Gelenk kann aufgrund des Reduktionssatzes mittels $\overline{P}_r = 1$ am Grundsystem (siehe Bild 8.8-4) bestimmt werden:

$$w_r = -\frac{1}{EI_1\delta_{rr}} \int M_{(n-1)} \overline{M}_r \frac{I_1}{I} \cdot dx - \frac{1}{EI_1\delta_{rr}} \cdot \frac{EI_1}{c_N} \cdot C \cdot \overline{C}_r$$

$$= -\frac{1}{25{,}87} \cdot 2{,}0 \cdot (-4) \left[\frac{4{,}00}{6}(1 + 2 \cdot 0{,}915) + \frac{6{,}00}{3} \cdot 0{,}915\right]$$

$$- \frac{80}{25{,}87} \cdot 1{,}667 \cdot (-0{,}131) = 1{,}827 \, .$$

Der Verlauf der Einflusslinie zwischen den bereits bekannten Ordinaten wird mit Hilfe der ω-Zahlen ermittelt:

Feld 1:

$$w(x) = -\frac{1}{25{,}87} \cdot 1{,}085 \cdot \frac{8{,}00^2}{6} \cdot \omega_D + 0{,}485\xi = -0{,}447 \cdot \omega_D + 0{,}485\xi \, .$$

Feld 2:

$$w_4 = \frac{0,485 + 1,827}{2} - \frac{2,0}{25,87} \cdot \frac{4,00^2}{6} \cdot (1,085 + 1) \cdot 0,3750 = 0,995$$

$$w_5 = \frac{1,827 + 0,406}{2} - \frac{2,0}{25,87} \cdot \frac{4,00^2}{6} \cdot (1 + 0,915) \cdot 0,3750 = 0,969 \,.$$

Feld 3:

$$w(x) = -\frac{1}{25,87} \cdot 2,0 \cdot 0,915 \cdot \frac{6,00^2}{6} \cdot \omega_D' + 0,406\xi' = -0,424 \cdot \omega_D' + 0,406\xi' \,.$$

Auswertung der Gleichungen:

ξ	ξ'	ω_D	ω_D'	w(x)	
				Stab A-B	Stab C-D
0	1	0	0	0	0,406
0,25	0,75	0,2344	0,3281	0,016	0,165
0,5	0,5	0,3750	0,3750	0,075	0,044
0,75	0,25	0,3281	0,2344	0,217	0,002
1	0	0	0	0,485	0

Der Verlauf der Einflusslinie ist in Bild 8.8-5 dargestellt.

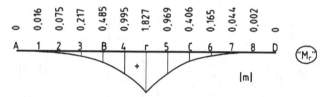

Bild 8.8-5 Einflusslinie „M_r"

8.8.1.3 Verwendung der Einflusslinien der statisch Unbestimmten

Wenn an einem n-fach statisch unbestimmten System mehr als n Einflusslinien zu ermitteln sind, kann es vorteilhaft sein, zunächst die Einflusslinien der statisch Unbestimmten X_i zu berechnen und aus diesen dann sämtliche anderen Einflusslinien durch Superposition abzuleiten.

Aus (8.1.4) ergibt sich für die Zustandsgröße Z_r an der Stelle r eines n-fach statisch unbestimmten Systems

$$Z_r = Z_{r0} + \sum_{k=1}^{n} X_k \cdot Z_{rk} \, . \tag{8.8.6}$$

Darin geben Z_{r0} und Z_{rk} die Größe von Z_r im statisch bestimmten Grundsystem infolge der äußeren Lasten bzw. infolge von $X_k = 1$ an.

Wirkt auf das System die Wanderlast $P_m = 1$ ein, so treten in (8.8.6) an die Stelle der lastabhängigen Größen Z_r, Z_{r0} und X_k die entsprechenden Einflusslinien. Die lastunabhängigen Werte Z_{rk} bleiben unverändert. Somit erhält man

$$„Z_r“ = „Z_{r0}“ + \sum_{k=1}^{n} „X_k“ \cdot Z_{rk} \, . \tag{8.8.7}$$

Demnach stetzt sich „Z_r" aus $(n+1)$ Einflusslinien zusammen.

„Z_{r0}" kann analytisch oder kinematisch nach Abschnitt 7.3.2 oder 7.3.3 bestimmt werden. Die Ermittlung der Einflusslinien „X_k" wird im Folgenden gezeigt. Für ein n-fach statisch unbestimmtes System, auf das die Wanderlast $P_m = 1$ einwirkt, ergibt sich aus (8.1.1)

$$\delta_{im} + \sum_{k=1}^{n} „X_k“ \delta_{ik} = 0 \, . \tag{8.8.8}$$

Darin ist $\delta_{im} = \delta_{mi}$ die Biegelinie des Lastgurts infolge $X_i = 1$. Damit lautet (8.3.3)

$$„X“ = \beta \cdot \delta_m \tag{8.8.9}$$

oder in ausgeschriebener Form

$$
\begin{bmatrix} „X_1“ \\ „X_2“ \\ \vdots \\ „X_i“ \\ \vdots \\ „X_n“ \end{bmatrix}
=
\begin{bmatrix}
\beta_{11} & \beta_{12} & \cdots & \beta_{1i} & \cdots & \beta_{1n} \\
\beta_{21} & \beta_{22} & \cdots & \beta_{2i} & \cdots & \beta_{2n} \\
\vdots & \vdots & \vdots & \vdots & \vdots & \vdots \\
\beta_{i1} & \beta_{i2} & \cdots & \beta_{ii} & \cdots & \beta_{in} \\
\vdots & \vdots & \vdots & \vdots & \vdots & \vdots \\
\beta_{n1} & \beta_{n2} & \cdots & \beta_{ni} & \cdots & \beta_{nn}
\end{bmatrix}
\cdot
\begin{bmatrix} \delta_{m1} \\ \delta_{m2} \\ \vdots \\ \delta_{mi} \\ \vdots \\ \delta_{mn} \end{bmatrix} \, . \tag{8.8.10}
$$

Jede Einflusslinie „X_i" stellt somit die Summe von n mit β_{ik} gewichteten Biegelinien δ_{mk} dar.

Abschließend sei für dieses Verfahren das allgemeine Vorgehen bei der Ermittlung einer Kraftgrößen-Einflusslinie „Z_r" zusammengefasst:

- Grundsystem wählen
- „Z_{r0}" ermitteln
- $X_i = 1$ ansetzen und M_i berechnen für $i = 1 \ldots n$
- Formänderungswerte δ_{ik} berechnen
- δ-Matrix invertieren, um die β-Zahlen zu erhalten

- sämtliche n Biegelinien δ_{mi} des Grundsystems ermitteln und nach (8.8.10) überlagern, so dass sich die „X_i" ergeben
- „Z_r" durch Superposition von „Z_{r0}" und den Z_{rk}-fachen „X_k" gemäß (8.8.7) berechnen.

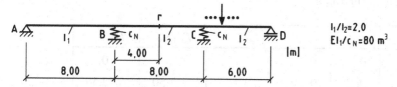

Bild 8.8-6 Durchlaufträger mit Federn und Aufpunkt r

Obwohl diese Methode, wenn nur eine Einflusslinie benötigt wird, wesentlich umständlicher ist als das in Abschnitt 8.8.1.2 beschriebene $(n-1)$-Verfahren, soll sie hier auf das in Bild 8.8-6 dargestellte Beispiel angewandt werden, das schon früher behandelt wurde (siehe Bild 8.8-2). Gesucht wird die Einflusslinie „M_r".

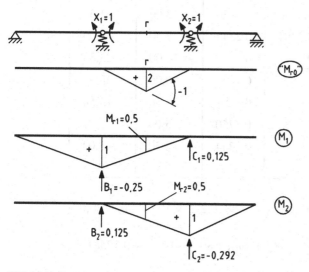

Bild 8.8-7 Grundsystem mit Einflusslinie „M_{r0}" und M_i-Flächen

Formänderungswerte:

$$EI_1\delta_{11} = \frac{8,00}{3}\cdot 1^2 + 2,0\cdot\frac{8,00}{3}\cdot 1^2 + 80\left(0,25^2+0,125^2\right) = 14,250$$

$$EI_1\delta_{12} = 2,0\cdot\frac{8,00}{6}\cdot 1^2 + 80\left(-0,25\cdot 0,125 - 0,125\cdot 0,292\right) = -2,753$$

$$EI_1\delta_{22} = 2,0\cdot\frac{1}{3}(8,00+6,00)\cdot 1^2 + 80\left(0,125^2+0,292^2\right) = 17,405\ .$$

δ- und β-Matrix:

$$EI_1\delta = \begin{bmatrix} 14,250 & -2,753 \\ -2,753 & 17,405 \end{bmatrix} \qquad \beta = EI_1 \begin{bmatrix} -0,0724 & -0,0114 \\ -0,0114 & -0,0593 \end{bmatrix}$$

Biegelinien δ_{m1} und δ_{m2}:

Feld	ξ	ω_D	ω'_D	$EI_1\delta_{m1}$	$EI_1\delta_{m2}$
1	0	0		0	0
	0,25	0,2344		-2,50	2,50
	0,5	0,3750		-6,00	5,00
	0,75	0,3281		-11,50	7,50
	1	0		-20,00	10,00
2	0	0	0	-20,00	10,00
	0,25	0,2344	0,3281	-5,50	6,67
	0,5	0,3750	0,3750	3,00	1,33
	0,75	0,3281	0,2344	7,50	-8,00
	1	0	0	10,00	-23,33
3	0		0	10,00	-23,33
	0,25		0,3281	7,50	-13,56
	0,5		0,3750	5,00	-7,17
	0,75		0,2344	2,50	-3,02
	1		0	0	0

Feld 1:　$EI_1\delta_{m1} = \dfrac{1}{6}\cdot 1\cdot 8,00^2\cdot\omega_D - 80\cdot 0,25\xi = 10,67\cdot\omega_D - 20,00\xi$

Feld 2:　$EI_1\delta_{m1} = 2,0\cdot\dfrac{1}{6}\cdot 1\cdot 8,00^2\cdot\omega'_D + 80\cdot\left(-0,25\xi' + 0,125\xi\right)$

$$= 21,33\cdot\omega'_D - 20,00 + 30,00\xi$$

Feld 3:　$EI_1\delta_{m1} = 80\cdot 0,125\cdot\xi' = 10,00 - 10,00\xi$

Feld 1:　$EI_1\delta_{m2} = 80\cdot 0,125\cdot\xi = 10,00\xi$

Feld 2:　$EI_1\delta_{m2} = 2,0\cdot\dfrac{1}{6}\cdot 8,00^2\cdot\omega_D + 80\cdot\left(0,125\xi' - 0,292\xi\right)$

$$= 21,33\cdot\omega_D + 10,00 - 33,33\xi$$

Feld 3:　$EI_1\delta_{m2} = 2,0\cdot\dfrac{1}{6}\cdot 6,00^2\cdot\omega'_D - 80\cdot 0,292\xi' = 12,00\cdot\omega'_D - 23,33 + 23,33\xi.$

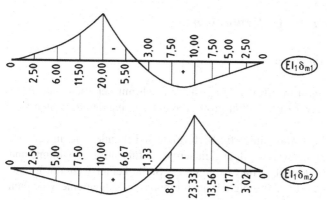

Bild 8.8-8 Biegelinien δ_{m1} und δ_{m2} am Grundsystem

Feld	ξ	„X_1"	„X_2"	„M_{r0}"	„M_r"
1	0	0	0		0
	0,25	$+0,1525$	$-0,1198$		0,016
	0,5	$+0,3774$	$-0,2281$		0,075
	0,75	$+0,7471$	$-0,3137$		0,217
	1	$+1,3340$	$-0,3650$		0,485
2	0	$+1,3340$	$-0,3650$	0	0,485
	0,25	$+0,3222$	$-0,3328$	1	0,995
	0,5	$-0,2324$	$-0,1132$	2	1,827
	0,75	$-0,4518$	$+0,3889$	1	0,969
	1	$-0,4580$	$+1,2696$	0	0,406
3	0	$-0,4580$	$+1,2696$		0,406
	0,25	$-0,3884$	$+0,7186$		0,165
	0,5	$-0,2803$	$+0,3682$		0,044
	0,75	$-0,1466$	$+0,1506$		0,002
	1	0	0		0

In der vorstehenden Tabelle gilt

$$„X_1" = \beta_{11} \cdot \delta_{m1} + \beta_{12} \cdot \delta_{m2} = -0,0724 \cdot EI_1\delta_{m1} - 0,0114 \cdot EI_1\delta_{m2}$$
$$„X_2" = \beta_{21} \cdot \delta_{m1} + \beta_{22} \cdot \delta_{m2} = -0,0114 \cdot EI_1\delta_{m1} - 0,0593 \cdot EI_1\delta_{m2}$$
$$„M_r" = „M_{r0}" + „X_1" \cdot M_{r1} + „X_2" \cdot M_{r2} = „M_{r0}" + 0,5 \cdot „X_1" + 0,5 \cdot „X_2" \,.$$

Das Ergebnis entspricht der in Bild 8.8-5 wiedergegebenen Einflusslinie „M_r".

8.8.2 Einflusslinien für Verformungen

8.8.2.1 Allgemeines Vorgehen

Die Einflusslinie für eine Einzelverformung ist identisch mit der Biegelinie $w(x)$ des Lastgurtes infolge einer Einheitskraftgröße, die in Richtung der gesuchten Verformung wirkt.

Abschnitt 7.4, der die Einflusslinien für Verformungen behandelt und in dem der vorstehende Satz hergeleitet wurde, gilt in gleicher Weise für statisch bestimmte und unbestimmte Systeme. Deshalb bedarf es an dieser Stelle keiner weiteren grundsätzlichen Ausführungen. Es soll lediglich noch einmal das allgemeine Vorgehen skizziert werden:

- Das vorgegebene System am Ort und in Richtung der gesuchten Verschiebung (Verdrehung) mit $P = 1$ ($M = 1$) belasten, bei gegenseitigen Verformungen mit dem entsprechenden Kraftgrößenpaar.
- Die zugehörigen Schnittgrößen berechnen, bei einem statisch unbestimmten System z. B. mit Hilfe des Kraftgrößenverfahrens.
- Die Biegelinie des Lastgurts, d. h. dessen Verschiebungen in Richtung der Wanderlast, ermitteln. Dies geschieht bei $I = $ const. für die Ersatzträger mit Hilfe der ω-Zahlen, für die Endpunkte der Ersatzträger bei Bedarf durch Ansatz entsprechender virtueller Kräfte $\overline{P} = 1$. Die berechnete Biegelinie ist identisch mit der gesuchten Einflusslinie.

8.8.2.2 Beispiel: Einflusslinie für eine Knotenverdrehung

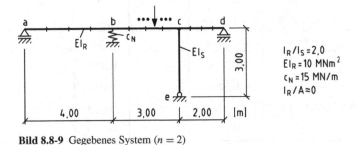

Bild 8.8-9 Gegebenes System ($n = 2$)

Für das in Bild 8.8-9 dargestellte System soll die Einflusslinie „φ_c" ermittelt werden. Die Last wandert über den Riegel. Es sind die Ordinaten der Einflusslinie in den Viertelspunkten gesucht. Die Berechnung wird im Folgenden vollständig wiedergegeben.

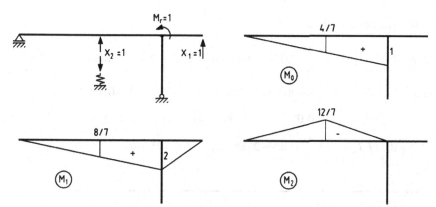

Bild 8.8-10 Grundsystem mit M-Flächen

Formänderungswerte:

$$EI_R\delta_{10} = \frac{1}{3}\cdot 1\cdot 2\cdot 7{,}00 = 4{,}67$$

$$EI_R\delta_{20} = -\frac{1}{3}\cdot\frac{12}{7}\cdot\frac{4}{7}\cdot 4{,}00 - \frac{1}{6}\cdot\frac{12}{7}\cdot\left(2\cdot\frac{4}{7}+1\right)\cdot 3{,}00 = -3{,}14$$

$$EI_R\delta_{11} = \frac{1}{3}\cdot 2^2\cdot 7{,}00 + \frac{1}{3}\cdot 2^2\cdot 2{,}00 = 12{,}00$$

$$EI_R\delta_{12} = -\frac{1}{3}\cdot\frac{8}{7}\cdot\frac{12}{7}\cdot 4{,}00 - \frac{1}{6}\cdot\frac{12}{7}\cdot\left(2\cdot\frac{8}{7}+2\right)\cdot 3{,}00 = -6{,}29$$

$$EI_R\delta_{22} = \frac{1}{3}\cdot\left(\frac{12}{7}\right)^2\cdot 7{,}00 + \frac{10}{15}\cdot 1^2 = 7{,}52\ .$$

Gleichungssystem und Lösung:

X_1	X_2	
12,00	−6,29	−4,67
−6,29	7,52	3,14

$X_1 = -0{,}303$
$X_2 = 0{,}164$.

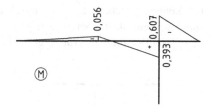

Bild 8.8-11 Endgültige
M-Fläche infolge $M_r = 1$

Einzelverschiebung am Punkt b:

$$EI_R w_b = EI_R\cdot X_2/c_N = 10\cdot 0{,}164/15 = 0{,}109\ .$$

Gleichungen der Biegelinie:

- Stab a-b: $EI_R w = -\dfrac{1}{6} \cdot 0{,}056 \cdot 4{,}00^2 \cdot \omega_D + 0{,}109 \cdot \xi = -0{,}149 \cdot \omega_D + 0{,}109\xi$

- Stab b-c: $EI_R w = \dfrac{1}{6} \cdot 3{,}00^2 \cdot \left(-0{,}056 \cdot \omega_D' + 0{,}393 \cdot \omega_D\right) + 0{,}109\xi'$

  $= -0{,}084 \cdot \omega_D' + 0{,}590 \cdot \omega_D + 0{,}109 \cdot (1 - \xi)$

- Stab c-d: $EI_R w = -\dfrac{1}{6} \cdot 0{,}607 \cdot 2{,}00^2 \cdot \omega_D' = -0{,}405 \cdot \omega_D'$.

| | | | | $EI_R w(x)$ | |
ξ	ω_D	ω_D'	Stab a-b	Stab b-c	Stab c-d
0	0	0	0	0,109	0
0,25	0,2344	0,3281	−0,008	0,193	−0,133
0,5	0,3750	0,3750	−0,001	0,244	−0,152
0,75	0,3281	0,2344	0,033	0,201	−0,095
1	0	0	0,109	0	0

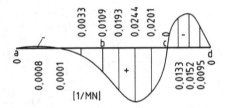

Bild 8.8-12 Einflusslinie „φ_c"

8.9 Das Kraftgrößenverfahren am statisch unbestimmten Grundsystem

Oft können gegebene Systeme durch Reduzierung auf eine Regelform zurückgeführt werden, für die bereits fertige Lösungen bekannt sind, z. B. aus Tabellenwerken. Zwei Beispiele hierfür zeigt Bild 8.9-1.

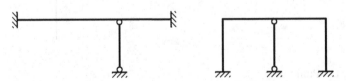

Bild 8.9-1 Auf Regelformen reduzierbare Systeme

In beiden Fällen könnte die Kraft der Pendelstütze als einzige statisch Unbestimmte am statisch unbestimmten Grundsystem angesetzt werden.

Für den dargestellten dreistieligen Rahmen ($n = 4$) wird dies im Folgenden unter Verwendung von Tafel 6 gezeigt (siehe Bild 8.9-2).

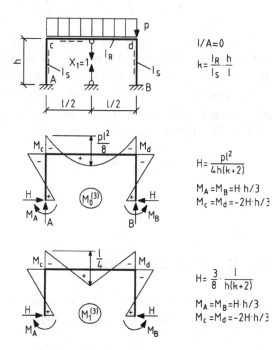

p
c
d
h
$X_1=1$
I_R
I_s
I_s
A
B
l/2
l/2
I/A≈0
$k=\frac{I_R}{I_s}\cdot\frac{h}{l}$
$\frac{pl^2}{8}$
M_c
M_d
$H=\frac{pl^2}{4h(k+2)}$
H
H
$M_0^{(3)}$
$M_A=M_B=H\cdot h/3$
$M_c=M_d=-2H\cdot h/3$
M_A
A
B
M_B
$\frac{l}{4}$
M_c
M_d
$H=\frac{3}{8}\cdot\frac{l}{h(k+2)}$
H
H
$M_1^{(3)}$
$M_A=M_B=H\cdot h/3$
$M_c=M_d=-2H\cdot h/3$
M_A
M_B

Bild 8.9-2 Dreifach statisch unbestimmtes Grundsystem mit zugehörigen M-Flächen

In Bild 8.9-2 wurde bei den Momentenflächen durch einen eingeklammerten Kopfindex für das zugehörige Grundsystem der Grad der statischen Unbestimmtheit angegeben.

Nach dem Reduktionssatz darf bei der Ermittlung der Formänderungswerte eine der beiden zu überlagernden Zustandsflächen jeweils von einem reduzierten System stammen, d. h. es dürfte z. B. $M_1^{(0)}$ nach Bild 8.9-3 verwendet werden.

$X_1=1$
l
$\frac{l}{4}$
$M_1^{(0)}$

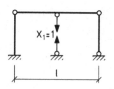

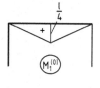

Bild 8.9-3 Statisch bestimmtes Grundsystem mit zugehörigem Einheitszustand

Nach (8.7.3) gilt:

$$EI\delta_{10} = \int M_1^{(3)} \cdot M_0^{(3)} \cdot dx = \int M_1^{(0)} \cdot M_0^{(3)} \cdot dx$$

$$EI\delta_{11} = \int M_1^{(3)^2} \cdot dx = \int M_1^{(0)} \cdot M_1^{(3)} \cdot dx \ .$$

Das jeweils erste Integral von δ_{10} und δ_{11} erstreckt sich über das ganze System und erfordert deshalb mehr Aufwand als die beiden anderen Integrale, die nur im Riegel Werte ungleich Null haben. Man erkennt aber, dass sowohl $M_0^{(3)}$ als auch $M_1^{(3)}$ gebraucht werden und die Ersparnis durch den Reduktionssatz hier mit der zusätzlichen Ermittlung von $M_1^{(0)}$ erkauft werden muss.

Die endgültigen Momente erhält man für das vorliegende Beispiel aus

$$M^{(4)} = M_0^{(3)} + X_1 \cdot M_1^{(3)}$$

mit

$$X_1 = -\delta_{10}/\delta_{11} \ .$$

8.10 Der elastische Schwerpunkt

Der elastische Schwerpunkt ist der Ort, an dem bei einem dreifach statisch unbestimmten, geschlossenen Rahmen die X_i angesetzt werden müssen, damit

$$\delta_{ik} = 0 \quad \text{für} \quad i \neq k \tag{8.10.1}$$

wird, so dass sich die statisch Unbestimmten aus

$$X_i = -\delta_{i0}/\delta_{ii} \tag{8.10.2}$$

ergeben.

Das Verfahren hat nur bei symmetrischen Systemen eine praktische Bedeutung, da es sonst keine Arbeitsersparnis gegenüber einem beliebigen Ansatz der X_i bringt. Es wird anhand von Bild 8.10-1 erläutert.

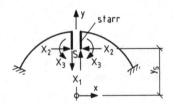

Bild 8.10-1 Ansatz der X_i im elastischen Schwerpunkt

Das dreifach statisch unbestimmte System wird auf der Symmetrielinie geschnitten. An den Schnittufern werden gedachte, starre Stäbe angebracht, die zum elastischen Schwerpunkt S führen, wo die drei X_i angreifen.

Aus Symmetriegründen gilt per se

$$\delta_{12} = \delta_{13} = 0 \,. \tag{8.10.3}$$

Die Bestimmungsgleichung für die Höhenkoordinate y_S lautet

$$EI_c\delta_{23} = \int M_2 M_3 \frac{I_c}{I} \cdot ds = \int (y - y_S) \cdot 1 \cdot \frac{I_c}{I} \cdot ds = 0 \,. \tag{8.10.4}$$

Daraus erhält man

$$y_S = \int y\frac{I_c}{I} \cdot ds / \int \frac{I_c}{I} \cdot ds \,. \tag{8.10.5}$$

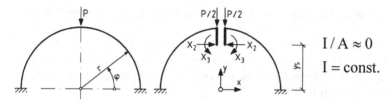

Bild 8.10-2 Halbkreisförmiger Rahmen mit Einzellast

Aus (8.10.5) ergibt sich für das in Bild 8.10-2 gezeigte Beispiel mit $y = r \cdot \sin\varphi$ und $ds = r \cdot d\varphi$

$$y_S = \frac{\int y \cdot ds}{\int ds} = \frac{1}{\pi r} \int\limits_0^\pi r \cdot \sin\varphi \cdot r d\varphi = \frac{2r}{\pi} \,.$$

Man erkennt sofort, dass $X_1 = 0$ wird. Für die Biegemomente des Grundsystems (rechte Hälfte) gilt

$$M_0 = -Px/2 = -Pr \cdot \cos\varphi/2$$
$$M_2 = 1 \cdot (y - y_S) = r\,(\sin\varphi - 2/\pi)$$
$$M_3 = 1 \,.$$

Die Formänderungswerte für das halbe System lauten

$$EI\delta_{20} = -\frac{Pr^3}{2} \int\limits_0^{\pi/2} \cos\varphi\,(\sin\varphi - 2/\pi) \cdot d\varphi \,,$$

$$EI\delta_{30} = -\frac{\mathrm{Pr}^2}{2} \int\limits_0^{\pi/2} \cos\varphi \cdot \mathrm{d}\varphi = -\mathrm{Pr}^2/2\,,$$

$$EI\delta_{22} = r^3 \int\limits_0^{\pi/2} (\sin\varphi - 2/\pi)^2 \cdot \mathrm{d}\varphi\,,$$

$$EI\delta_{33} = r \int\limits_0^{\pi/2} \mathrm{d}\varphi = \pi r/2\,.$$

Die Integrale bei δ_{20} und δ_{22} lassen sich vorteilhaft mit Hilfe von Tafel 3 lösen. Nach Berechnung von X_2 und X_3 aus

$$X_2 = -\delta_{20}/\delta_{22} \quad \text{und} \quad X_3 = -\delta_{30}/\delta_{33}$$

erhält man die endgültigen Zustandsgrößen wie gewohnt durch Superposition mittels (8.1.4).

Bei doppelsymmetrischen Systemen liegt der elastische Schwerpunkt im Schnittpunkt der Symmetrieachsen, so dass y_S nicht berechnet zu werden braucht. In diesem Fall bringt das Verfahren die größten Vorteile, insbesondere für symmetrische Lastfälle. Beispiele zeigt Bild 8.10-3.

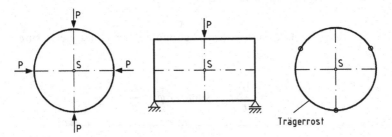

Bild 8.10-3 Doppelsymmetrische, dreifach statisch unbestimmte, ebene Tragwerke

Kapitel 9
Das Drehwinkelverfahren

9.1 Allgemeines

Das Drehwinkelverfahren ist ein Näherungsverfahren zur Berechnung ebener, statisch unbestimmter Stabwerke. Die Näherung besteht darin, dass die Stäbe als dehnstarr angesehen und nur Biegeverformungen berücksichtigt werden.

Im Unterschied zum Kraftgrößenverfahren, bei dem aus dem Gleichungssystem der Formänderungsbedingungen unbekannte Kraftgrößen ermittelt werden, treten beim Drehwinkelverfahren Formänderungen als Unbekannte auf, die aus Gleichgewichtsbedingungen zu berechnen sind. Die Drehwinkelmethode stellt demnach ein Weggrößenverfahren dar.

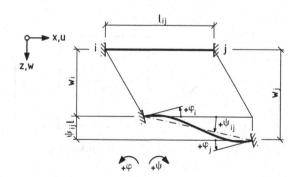

Bild 9.1-1 Einzelstab in ursprünglicher und verformter Lage

Wenn sich die Länge eines Stabes nicht ändert, lassen sich dessen Knotenverschiebungen senkrecht zur Stabachse gemäß

$$\psi_{ij} = \frac{w_j - w_i}{\ell_{ij}} \tag{9.1.1}$$

durch eine Stabsehnenverdrehung ausdrücken (siehe Bild 9.1-1). Deshalb treten als Unbekannte nur Verdrehungen auf, und zwar Knotendrehwinkel φ und Stab-

K. Meskouris, E. Hake, *Statik der Stabtragwerke*
© Springer 2009

drehwinkel ψ. Um das Verfahren zu systematisieren, wird für diese Winkel die in Bild 9.1-1 angegebene Vorzeichenregelung getroffen.

Das Gleichungssystem zur Berechnung der Drehwinkel besteht aus Gleichgewichtsbedingungen. Entsprechend der Anzahl der unbekannten Knotendrehwinkel werden k „Knotengleichungen" durch Formulierung der Momentensumme an den betreffenden Knoten aufgestellt. Bei elastisch verschieblichen Systemen müssen zusätzlich entsprechend dem Grad der Verschieblichkeit w „Verschiebungsgleichungen" formuliert werden. Dies geschieht zweckmäßig in Form von Arbeitsgleichungen.

Ein System wird als elastisch verschieblich bezeichnet, wenn sich die Knoten nicht nur verdrehen, sondern auch infolge seiner Biegebeanspruchung verschieben können.

Der Grad w der elastischen Verschieblichkeit entspricht der Anzahl der unabhängigen Verschiebungszustände. Bei jedem dieser Zustände bestehen kinematische Zusammenhänge zwischen den Drehwinkeln der einzelnen Stäbe. Der Grad w, der mit der Anzahl der linear unabhängigen Winkel ψ übereinstimmt, kann auf zwei Arten ermittelt werden:

- Dem System werden an seinen Knoten einwertige Lager hinzugefügt, die die Knotenverschiebungen verhindern. Die Anzahl der erforderlichen Lager entspricht dem Grad w der Verschieblichkeit.
- An allen Knoten des Systems werden Gelenke eingefügt. Ist das entstandene System statisch bestimmt oder unbestimmt, so ist $w = 0$. Ist es dagegen kinematisch verschieblich, so entspricht der Grad der kinematischen Verschieblichkeit dem Grad w der elastischen Verschieblichkeit des gegebenen Systems. Wird w mit Hilfe eines Abzählkriteriums festgestellt, so gilt $w = -n$ für $n \leq 0$.

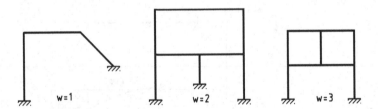

Bild 9.1-2 Beispiele für elastisch verschiebliche Systeme

Bild 9.1-2 zeigt drei Beispiele für elastisch verschiebliche Systeme. Um die Verschieblichkeiten aufzuheben, wären die Riegel jeweils durch ein vertikal verschiebliches Lager zu arretieren. Außerdem müsste in dem dritten Beispiel der mittlere Stiel durch ein horizontal verschiebliches Lager gehalten werden.

Das Drehwinkelverfahren dient der Berechnung der Stabendmomente. Ein Stabendmoment M_{ij} setzt sich im Allgemeinen aus drei Anteilen zusammen:

- dem Festspannmoment M_{ij}^0 des Grundstabs,
- den Einflüssen der Knotenverdrehungen φ_i und φ_j,
- dem Einfluss des Stabdrehwinkels ψ_{ij}.

Die Festeinspannmomente können mit Hilfe des Kraftgrößenverfahrens berechnet oder für ausgewählte Lastfälle Tafel 8 und 9 entnommen werden. Für die Einflüsse der Drehwinkel werden im folgenden Abschnitt Gleichungen hergeleitet. Dabei wird ein stabweise konstantes Trägheitsmoment vorausgesetzt.

Nach der Ermittlung der unbekannten Drehwinkel und der Stabendmomente ergibt sich der Momentenverlauf über die Stablänge entsprechend der Querbelastung durch Superposition mit den Momenten des gelenkig gelagerten Einfeldträgers.

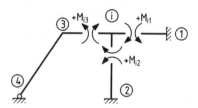

Bild 9.1-3 Vorzeichenregelung für die Momente beim Drehwinkelverfahren

Damit sich die Knoten- und Verschiebungsgleichungen in allgemeiner Form schreiben lassen (siehe Abschnitt 9.3), muss für die Stabendmomente eine Vorzeichenregelung getroffen werden, die von der normalen Definition positiver Stabmomente (siehe Bild 1.2-2) abweicht. Dies geschieht in Bild 9.1-3. Beim Drehwinkelverfahren drehen alle Stabendmomente positiv im Gegenuhrzeigersinn, die Knotenmomente im Uhrzeigersinn.

9.2 Stabendmomente bei stabweise konstantem *I*

9.2.1 Festeinspannmomente

Als Grundstäbe, deren Endmomente zu berechnen sind, treten der beidseitig und der einseitig eingespannte, gerade Stab auf. Deren Festeinspannmomente können mit Hilfe des Kraftgrößenverfahrens berechnet werden. In den Tafeln 8 und 9 werden sie für Standardlastfälle angegeben.

9.2.2 Stabendmomente infolge Knotendrehung

Bild 9.2-1 zeigt einen einseitig eingespannten und einen gelenkig gelagerten Einfeldträger, die durch das Knotenmoment M_{ji} beansprucht und verformt werden.

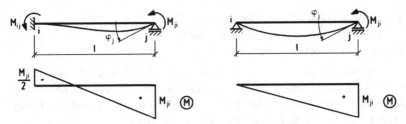

Bild 9.2-1 Einfeldträger mit Biegelinie und Momentenverlauf infolge Knotenmoment M_{ji}

Den M-Verlauf für ersteren erhält man mit Hilfe von Tafel 9 (Zeile 8), der man für $b = 0$ das Festeinspannmoment $M_{ij}^0 = M_{ji}/2$ entnimmt.

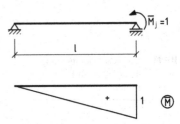

Bild 9.2-2 Virtueller Lastzustand zur Berechnung von φ_j

Um die Verdrehungen φ_j zu berechnen, werden die M-Flächen infolge M_{ji} mit derjenigen infolge $\overline{M}_j = 1$ nach Bild 9.2-2 überlagert. Man erhält

$$\varphi_j = \frac{\ell}{6EI} \cdot 1 \cdot \left(2M_{ji} - \frac{M_{ji}}{2}\right) = \frac{M_{ji} \cdot \ell}{4EI} \qquad (9.2.1)$$

bzw.

$$\varphi_j = \frac{\ell}{3EI} \cdot 1 \cdot M_{ji} = \frac{M_{ji} \cdot \ell}{3EI} \ . \qquad (9.2.2)$$

Für die Stabendmomente infolge φ_j gilt demnach

- bei eingespannter Gegenseite: $M_{ji} = \dfrac{4EI}{\ell} \cdot \varphi_j, \quad M_{ij} = \dfrac{2EI}{\ell} \cdot \varphi_j$

- bei gelenkiger Gegenseite: $M_{ji} = \dfrac{3EI}{\ell} \cdot \varphi_j$.

Mit der Vorzeichenregelung des Drehwinkelverfahrens gelten diese Beziehungen unverändert bei Vertauschung der Indizes i und j. Somit erhält man insgesamt

- bei beidseitiger Einspannung:

$$M_{ij} = \frac{EI}{\ell}\left(4\varphi_i + 2\varphi_j\right)$$

$$M_{ji} = \frac{EI}{\ell}\left(2\varphi_i + 4\varphi_j\right) \qquad (9.2.3)$$

• bei einseitiger Einspannung:

$$M_{ij} = \frac{3EI}{\ell}$$

$$M_{ji} = \frac{3EI}{\ell} .$$

(9.2.4)

9.2.3 Stabendmomente infolge Stabverdrehung

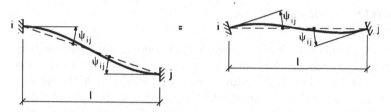

Bild 9.2-3 Darstellung und Deutung einer Stabverdrehung

Aus Bild 9.2-3 ersieht man, dass die Stabverdrehung ψ_{ij} den gleichzeitigen Knotenverdrehungen $\varphi_i = \varphi_j = \psi_{ij}$ äquivalent ist. Somit gilt aufgrund von (9.2.3) und (9.2.4)

• bei beidseitiger Einspannung:

$$M_{ij} = M_{ji} = \frac{6EI}{\ell} \cdot \psi_{ij}$$

(9.2.5)

• bei einseitiger Einspannung:

$$M_{ij} = \frac{3EI}{\ell} \cdot \psi_{ij}$$

$$M_{ji} = \frac{3EI}{\ell} \cdot \psi_{ij} .$$

(9.2.6)

9.2.4 Zusammenfassung

Die vollständigen Gleichungen der Stabendmomente erhält man durch Zusammenfassung der drei einzeln behandelten Einflüsse:

$$M_{ij} = M_{ij}^0 + k_{ij} \left(4\varphi_i + 2\varphi_j + 6\psi_{ij} \right)$$

$$M_{ji} = M_{ji}^0 + k_{ij} \left(2\varphi_i + 4\varphi_j + 6\psi_{ij} \right)$$

(9.2.7)

$$M_{ij} = M_{ij}^0 + k_{ij} \left(3\varphi_i + 3\psi_{ij} \right)$$

$$M_{ji} = M_{ji}^0 + k_{ij} \left(3\varphi_j + 3\psi_{ij} \right) .$$

(9.2.8)

Darin wurde die Abkürzung

$$k_{ij} = k_{ji} = \frac{(EI)_{ij}}{\ell_{ij}} \qquad (9.2.9)$$

verwendet.

9.3 Das Gleichungssystem des Drehwinkelverfahrens

9.3.1 Knotengleichungen

Für jeden Knoten i, an dem mindestens zwei Stäbe biegesteif miteinander verbunden sind und dessen Drehwinkel φ_i unbekannt ist, ist das Momentengleichgewicht zu formulieren. Dies geschieht durch Addition der dort angreifenden Momente, d. h. der Stabendmomente und gegebenenfalls des äußeren Knotenmoments. Entsprechend der Anzahl der unbekannten Knotendrehwinkel erhält man k „Knotengleichungen" der Form

$$\sum M_i = M_i + \sum M_{in} . \qquad (9.3.1)$$

Darin ist M_i das äußere Knotenmoment, während $\sum M_{in}$ die Summe der Stabendmomente sämtlicher im Knoten i biegesteif angeschlossenen Stäbe darstellt. Die einzelnen M_{in} sind nach (9.2.7) oder (9.2.8) zu formulieren. Es gilt die Vorzeichenregelung nach Bild 9.1-3.

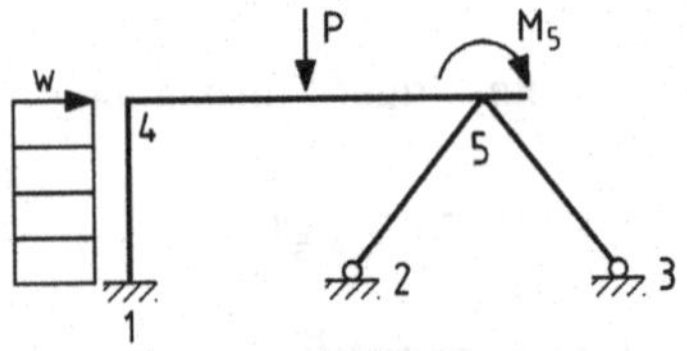

Bild 9.3-1 Beispiel zur Formulierung der Knotengleichungen

Für das in Bild 9.3-1 dargestellte, unverschiebliche System lauten die Knotengleichungen zur Bestimmung der beiden unbekannten Drehwinkel φ_4 und φ_5

$$\sum M_4 = M_{41} + M_{45} = 0$$

$$\sum M_5 = M_5 + M_{54} + M_{52} + M_{53} = 0$$

mit

$$M_{41} = M_{41}^0 + k_{14} \cdot 4\varphi_4$$

$$M_{45} = M_{45}^0 + k_{45}(4\varphi_4 + 2\varphi_5)$$

$$M_{54} = M_{54}^0 + k_{45}(2\varphi_4 + 4\varphi_5)$$

$$M_{52} = k_{25} \cdot 3\varphi_5$$

$$M_{53} = k_{35} \cdot 3\varphi_5 .$$

9.3.2 Verschiebungsgleichungen

Für jeden der w unabhängigen Verschiebungszustände v ist die Arbeitsgleichung $W_v = 0$ zu formulieren. Hierzu wird eine virtuelle Verschiebung vorgenommen.

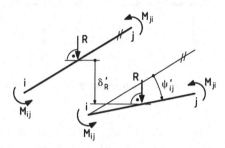

Bild 9.3-2 Einzelstab in ursprünglicher und in virtuell verschobener Lage

Bei der virtuellen Verschiebung des Stabes i-j (siehe Bild 9.3-2) ergibt sich der Arbeitsanteil

$$W_{ij} = -\left(M_{ij} + M_{ji}\right) \psi'_{ij} + R \cdot \delta'_R . \tag{9.3.2}$$

Darin bedeuten

M_{ij} und M_{ji}	die Stabendmomente nach (9.2.7) oder (9.2.8)
R	die resultierende äußere Last am Stab i-j, gegebenenfalls einschließlich Knotenlasten
ψ'_{ij}	den virtuellen Stabdrehwinkel
δ'_R	die virtuelle Verschiebung von R in Richtung von R.

Die Gesamtarbeit erhält man durch Addition der W_{ij} aller Stäbe:

$$W_v = \sum_{\text{Stäbe}} W_{ij,v} = 0 . \tag{9.3.3}$$

Da der betrachtete Verschiebungszustand zwangläufig ist, sind alle in (9.3.3) auftretenden virtuellen Weggrößen linear voneinander abhängig, so dass es auf die absolute Größe der Bewegung nicht ankommt.

Für das in Bild 9.3-3 dargestellte Beispiel mit $w = 1$ und $R = p \cdot a$ lautet die Arbeitsgleichung

$$W_1 = -(M_{12} + M_{21}) \cdot \psi'_1 - (M_{23} + M_{32}) \cdot \left(-\frac{b}{a} \psi'_1\right) - M_{34} \cdot \psi'_1 - R \cdot \frac{b}{2} \psi'_1 + H \cdot h \psi'_1$$
$$= 0$$

und nach Division durch ψ'_1

$$-(M_{12} + M_{21}) + \frac{b}{a} (M_{23} + M_{32}) - M_{34} - R \cdot \frac{b}{2} + H \cdot h = 0 .$$

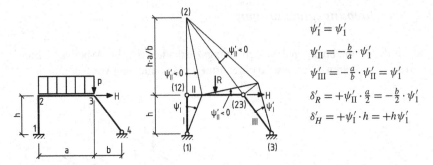

Bild 9.3-3 Rahmen in ursprünglicher und in virtuell verschobener Lage

Die für die virtuellen Stabdrehwinkel hergeleiteten kinematischen Beziehungen gelten auch für die wirklichen Stabdrehwinkel. Deshalb lauten die Stabendmomente

$$M_{12} = k_{12} \cdot (2\varphi_2 + 6\psi_1)$$

$$M_{21} = k_{12} \cdot (4\varphi_2 + 6\psi_1)$$

$$M_{23} = M_{23}^0 + k_{23} \cdot \left(4\varphi_2 + 2\varphi_3 - 6 \cdot \frac{b}{a}\psi_1\right)$$

$$M_{32} = M_{32}^0 + k_{23} \cdot \left(2\varphi_2 + 4\varphi_3 - 6 \cdot \frac{b}{a}\psi_1\right)$$

$$M_{34} = k_{34} \cdot (3\varphi_3 + 3\psi_1) \ .$$

Diese Beziehungen sind in die oben aufgestellte Arbeitsgleichung einzusetzen. Man erhält eine Bestimmungsgleichung für die drei unbekannten Drehwinkel φ_2, φ_3 und ψ_1.

9.4 Allgemeines Vorgehen

Das allgemeine Vorgehen wird am Beispiel eines Rahmens erläutert.

1. Knoten des gegebenen Systems „1" durch Buchstaben oder Zahlen kennzeichnen.
2. Gegebenes System „1" durch Einfügen von Gelenken an allen Knoten in eine Gelenkkette „2" umwandeln.
3. Grad w der Verschieblichkeit feststellen (Abzählkriterium). Falls $w = 0$ ist, verschwinden alle ψ_{ik}, und es entfallen die Punkte 4 bis 7 sowie 10 und 11. Hier ist $w = 3$.
4. Verschieblichkeiten aufheben („3") durch Anbringen von w einwertigen Lagern.
5. Den 1. Verschiebungszustand „4" wählen, zweckmäßig durch Verschieben eines zugefügten Lagers, so dass an einem Stab die unabhängige Stabverdrehung ψ_1 auftritt.

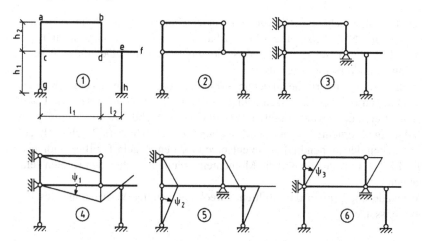

Bild 9.4-1 Grad der Verschieblichkeit und unabhängige Verschiebungszustände eines Rahmens

6. Für den 1. Verschiebungszustand „4" alle Stabdrehwinkel in Abhängigkeit von ψ_1 ermitteln, z. B. mit Hilfe des Polplans. Hier wird

$$\psi_{ab} = \psi_{cd} = \psi_1$$
$$\psi_{de} = -\psi_1 \cdot \ell_1/\ell_2$$
$$\psi_{ac} = \psi_{bd} = \psi_{cg} = \psi_{eh} = 0 \,.$$

7. Die Punkte 5 und 6 entsprechend für die anderen ψ_v mit $v = 2 \ldots w$ durchführen (siehe „5" und „6"). Hier erhält man

	ψ_1	ψ_2	ψ_3
ψ_{ab}	1	0	0
ψ_{ac}	0	$-h_1/h_2$	1
ψ_{bd}	0	$-h_1/h_2$	1
ψ_{cd}	1	0	0
ψ_{cg}	0	1	0
ψ_{de}	$-\ell_1/\ell_2$	0	0
ψ_{eh}	0	1	0

d. h.
$$\begin{cases} \psi_{ab} = \psi_1 \\ \psi_{ac} = -\psi_2 \cdot h_1/h_2 + \psi_3 \\ \psi_{bd} = -\psi_2 \cdot h_1/h_2 + \psi_3 \\ \psi_{cd} = \psi_1 \\ \psi_{cg} = \psi_2 \\ \psi_{de} = -\psi_1 \cdot \ell_1/\ell_2 \\ \psi_{eh} = \psi_2 \end{cases}$$

8. Mit Hilfe der Gleichungen (9.2.7) bzw. (9.2.8) alle Stabendmomente formulieren, wobei für die Stabdrehwinkel ψ_{ij} die Ergebnisse von Punkt 7 einzuführen sind.

9. Für jeden der k Knoten, an denen mindestens 2 Stäbe biegesteif verbunden sind, mit Hilfe von (9.3.1) das Momentengleichgewicht formulieren. Man erhält entsprechend der Anzahl der unbekannten Knotendrehwinkel k „Knotengleichungen".

10. Für den 1. virtuellen Verschiebungszustand ψ_1' (vergleiche „4") nach (9.3.2) und (9.3.3) die Arbeitsgleichung $W_1 = 0$ formulieren.

11. Punkt 10 entsprechend für die anderen Verschiebungszustände ψ_v' mit $v = 2...w$ (Vergleiche „5" und „6") durchführen. Man erhält je Verschiebungszustand, d. h. für jede Unbekannte ψ_v, eine „Verschiebungsgleichung". Der Index v kennzeichnet den Verschiebungszustand.

12. Das lineare, symmetrische Gleichungssystem lösen, das sich aus den k Knotengleichungen und den w Verschiebungsgleichungen zusammensetzt. Als Unbekannte treten die k Knotendrehwinkel φ und die w Stabdrehwinkel ψ auf.

13. Endgültige Momente M_{ij} aus den Gleichungen (9.2.7) bzw. (9.2.8) berechnen.

14. Vorzeichen der Stabendmomente entsprechend den Regeln für Biegemomente (Bild 1.2-2) umwandeln und die Momentenverläufe zwischen den Knoten „einhängen".

15. Formänderungsproben durchführen, zweckmäßig unter Verwendung des Reduktionssatzes.

9.5 Zahlenbeispiel: Elastisch unverschiebliches System

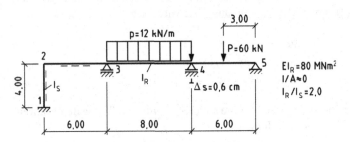

Bild 9.5-1 Unverschiebliches System mit Belastung

Das in Bild 9.5-1 dargestellte Beispiel soll nach dem Drehwinkelverfahren berechnet werden. Wegen der elastischen Unverschieblichkeit treten nur die drei Knotendrehwinkel φ_2, φ_3 und φ_4 als Unbekannte auf.

Die Festeinspannmomente lauten (vergleiche Tafel 8 und 9)

- infolge p: $M_{34}^0 = -M_{43}^0 = \dfrac{12 \cdot 8{,}00^2}{12} = 64{,}0\,\text{kNm}$

- infolge P: $M_{45}^0 = \dfrac{60 \cdot 3{,}00^2}{2 \cdot 6{,}00^2} \cdot 9{,}00 = 67{,}5\,\text{kNm}$

- infolge Δs: $M_{34}^0 = M_{43}^0 = \dfrac{6 \cdot 80.000}{8{,}00^2} \cdot 0{,}006 = 45{,}0\,\text{kNm}$

$M_{45}^0 = -\dfrac{3 \cdot 80.000}{6{,}00^2} \cdot 0{,}006 = -40{,}0\,\text{kNm}\ .$

Es kommt nur auf die Verhältnisse der Steifigkeiten an. Deshalb dürfen die Stabsteifigkeiten mit einer beliebigen Vergleichsbiegesteifigkeit ermittelt werden. Hier wird, um glatte Zahlenwerte zu erhalten, $EI_{Rc} = 24$ gesetzt, woraus $EI_{Sc} = 12$ folgt. Damit lauten die Steifigkeiten entsprechend (9.2.9)

$$k_{12} = 12/4,00 = 3$$
$$k_{23} = 24/6,00 = 4$$
$$k_{34} = 24/8,00 = 3$$
$$k_{45} = 24/6,00 = 4 .$$

Bevor die Knotengleichungen aufgestellt werden können, sind die Stabendmomente mit den noch unbekannten Knotendrehwinkeln nach (9.2.7) bzw. (9.2.8) zu formulieren:

$$M_{12} = 3 \cdot 2\varphi_2 = 6\varphi_2$$
$$M_{21} = 3 \cdot 4\varphi_2 = 12\varphi_2$$
$$M_{23} = 4 \cdot (4\varphi_2 + 2\varphi_3) = 16\varphi_2 + 8\varphi_3$$
$$M_{32} = 4 \cdot (2\varphi_2 + 4\varphi_3) = 8\varphi_2 + 16\varphi_3$$
$$M_{34} = (64,0 + 45,0) + 3 \cdot (4\varphi_3 + 2\varphi_4) = 109,0 + 12\varphi_3 + 6\varphi_4$$
$$M_{43} = (-64,0 + 45,0) + 3 \cdot (2\varphi_3 + 4\varphi_4) = -19,0 + 6\varphi_3 + 12\varphi_4$$
$$M_{45} = (67,5 - 40,0) + 4 \cdot 3\varphi_4 = 27,5 + 12\varphi_4 .$$

Damit lauten die drei Knotengleichungen

$$\sum M_2 = M_{21} + M_{23} = 28\varphi_2 + 8\varphi_3 = 0$$
$$\sum M_3 = M_{32} + M_{34} = 109,0 + 8\varphi_2 + 28\varphi_3 + 6\varphi_4 = 0$$
$$\sum M_4 = M_{43} + M_{45} = 8,5 + 6\varphi_3 + 24\varphi_4 = 0 .$$

Aus der matriziellen Darstellung

$$\begin{bmatrix} 28 & 8 & 0 \\ 8 & 28 & 6 \\ 0 & 6 & 24 \end{bmatrix} \begin{bmatrix} \varphi_2 \\ \varphi_3 \\ \varphi_4 \end{bmatrix} = \begin{bmatrix} 0 \\ -109,0 \\ -8,5 \end{bmatrix}$$

ersieht man die Symmetrie der Koeffizienten zur Hauptdiagonale. Die Auflösung liefert

$$\varphi_2 = 1,2611, \quad \varphi_3 = -4,4137, \quad \varphi_4 = 0,7493 .$$

Diese Werte werden in die Gleichungen der Stabendmomente eingesetzt. Es ergibt sich

$$M_{12} = \quad 7,57\,\text{kNm}$$
$$M_{21} = \quad 15,13\,\text{kNm}$$
$$M_{23} = -15,13\,\text{kNm}$$
$$M_{32} = -60,53\,\text{kNm}$$
$$M_{34} = \quad 60,53\,\text{kNm}$$
$$M_{43} = -36,49\,\text{kNm}$$
$$M_{45} = \quad 36,49\,\text{kNm}\,.$$

Man erkennt, dass an den Knoten Momentengleichgewicht herrscht. Jeweils am rechten Stabende stimmen die Vorzeichen des Drehwinkelverfahrens mit denen der normalen Stabstatik überein. Demnach ist

$$M_1 = -M_{12} = \quad -7,57\,\text{kNm}$$
$$M_2 = \quad M_{21} = \quad 15,13\,\text{kNm}$$
$$M_3 = \quad M_{32} = -60,53\,\text{kNm}$$
$$M_4 = \quad M_{43} = -36,49\,\text{kNm}\,.$$

Zwischen den Knoten 3 und 4 sowie 4 und 5 sind die Feldmomente des Einfeldträgers mit den Ordinaten

$$\frac{12 \cdot 8,00^2}{8} = 96,00 \quad \text{und} \quad \frac{60 \cdot 6,00}{4} = 90,00$$

einzuhängen. Die Momentenfläche ist in Bild 9.5-2 dargestellt.

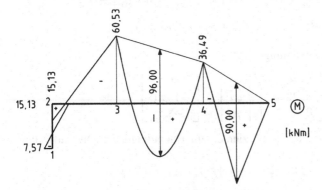

Bild 9.5-2 Momentenfläche infolge p, P und Δs

Als Formänderungsprobe wird die gegenseitige Verdrehung im Punkt 3 berechnet, und zwar an einem Grundsystem mit Gelenken in allen fünf Knoten.

Durch Überlagerung der Momentenflächen nach den Bildern 9.5-2 und 9.5-3 erhält man unter Berücksichtigung der Stützensenkung in Punkt 4 mit Hilfe von (8.1.5)

Bild 9.5-3 Virtueller Belastungszustand

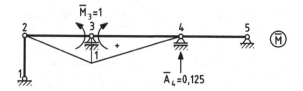

$$EI_R\varphi_3 = \frac{6{,}00}{6} \cdot (15{,}13 - 2 \cdot 60{,}53) \cdot 1 + \frac{8{,}00}{6} \cdot (-2 \cdot 60{,}53 - 36{,}49) \cdot 1$$

$$+ \frac{8{,}00}{3} \cdot 96{,}00 \cdot 1 + 80.000 \cdot 0{,}006 \cdot 0{,}125$$

$$= -105{,}93 - 210{,}07 + 256{,}00 + 60{,}00 = 0 \ .$$

Auf weitere Proben wird hier verzichtet.

9.6 Einflusslinien

9.6.1 Einflusslinien für Kraftgrößen

9.6.1.1 Beschreibung des Verfahrens

In Abschnitt 7.3.1 wurde hergeleitet, dass die Einflusslinie für eine Kraftgröße S_r infolge einer Wanderlast $P_m = 1$ identisch ist mit der Biegelinie $\overline{w}(x)$ des Lastgurtes, die durch eine zu S_r komplementäre, aufgezwungene Weggröße $\overline{\delta}_r = -1$ hervorgerufen wird (siehe Bild 7.3-2). Die in statisch unbestimmten Systemen durch die Einheitsverformung bedingten Schnittgrößen lassen sich mit dem Drehwinkelverfahren auf direktem Wege bestimmen. Hierzu werden die entsprechenden Festeinspannmomente benötigt, die für Momenten- und Querkrafteinflusslinien in Tabelle 9.1 zusammengestellt sind.

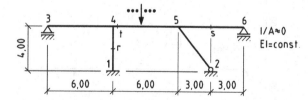

Bild 9.6-1 Verschieblicher Rahmen als Systembeispiel

Bei der Ermittlung einer Normalkrafteinflusslinie ergeben sich die Festeinspannmomente nicht im betroffenen Stab, sondern in den Nachbarstäben. Soll z. B. für

Tabelle 9.1 Festeinspannmomente infolge von Einheitsverformungen

Einheitsverformung	$\varphi_r = -1$	$\Delta w_r = -1$

System

$$M_{ij}^0 = \frac{EI}{\ell}\left(4 - 6\frac{x_r}{\ell}\right) \qquad M_{ij}^0 = -\frac{6EI}{\ell^2}$$

$$M_{ji}^0 = \frac{EI}{\ell}\left(2 - 6\frac{x_r}{\ell}\right) \qquad M_{ji}^0 = -\frac{6EI}{\ell^2}$$

$$M_{ij}^0 = \frac{3EI}{\ell^2}(\ell - x_r) \qquad M_{ij}^0 = -\frac{3EI}{\ell^2}$$

$$M_{ji}^0 = -\frac{3EI}{\ell^2}\cdot x_r \qquad M_{ji}^0 = -\frac{3EI}{\ell^2}$$

das in Bild 9.6-1 dargestellte System „N_r" berechnet werden, so treten infolge $\Delta u_r = -1$, d. h. infolge einer Stützenhebung in Punkt 4 die Festeinspannmomente M_{43}^0, M_{45}^0 und M_{54}^0 auf.

Die Einflusslinie setzt sich aus dem kinematischen Anteil, d. h. dem Anteil des durchgelenkten Systems, und der Biegelinie infolge der Schnittgrößen zusammen. Bei verschieblichen Systemen ist die Biegelinie in der Regel mit Knotenverschiebungen verbunden. Beispielsweise stellt bei dem in Bild 9.6-1 gezeigten Rahmen die Vertikalverschiebung des Knotens 5 die Einflussordinate an dieser Stelle dar.

Für das obige Beispiel werden im Folgenden die Einflusslinien „N_r", „M_s" und „Q_t" ermittelt.

9.6.1.2 Einflusslinie für die Normalkraft N_r

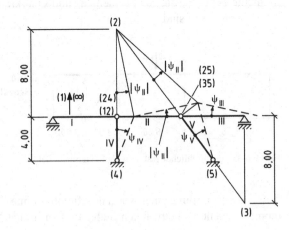

Bild 9.6-2 Gelenksystem mit Polplan

Nach Einfügen von Gelenken an allen biegesteifen Knoten (siehe Bild 9.6-2) ist das System einfach verschieblich:

$$w = -n = -(a+z-3p) = -(6+8-3\cdot5) = 1 \ .$$

Die Beziehungen zwischen den Stabdrehwinkeln ergeben sich aus geometrischen Betrachtungen aufgrund des Polplans. Mit der willkürlichen Festlegung $\psi_{IV} = \psi$ wird

$$\psi_I = 0$$

$$\psi_{II} = -4{,}00 \cdot \psi_{IV}/8{,}00 = -0{,}5\psi$$

$$\psi_{III} = -8{,}00 \cdot \psi_{II}/8{,}00 = +0{,}5\psi$$

$$\psi_V = -8{,}00 \cdot \psi_{II}/4{,}00 = +\psi \ .$$

Die Stabsteifigkeiten lauten mit $EI = 6{,}0$ (gewählt)

$$k_{14} = 6{,}0/4{,}00 = 1{,}5$$

$$k_{34} = k_{45} = k_{56} = 6{,}0/6{,}00 = 1$$

$$k_{25} = 6{,}0/5{,}00 = 1{,}2 \ .$$

Die Festspannmomente infolge der vertikalen Einheitsverschiebung im Punkt r werden nach Tabelle 8 und 9, Zeile 9, ermittelt:

$$M_{43}^0 = \frac{3EI}{\ell_{34}^2} \cdot (-1) = -\frac{3\cdot6{,}0}{6{,}00^2} = -0{,}5$$

$$M_{45}^0 = M_{54}^0 = \frac{6EI}{\ell_{45}^2} \cdot 1 = -\frac{6\cdot6{,}0}{6{,}00^2} = 1{,}0 \ .$$

Stabendmomente:

$$M_{14} = 1{,}5\,(2\varphi_4 + 6\psi) = 3\varphi_4 + 9\psi$$

$$M_{41} = 1{,}5\,(4\varphi_4 + 6\psi) = 6\varphi_4 + 9\psi$$

$$M_{43} = -0{,}5 + 1\,(3\varphi_4 + 0\cdot\psi) = -0{,}5 + 3\varphi_4$$

$$M_{45} = 1{,}0 + 1\,(4\varphi_4 + 2\varphi_5 - 6\cdot0{,}5\psi) = 1{,}0 + 4\varphi_4 + 2\varphi_5 - 3\psi$$

$$M_{54} = 1{,}0 + 1\,(2\varphi_4 + 4\varphi_5 - 6\cdot0{,}5\psi) = 1{,}0 + 2\varphi_4 + 4\varphi_5 - 3\psi$$

$$M_{56} = 1\,(3\varphi_5 + 3\cdot0{,}5\psi) = 3\varphi_5 + 1{,}5\psi$$

$$M_{52} = 1{,}2\,(3\varphi_5 + 3\psi) = 3{,}6\varphi_5 + 3{,}6\psi \ .$$

Knotengleichungen:

$$\sum M_4 = M_{41} + M_{43} + M_{45} = 13\varphi_4 + 2\varphi_5 + 6\psi + 0{,}5 = 0 \qquad \text{(a)}$$

$$\sum M_5 = M_{54} + M_{56} + M_{52} = 2\varphi_4 + 10{,}6\varphi_5 + 2{,}1\psi + 1{,}0 = 0 \ . \qquad \text{(b)}$$

Verschiebungsgleichung:

$$W_1 = -(M_{14} + M_{41}) \cdot \psi' - (M_{45} + M_{54})\left(-0,5\psi'\right) - M_{56} \cdot 0,5\psi' - M_{52} \cdot \psi'$$
$$= -(9\varphi_4 + 18\psi) - (2,0 + 6\varphi_4 + 6\varphi_5 - 6\psi) \cdot (-0,5) - (3\varphi_5 + 1,5\psi) \cdot 0,5$$
$$- (3,6\varphi_5 + 3,6\psi) = 0$$

$$6\varphi_4 + 2,1\varphi_5 + 25,35\psi - 1,0 = 0 \tag{c}$$

Gleichungssystem und Lösung:

φ_4	φ_5	ψ		
13	2	6	$-0,5$	$\varphi_4 = -0,0511$
2	10,6	2,1	$-1,0$	$\varphi_5 = -0,0965$
6	2,1	25,35	$+1,0$	$\psi = 0,0595$.

Damit ergeben sich folgende Stabendmomente:

$$M_{14} = 0,3825 \qquad\qquad M_{54} = 0,3332$$
$$M_{41} = 0,2292 \qquad\qquad M_{56} = -0,2002$$
$$M_{43} = -0,6533 \qquad\qquad M_{52} = -0,1331 .$$
$$M_{45} = 0,4240$$

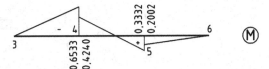

Bild 9.6-3 Momentenverlauf
im Lastgurt infolge $\Delta u_r = -1$

Vertikale Knotenverschiebungen:

$$w_3 = w_6 = 0$$
$$w_4 = -1 \qquad \text{(aus Einheitverformung)}$$
$$w_5 = -\psi_{\text{III}} \cdot \ell_{56} = -0,5 \cdot 0,0595 \cdot 6,00 = -0,1786 .$$

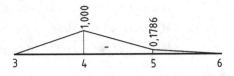

Bild 9.6-4 Linearanteile
von „N_r"

Verlauf der Biege- bzw. Einflusslinie:

- Stab 3-4: $w = -\dfrac{0,6533 \cdot 6,00^2}{6 \cdot 6,0} \cdot \omega_D - \xi = -0,6533 \cdot \omega_D - \xi$

- Stab 4-5: $w = \dfrac{6,00^2}{6 \cdot 6,0} \cdot (-0,4240\omega'_D + 0,3332\omega_D) - 1 \cdot \xi' - 0,1786 \cdot \xi$

  $= -0,4240\omega'_D + 0,3332\omega_D - 1 + 0,8214\xi$

- Stab 5-6: $w = \dfrac{0,2002 \cdot 6,00^2}{6 \cdot 6,0} \cdot \omega'_D - 0,1786 \cdot \xi' = 0,2002\omega'_D - 0,1786\xi'$.

Auswertung der Gleichungen:

ξ	ξ'	ω_D	ω'_D	Biegelinie $w(x)$		
				Stab 3-4	Stab 4-5	Stab 5-6
0	1	0	0	0	$-1,0000$	$-0,1786$
0,25	0,75	0,2344	0,3281	$-0,4031$	$-0,8557$	$-0,0683$
0,5	0,5	0,3750	0,3750	$-0,7450$	$-0,6234$	$-0,0142$
0,75	0,25	0,3281	0,2344	$-0,9643$	$-0,3740$	$+0,0023$
1	0	0	0	$-1,0000$	$-0,1786$	0

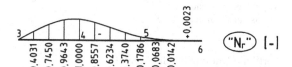

Bild 9.6-5 Einflusslinie „N_r"

9.6.1.3 Einflusslinie für das Biegemoment M_s

Die Beziehungen zwischen den Stabdrehwinkeln und die Stabsteifigkeiten sind bereits bekannt.

Festeinspannmomente infolge $\varphi_s = -1$:

$$M^0_{56} = \frac{3EI}{\ell^2} \cdot (\ell - x_s) = \frac{3 \cdot 6,0}{6,00^2} \cdot 3,00 = 1,5 .$$

Gegenüber dem vorigen Abschnitt ändern sich in den Gleichungen für die Stabendmomente nur die Festeinspannmomente:

$$M_{14} = 3\varphi_4 + 9\psi = -0,1304$$

$$M_{41} = 6\varphi_4 + 9\psi = -0,0288$$

$$M_{43} = 3\varphi_4 = 0,1016$$

$$M_{45} = 4\varphi_4 + 2\varphi_5 - 3\psi = -0,0728$$

$$M_{54} = 2\varphi_4 + 4\varphi_5 - 3\psi = -0,4261$$

$$M_{56} = 1,5 + 3\varphi_5 + 1,5\psi = 1,0330$$

$$M_{52} = 3,6\varphi_5 + 3,6\psi = -0,6068 \ .$$

Gleichungssystem und Lösung:

φ_4	φ_5	ψ		
13	2	6	0	$\varphi_4 = 0,0339$
2	10,6	2,1	$-1,50$	$\varphi_5 = -0,1428$
6	2,1	25,35	$-0,75$	$\psi = -0,0258$.

Die Lösung wurde oben eingesetzt.

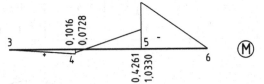

Bild 9.6-6 Momentenverlauf
im Lastgurt infolge $\varphi_s = -1$

Vertikale Knotenverschiebungen:

$$w_3 = w_4 = w_6 = 0$$

$$w_5 = -0,5 \cdot (-0,0258) \cdot 6,00 = 0,0773 \ .$$

Kinematische Vertikalverschiebung des Aufpunktes:

$$w_s = \frac{3,00 \cdot 3,00}{6,00} = 1,5000 \ .$$

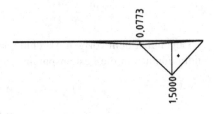

Bild 9.6-7 Linearanteile von
„M_s"

Verlauf der Einflusslinie:

- Stab 3-4: $w = 0,1016\omega_D$

- Stab 4-5: $w = 0,0728\omega_D' - 0,4261\omega_D + 0,0773\xi$

- Stab 5-6: $w = -1,0330\omega_D' + 0,0773\xi' + 3,0000\xi$ ($\xi \leq 0,5$)

  $w = -1,0330\omega_D' + 0,0773\xi' + 3,0000\xi'$ ($\xi \geq 0,5$) .

Auswertung der Gleichungen:

				Biegelinie $w(x)$		
ξ	ξ'	ω_D	ω_D'	Stab 3-4	Stab 4-5	Stab 5-6
0	1	0	0	0	0	+0,0773
0,25	0,75	0,2344	0,3281	0,0238	−0,0567	+0,4690
0,5	0,5	0,3750	0,3750	0,0381	−0,0938	+1,1513
0,75	0,25	0,3281	0,2344	0,0333	−0,0359	+0,5272
1	0	0	0	0	+0,0773	0

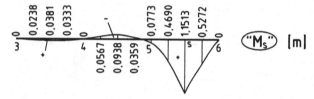

Bild 9.6-8 Einflusslinie „M_s"

9.6.1.4 Einflusslinie für die Querkraft Q_t

Festeinspannmomente infolge $\Delta w_t = -1$:

$$M_{45}^0 = M_{54}^0 = -\frac{6EI}{\ell^2} = -\frac{6 \cdot 6,0}{6,00^2} = -1,0 .$$

Stabendmomente:

$$M_{14} = 3\varphi_4 + 9\psi = -0,3395$$
$$M_{41} = 6\varphi_4 + 9\psi = -0,0542$$
$$M_{43} = 3\varphi_4 = 0,2853$$
$$M_{45} = -1 + 4\varphi_4 + 2\varphi_5 - 3\psi = -0,2310$$
$$M_{54} = -1 + 2\varphi_4 + 4\varphi_5 - 3\psi = -0,2409$$
$$M_{56} = 3\varphi_5 + 1,5\psi = 0,1663$$
$$M_{52} = 3,6\varphi_5 + 3,6\psi = 0,0746 .$$

Gleichungssystem und Lösung:

φ_4	φ_5	ψ		
13	2	6	$+1,0$	$\varphi_4 = 0,0951$
2	10,6	2,1	$+1,0$	$\varphi_5 = 0,0902$
6	2,1	25,35	$-1,0$	$\psi = -0,0694$.

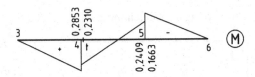

Bild 9.6-9 Momentenverlauf im Lastgurt infolge $\Delta w_t = -1$

Vertikale Verschiebungen:

$$w_3 = w_4 = w_6 = 0$$
$$w_5 = -0,5 \cdot (-0,0694) \cdot 6,00 = 0,2083 .$$

Kinematische Vertikalverschiebung im Aufpunkt:

$$w_t = +1,0000 .$$

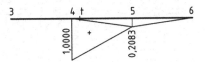

Bild 9.6-10 Linearanteile von „Q_t"

Verlauf der Einflusslinie:

- Stab 3-4: $w = 0,2853\omega_D$
- Stab 4-5: $w = 0,2310\omega'_D - 0,2409\omega_D + 1,0000\xi' + 0,2083\xi$
- Stab 5-6: $w = -0,1663\omega'_D + 0,2083\xi'$.

Auswertung der Gleichungen:

				Biegelinie $w(x)$		
ξ	ξ'	ω_D	ω'_D	Stab 3-4	Stab 4-5	Stab 5-6
0	1	0	0	0	1,0000	0,2083
0,25	0,75	0,2344	0,3281	0,0669	0,8214	0,1017
0,5	0,5	0,3750	0,3750	0,1070	0,6004	0,0418
0,75	0,25	0,3281	0,2344	0,0986	0,3813	0,0131
1	0	0	0	0	0,2083	0

Bild 9.6-11 Einflusslinie „Q_t"

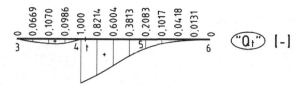

9.6.2 Einflusslinien für Verformungen

Die Einflusslinien für Verformungen wurden bereits in Abschnitt 7.4 behandelt. Abschnitt 8.8.2.1 enthält eine Beschreibung des allgemeinen Vorgehens, die auch für das Drehwinkelverfahren gilt, wenn dieses an die Stelle des Kraftgrößenverfahrens tritt.

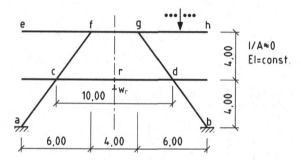

Bild 9.6-12 Symmetrischer Rahmen als Systembeispiel

Für den in Bild 9.6-12 dargestellten Rahmen soll die EI-fache Einflusslinie „w_r" bestimmt werden.

Das System ist im Aufpunkt r mit der Vertikallast $P = 1$ zu belasten. Aus Symmetriegründen treten trotz der zweifachen Verschieblichkeit keine Stabdrehwinkel auf, und es gilt $\varphi_c = -\varphi_d$ sowie $\varphi_f = -\varphi_g$. Es sind demnach nur zwei unbekannte Drehwinkel zu berechnen, und zwar φ_c und φ_f. Hierzu werden die beiden entsprechenden Knotengleichungen aufgestellt. Als Vergleichsbiegesteifigkeit wird $EI_c = 10,0$ gewählt.

Stabsteifigkeiten:

$$k_{ac} = k_{cf} = \frac{10,0}{5,00} = 2,0$$

$$k_{cd} = \frac{10,0}{10,00} = 1,0$$

$$k_{fg} = \frac{10,0}{4,00} = 2,5 \, .$$

Festeinspannmomente:

$$M_{cd}^0 = -M_{dc}^0 = \frac{1 \cdot 5{,}00^3}{10{,}00^2} = 1{,}25 \, .$$

Stabendmomente:

$$M_{ca} = 2{,}0 \cdot 4\varphi_c = 8\varphi_c$$
$$M_{cd} = 1{,}25 + 1{,}0 \cdot (4\varphi_c + 2\varphi_d) = 1{,}25 + 2\varphi_c$$
$$M_{cf} = 2{,}0 \cdot \left(4\varphi_c + 2\varphi_f\right) = 8\varphi_c + 4\varphi_f$$
$$M_{fc} = 2{,}0 \cdot \left(2\varphi_c + 4\varphi_f\right) = 4\varphi_c + 8\varphi_f$$
$$M_{fg} = 2{,}5 \cdot \left(4\varphi_f + 2\varphi_g\right) = 5\varphi_f \, .$$

Knotengleichungen:

$$\sum M_c = 1{,}25 + 18\varphi_c + 4\varphi_f = 0$$
$$\sum M_f = 4\varphi_c + 13\varphi_f = 0 \, .$$

Gleichungssystem und Lösung:

φ_c	φ_f	
18	4	$-1{,}25$
4	13	0

$\varphi_c = -0{,}0745$

$\varphi_f = 0{,}0229$.

Biegemomente des Lastgurts:

$$M_{fg} = 5\varphi_f = 0{,}1147 = -M_{gf} \quad \text{(Drehwinkel-Vorzeichen)}$$
$$M = -0{,}1147 = \text{const.} \quad\quad \text{(Vorzeichen der Stabstatik)} \, .$$

Vertikale Knotenverschiebungen des Lastgurts:

$$w_f = w_g = 0$$
$$EIw_\ell = EIw_h = EI_c \cdot \varphi_f \cdot 6{,}00 = +1{,}376$$

Verlauf der Einflusslinie:

- Stab e-f: $EIw = 1{,}376\xi'$ (linear)

- Stab f-g: $EIw = -\dfrac{0{,}1147 \cdot 4{,}00^2}{2} \cdot \omega_R = -0{,}917\omega_R$

- Stab g-h: $EIw = 1{,}376\xi$ (linear) .

Auswertung der Gleichungen:

ξ	ξ'	ω_R	Biegelinie $EIw(x)$		
			Stab e-f	Stab f-g	Stab g-h
0	1	0	1,376	0	0
0,25	0,75	0,1875	1,032	−0,172	0,344
0,5	0,5	0,2500	0,688	−0,229	0,688
0,75	0,25	0,1875	0,344	−0,172	1,032
1	0	0	0	0	1,376

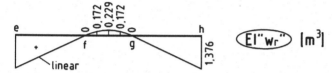

Bild 9.6-13 EI-fache Einflusslinie „w_r"

Kapitel 10
Hilfstafeln

K. Meskouris, E. Hake, *Statik der Stabtragwerke*
© Springer 2009

Tafel 1 Querschnittswerte A, I, I_T

 $y \leftarrow \circ \downarrow z$	A	I_y	I_T
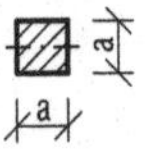 (Quadrat, a)	a^2	$\dfrac{a^4}{12}$	$\dfrac{a^4}{7,11}$
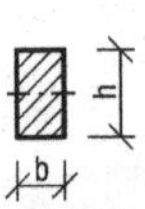 (Rechteck, b, h)	bh	$\dfrac{bh^3}{12}$	$\approx \dfrac{bh^3}{3}\left[1-0,63\dfrac{b}{h}+0,052\left(\dfrac{b}{h}\right)^5\right]$ $b \leq h$
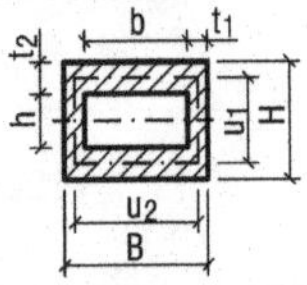 (Hohlkasten b, t_1, H, h, u_1, u_2, B)	$BH - bh$	$\dfrac{1}{12}\left(BH^3 - bh^3\right)$	$4\dfrac{A_m^2}{\sum\limits_i \dfrac{u_i}{t_i}} = 2\dfrac{t_1 u_1^2 t_2 u_2^2}{u_1 t_2 + u_2 t_1}$
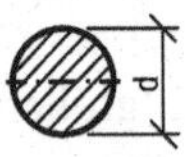 (Kreis, d)	$\dfrac{\pi d^2}{4}$	$\dfrac{\pi d^4}{64}$	$2I_y = \dfrac{\pi d^4}{32}$
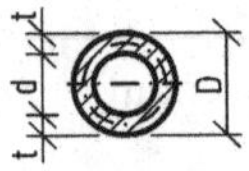 (Kreisring, D, d, t)	$\dfrac{\pi}{4}\left(D^2 - d^2\right)$	$\dfrac{\pi}{64}\left(D^4 - d^4\right)$	$2I_y = \dfrac{\pi}{32}\left(D^4 - d^4\right)$
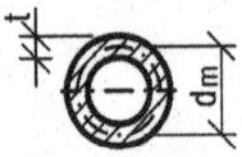 (dünnwandiger Ring, d_m, t) $t/d_m \leq 0,1$	$\pi d_m t$	$\approx \dfrac{\pi}{8}d_m^3 t$	$2I_y = \dfrac{\pi}{4}d_m^3 t$
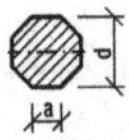 (Achteck, d, a) $d = 2,414\,a$	$0,828d^2$	$0,05474d^4$	$0,1077d^4$
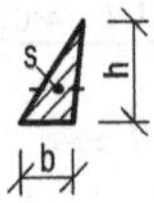 (rechtwinkliges Dreieck, b, h)	$\dfrac{bh}{2}$	$\dfrac{bh^3}{36}$	
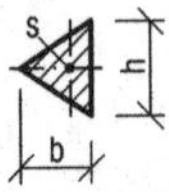 (Dreieck, b, h)	$\dfrac{bh}{2}$	$\dfrac{bh^3}{48}$	
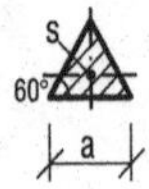 (gleichseitiges Dreieck, 60°, a)	$\dfrac{\sqrt{3}}{4}a^2$	$\dfrac{\sqrt{3}}{96}a^4$	$\dfrac{a^4}{46,2}$
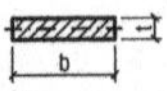 (dünner Streifen, b, t)	bt	$\dfrac{bt^3}{12}$	$\dfrac{bt^3}{3}\,t \ll b$

Tafel 2 M_i-$\bar{M}_k$-Tafel für linearen, quadratischen und kubischen Schnittgrößenverlauf

Verlauf		 $\bar{M}_i$ (Rechteck)	 $\bar{M}_i$ (Dreieck)	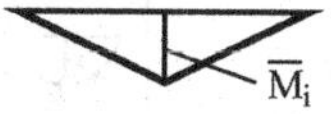 $\bar{M}_i$ (Dreieck mit Spitze)
linear	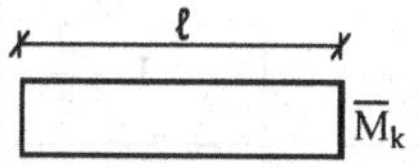 $\bar{M}_k$ (Rechteck, ℓ)	1	$\dfrac{1}{2}$	$\dfrac{1}{2}$
	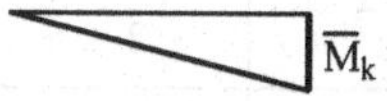 $\bar{M}_k$ (Dreieck)	$\dfrac{1}{2}$	$\dfrac{1}{3}$	$\dfrac{1}{4}$
	 $\bar{M}_k$ (Dreieck)	$\dfrac{1}{2}$	$\dfrac{1}{6}$	$\dfrac{1}{4}$
	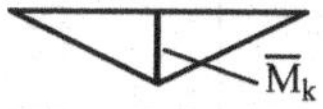 $\bar{M}_k$ (Dreieck mit Spitze)	$\dfrac{1}{2}$	$\dfrac{1}{4}$	$\dfrac{1}{3}$
	 $\bar{M}_k$ + $= \bar{M}_k$	0	$\dfrac{1}{6}$	0
quadratisch	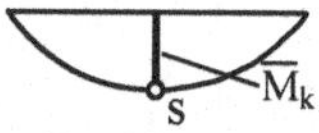 $\bar{M}_k$ (S)	$\dfrac{2}{3}$	$\dfrac{1}{3}$	$\dfrac{5}{12}$
	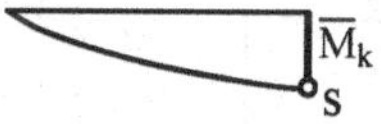 $\bar{M}_k$ (S)	$\dfrac{2}{3}$	$\dfrac{5}{12}$	$\dfrac{17}{48}$
	 $\bar{M}_k$ (S)	$\dfrac{2}{3}$	$\dfrac{1}{4}$	$\dfrac{17}{48}$
	 $\bar{M}_k$ (S)	$\dfrac{1}{3}$	$\dfrac{1}{4}$	$\dfrac{7}{48}$
	 $\bar{M}_k$ (S)	$\dfrac{1}{3}$	$\dfrac{1}{12}$	$\dfrac{7}{48}$
kubisch	 $\bar{M}_k$ (S)	$\dfrac{1}{4}$	$\dfrac{1}{5}$	$\dfrac{3}{32}$
	 $\bar{M}_k$ (S)	$\dfrac{1}{4}$	$\dfrac{1}{20}$	$\dfrac{3}{32}$

Anmerkung:

In den mit S markierten Punkten verläuft die Tangente horizontal. Bei den quadratischen Parabeln bezeichnet S den Scheitel, bei den kubischen Parabeln den Wendepunkt.

Tafel 3 M_i-M_k-Tafel für sinus- und cosinusförmigen Schnittgrößenverlauf

$\overline{M_k}$ \ $\overline{M_i}$	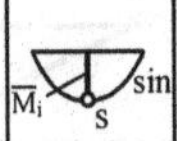 sin	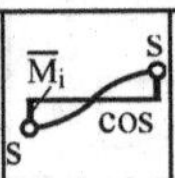 cos (S)	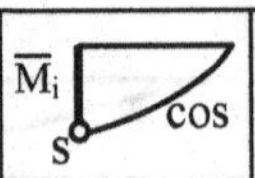 cos	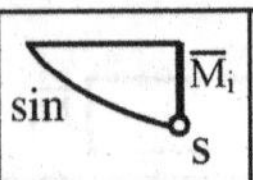 sin	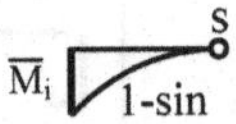 1-sin	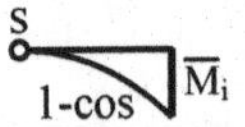 1-cos
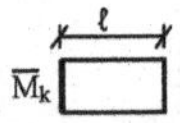 Rechteck (ℓ)	$\dfrac{2}{\pi}$	0	$\dfrac{2}{\pi}$	$\dfrac{2}{\pi}$	$1-\dfrac{2}{\pi}$	$1-\dfrac{2}{\pi}$
 Dreieck	$\dfrac{1}{\pi}$	$\dfrac{2}{\pi^2}$	$\dfrac{4}{\pi^2}$	$\dfrac{2}{\pi}\left(1-\dfrac{2}{\pi}\right)$	$\dfrac{1}{2}-\dfrac{2}{\pi}\left(1-\dfrac{2}{\pi}\right)$	$\dfrac{1}{2}-\dfrac{4}{\pi^2}$
 (Dreieck V)	$\dfrac{4}{\pi^2}$	0	$\dfrac{8}{\pi^2}\left(\sqrt{2}-1\right)$	$\dfrac{8}{\pi^2}\left(\sqrt{2}-1\right)$	$\dfrac{1}{2}-\dfrac{8}{\pi^2}\left(\sqrt{2}-1\right)$	$\dfrac{1}{2}-\dfrac{8}{\pi^2}\left(\sqrt{2}-1\right)$
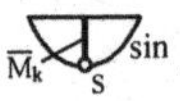 sin	$\dfrac{1}{2}$	0	$\dfrac{4}{3\pi}$	$\dfrac{4}{3\pi}$	$\dfrac{2}{3\pi}$	$\dfrac{2}{3\pi}$
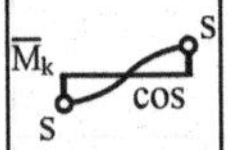 cos (S)	0	$\dfrac{1}{2}$	$\dfrac{2}{3\pi}$	$-\dfrac{2}{3\pi}$	$\dfrac{2}{3\pi}$	$-\dfrac{2}{3\pi}$
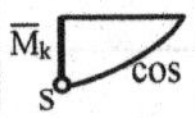 cos	$\dfrac{4}{3\pi}$	$\dfrac{2}{3\pi}$	$\dfrac{1}{2}$	$\dfrac{1}{\pi}$	$\dfrac{1}{\pi}$	$\dfrac{2}{\pi}-\dfrac{1}{2}$
 1-sin	$\dfrac{2}{3\pi}$	$\dfrac{2}{3\pi}$	$\dfrac{1}{\pi}$	$\dfrac{2}{\pi}-\dfrac{1}{2}$	$\dfrac{3}{2}-\dfrac{4}{\pi}$	$1-\dfrac{3}{\pi}$

Anmerkung:

In den mit S gekennzeichneten Punkten verläuft die Tangente horizontal. Die Sinus- und Cosinusfunktionen haben das Argument $\pi x/\ell$ oder $\pi x/(2\ell)$.

Tafel 4 Grundgleichungen für das Verfahren der ω-Zahlen

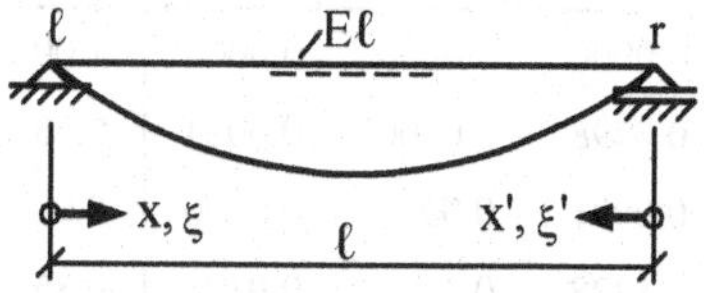

$$\xi = \frac{x}{\ell} \qquad \xi' = \frac{x'}{\ell} = 1 - \xi \qquad F_p = \int_0^\ell w(x)\,\mathrm{d}x$$

Nr.	M-Verlauf	$EIw(x)$	$\omega(\xi)$	$EI \cdot F_p$
1		$\dfrac{M\ell^2}{2} \cdot \omega_R$	$\omega_R = \xi - \xi^2$	$\dfrac{M\ell^3}{12}$
2	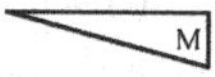	$\dfrac{M\ell^2}{6} \cdot \omega_D$	$\omega_D = \xi - \xi^3$	$\dfrac{M\ell^3}{24}$
3		$\dfrac{M\ell^2}{6} \cdot \omega'_D$	$\omega'_D = 2\xi - 3\xi^2 + \xi^3$	$\dfrac{M\ell^3}{24}$
4		$\dfrac{M\ell^2}{6} \cdot \omega''_D$	$\omega''_D = -\xi + 3\xi^2 - 2\xi^3$	$-\dfrac{M\ell^3}{192}$ 2)
5		$\dfrac{M\ell^2}{12} \cdot \omega_\Delta$	$\omega_\Delta = 3\xi - 4\xi^3$ 3)	$\dfrac{5 \cdot M\ell^3}{96}$
6	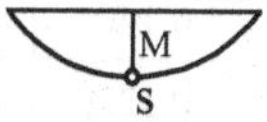	$\dfrac{M\ell^2}{3} \cdot \omega''_P$	$\omega''_P = \xi - 2\xi^3 + \xi^4$	$\dfrac{M\ell^3}{15}$
7		$\dfrac{M\ell^2}{12} \cdot \omega_P$	$\omega_P = \xi - \xi^4$	$\dfrac{M\ell^3}{40}$
8		$\dfrac{M\ell^2}{12} \cdot \omega'_P$	$\omega'_P = 3\xi - 6\xi^2 + 4\xi^3 - \xi^4$	$\dfrac{M\ell^3}{40}$
9		$\dfrac{M\ell^2}{4} \cdot \omega_\tau$	$\omega_\tau = \xi^2 - \xi^3$	$\dfrac{M\ell^3}{48}$
10		$\dfrac{M\ell^2}{4} \cdot \omega'_\tau$	$\omega'_\tau = \xi - 2\xi^2 + \xi^3$	$\dfrac{M\ell^3}{48}$

1) quadratische Parabel mit horizontaler Tangente im Punkt S

2) Fläche von $\xi = 0$ bis $\xi = 0{,}5$

3) für $\xi \leq 0{,}5$

Tafel 5 Tafel der ω-Zahlen

ξ	ω_R	ω_D	ω_D''	ω_Δ	ω_P''	ω_P	ω_τ	ξ'
0,00	0,0000	0,0000	−0,0000	0,0000	0,0000	0,0000	0,0000	1,00
0,05	0,0475	0,0499	−0,04275	0,1495	0,0498	0,0500	0,0024	0,95
0,10	0,0900	0,0990	−0,07200	0,2960	0,0981	0,0999	0,0090	0,90
0,15	0,1275	0,1466	−0,08925	0,4365	0,1438	0,1495	0,0191	0,85
0,20	0,1600	0,1920	−0,9600	0,5680	0,1856	0,1984	0,0320	0,80
0,25	0,1875	0,2344	−0,09375	0,6875	0,2227	0,2461	0,0469	0,75
0,30	0,2100	0,2730	−0,08400	0,7920	0,2541	0,2919	0,0630	0,70
0,35	0,2275	0,3071	−0,06825	0,8785	0,2793	0,3350	0,0796	0.65
0,40	0,2400	0,3360	−0,04800	0,9440	0,2976	0,3744	0,0960	0,60
0,45	0,2475	0,3589	−0,02475	0,9855	0,3088	0,4090	0,1114	0,55
0,50	0,2500	0,3750	0,00000	1,0000	0,3125	0,4375	0,1250	0,50
0,55	0,2475	0,3836	0,02475	0,9855	0,3088	0,4585	0,1361	0,45
0,60	0,2400	0,3840	0,04800	0,9440	0,2976	0,4704	0,1440	0,40
0,65	0,2275	0,3754	0,06825	0,8785	0,2793	0,4715	0,1479	0,35
0,70	0,2100	0,3570	0,08400	0,7920	0,2541	0,4599	0,1470	0,30
0,75	0,1875	0,3281	0,09375	0,6875	0,2227	0,4336	0,1406	0,25
0,80	0,1600	0,2880	0,09600	0,5680	0,1856	0,3904	0,1280	0,20
0,85	0,1275	0,2359	0,08925	0,4365	0,1438	0,3280	0,1084	0,15
0,90	0,0900	0,1710	0,07200	0,2960	0,0981	0,2439	0,0810	0,10
0,95	0,0475	0,0926	0,04275	0,1495	0,0498	0,1355	0,0451	0,05
1,00	0,0000	0,0000	0,0000	0,0000	0,0000	0,0000	0,0000	0,00

Tafel 6 Auflagerreaktionen einfeldriger Rechteckrahmen infolge äußerer Lasten

Lastfall	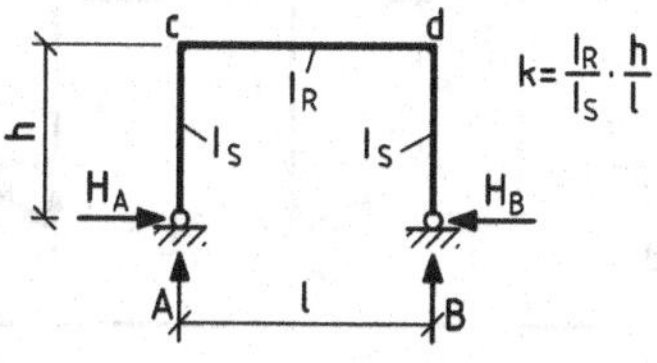 $k = \dfrac{l_R}{l_S}\cdot\dfrac{h}{l}$	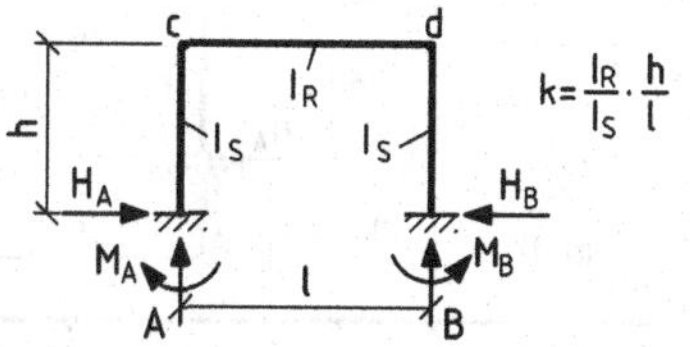 $k = \dfrac{l_R}{l_S}\cdot\dfrac{h}{l}$
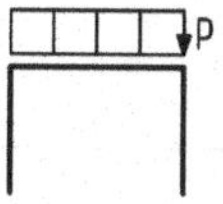	$A = B = \dfrac{p\ell}{2}$ $H_A = H_B = \dfrac{p\ell^2}{4h(2k+3)}$	$A = B = \dfrac{p\ell}{2}$ $H_A = H_B = \dfrac{p\ell^2}{4h(k+2)}$ $M_A = M_B = H_A\cdot h/3$
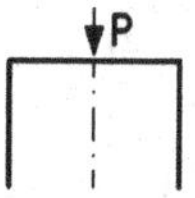	$A = B = \dfrac{P}{2}$ $H_A = H_B = \dfrac{3}{8}\cdot\dfrac{P\ell}{h(2k+3)}$	$A = B = \dfrac{P}{2}$ $H_A = H_B = \dfrac{3}{8}\cdot\dfrac{P\ell}{h(k+2)}$ $M_A = M_B = H_A\cdot h/3$
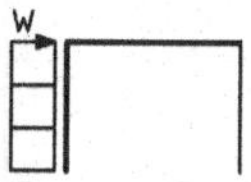	$A = -B = -\dfrac{wh^2}{2\ell}$ $H_A = \dfrac{wh}{8}\cdot\dfrac{11k+18}{2k+3}$ $H_B = H_A + wh$	$A = -B = -\dfrac{w\cdot h^2\cdot k}{\ell(6k+1)}$ $H_A = -\dfrac{wh(6k+13)}{8(k+2)}$, $\;H_B = H_A + wh$ $M_A = -\dfrac{wh^2}{24}\left(12 - \dfrac{5k+9}{k+2} - \dfrac{12k}{6k+1}\right)$ $M_B = \dfrac{wh^2}{24}\left(\dfrac{5k+9}{k+2} - \dfrac{12k}{6k+1}\right)$
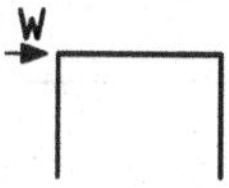	$A = -B = -\dfrac{Wh}{\ell}$ $H_A = -H_B = -\dfrac{W}{2}$	$A = -B = -\dfrac{3W\cdot h\cdot k}{\ell(6k+1)}$ $H_A = -H_B = -W/2$ $M_A = -M_B = -\dfrac{Wh}{2}\cdot\dfrac{3k+1}{6k+1}$

Tafel 7 Auflagerreaktionen einfeldriger Rechteckrahmen infolge von Zwängungen

Lastfall	$k = \dfrac{I_R}{I_S} \cdot \dfrac{h}{l}$	$k = \dfrac{I_R}{I_S} \cdot \dfrac{h}{l}$
T_s	$A = B = 0$ $H_A = H_B = \alpha_T T_s \dfrac{EI_R}{h^2} \cdot \dfrac{3}{2k+3}$	$A = B = 0$ $H_A = H_B = 3\alpha_T T_s \dfrac{EI_R}{h^2} \cdot \dfrac{2k+1}{k(k+2)}$ $M_A = M_B = H_A \cdot \dfrac{h(k+1)}{2k+1}$
$T_a \begin{matrix} d_R \\ T_i \\ \Delta T \\ d_S \quad d_S \end{matrix}$ $\Delta T = T_i - T_a$	$A = B = 0$ $H_A = H_B =$ $\alpha_T \Delta T \left(\dfrac{h}{d_S} + \dfrac{\ell}{d_R} \right) \dfrac{EI_R}{h\ell} \cdot \dfrac{3}{2k+3}$	$A = B = 0$ $H_A = H_B$ $= \alpha_T \Delta T \dfrac{EI_R}{h\ell} \left(\dfrac{k\ell}{d_R} - \dfrac{h}{d_S} \right) \dfrac{3}{k(k+2)}$ $M_A = M_B$ $= \alpha_T \Delta T \dfrac{EI_R}{\ell} \left(\dfrac{k\ell}{d_R} - \dfrac{h(k+3)}{h_S} \right) \dfrac{1}{k(k+2)}$
Δs_x	$A = B = 0$ $H_A = H_B = -\dfrac{3\Delta s_x EI_R}{h^2 \cdot \ell \cdot (2k+3)}$	$A = B = 0$ $H_A = H_B = -3\Delta s_x \dfrac{EI_R}{h^2 \cdot \ell} \cdot \dfrac{2k+1}{k(k+2)}$ $M_A = M_B = H \cdot h \dfrac{1+k}{1+2k}$
$\Delta s_z \perp$	$A = B = 0$ $H_A = H_B = 0$	$A = -B = 12\Delta s_z \dfrac{EI_R}{\ell^2} \dfrac{1}{6k+1}$ $H_A = H_B = 0$ $M_A = -M_B = -\dfrac{A\ell}{2}$
$\Delta \varphi_A$	$A = B = 0$ $H_A = H_B = 0$	$A = -B = \dfrac{6\Delta\varphi_A \cdot EI_R}{\ell^2(6k+1)}$ $H_A = -H_B = -\dfrac{3\Delta\varphi_A \cdot EI_R(k+1)}{h\ell(k+2)k}$ $M_A = -\dfrac{3\Delta\varphi_A \cdot EI_R}{\ell}$ $\cdot \left(\dfrac{1}{6k+1} + \dfrac{1}{2k} + \dfrac{1}{6(k+2)} \right)$ $M_B = -\dfrac{3\Delta\varphi_A \cdot EI_R}{\ell}$ $\cdot \left(-\dfrac{1}{6k+1} + \dfrac{1}{2k} + \dfrac{1}{6(k+2)} \right)$

Tafel 8 Festeinspannmomente des beidseitig eingespannten Stabes mit $I = const.$

Nr.	Lastbild	M_i^0	M_j^0
		$M_i^0 \,\langle\!\!\!\text{\small⌐} \qquad \text{\small⌐}\!\!\!\rangle\, M_j^0$	
1	$\overset{\downarrow\downarrow\downarrow\downarrow\downarrow\downarrow\downarrow}{\underset{l}{\qquad}}\; p$	$\dfrac{p\ell^2}{12}$	$-\dfrac{p\ell^2}{12}$
2	$p_1 \overset{\downarrow\downarrow\downarrow\downarrow\downarrow}{\quad} p_2$	$\dfrac{\ell^2}{60}(3p_1 + 2p_2)$	$-\dfrac{\ell^2}{60}(2p_1 + 3p_2)$
3	$\underset{\ell/2}{\qquad}\; p$	$\dfrac{5}{96}p\ell^2$	$-\dfrac{5}{96}p\ell^2$
4	$p\overset{\downarrow\downarrow\downarrow\downarrow\downarrow}{\qquad}$	$\dfrac{p\ell^2}{20}$	$-\dfrac{p\ell^2}{30}$
5	$p\;\underset{a \; b \; a}{\qquad}$	$\dfrac{p}{12\ell}\left[\ell^3 - a^2(2\ell - a)\right]$	$-\dfrac{p}{12\ell}\left[\ell^3 - a^2(2\ell - a)\right]$
6	$p\overset{\downarrow\downarrow\downarrow}{\underset{a}{\qquad}}$	$\dfrac{pa^2}{12\ell^2}\left[2\ell \cdot (3\ell - 4a) + 3a^2\right]$	$-\dfrac{pa^3}{12\ell^2}(4\ell - 3a)$
7	$\overset{\downarrow P}{\underset{a \quad b}{\qquad}}$	$Pa \cdot \dfrac{b^2}{\ell^2}$	$-Pb \cdot \dfrac{a^2}{\ell^2}$
8	$M_i^0 \,\langle\!\!\!\text{\small⌐} \qquad \text{\small⌐}\!\!\!\rangle\, M_j^0$	$M\dfrac{b}{\ell}\left(2 - 3\dfrac{b}{\ell}\right)$	$+M\dfrac{a}{\ell}\left(2 - 3\dfrac{a}{\ell}\right)$
9	$\overset{M}{\underset{a \quad b}{\curvearrowleft}}$	$\dfrac{6EI}{\ell^2}\left(\Delta s_j - \Delta s_i\right)$	$\dfrac{6EI}{\ell^2}\left(\Delta s_j - \Delta s_i\right)$
10	Stützensenkung $\;\Delta s_i\; \boxed{\quad}\; \Delta s_j$	$EI \cdot \alpha_T \cdot \dfrac{T_u - T_o}{h}$	$-EI \cdot \alpha_T \cdot \dfrac{T_u - T_o}{h}$

Tafel 9 Festeinspannmomente des einseitig eingespannten Stabes mit $I = $ const.

Nr.	Lastbild	 M_j^0	M_i^0 
1	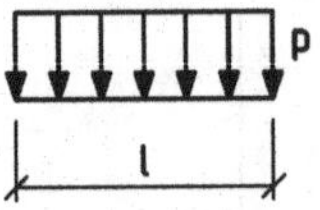	$-p\dfrac{\ell^2}{8}$	$\dfrac{p\ell^2}{8}$
2	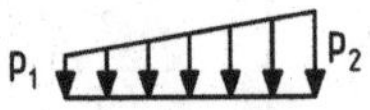 $p_1 \quad p_2$	$-\dfrac{\ell^2}{120}\left(7p_1 + 8p_2\right)$	$\dfrac{\ell^2}{120}\left(8p_1 + 7p_2\right)$
3	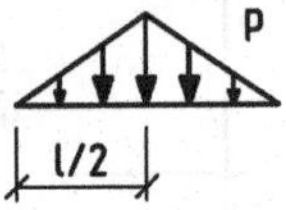 p, $l/2$	$-\dfrac{5}{64}p\ell^2$	$\dfrac{5}{64}p\ell^2$
4	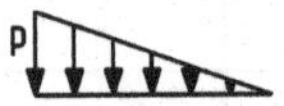 p	$-p\cdot\dfrac{7\ell^2}{120}$	$\dfrac{p\ell^2}{15}$
5	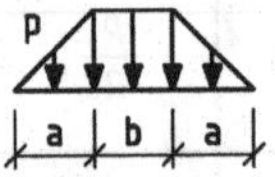 p, a b a	$-\dfrac{p\ell}{64}\left(\ell + b\right)\cdot\left(5 - \dfrac{b^2}{\ell^2}\right)$	$\dfrac{p\ell}{64}\left(\ell + b\right)\cdot\left(5 - \dfrac{b^2}{\ell^2}\right)$
6	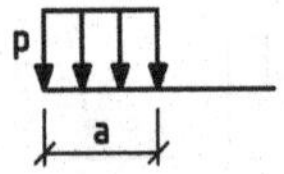 p, a	$-\dfrac{pa^2}{4}\left(1 - \dfrac{a^2}{2\ell^2}\right)$	$\dfrac{pa^2}{8\ell^2}\left(\ell + b\right)^2$
7	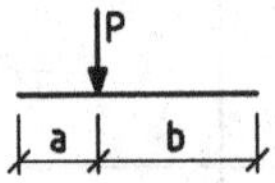 P, a b	$-\dfrac{Pab}{2\ell^2}\left(\ell + a\right)$	$\dfrac{Pab}{2\ell^2}\left(\ell + b\right)$
8	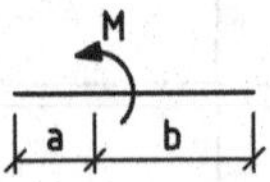 M, a b	$\dfrac{M}{2}\left(1 - \dfrac{3a^2}{\ell^2}\right)$	$\dfrac{M}{2}\left(1 - \dfrac{3b^2}{\ell^2}\right)$
9	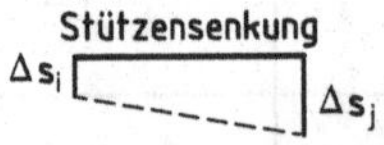 Stützensenkung Δs_i Δs_j	$\dfrac{3EI}{\ell^2}\left(\Delta s_j - \Delta s_i\right)$	$\dfrac{3EI}{\ell^2}\left(\Delta s_j - \Delta s_i\right)$
10	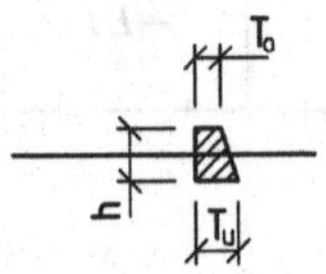 T_o, T_u	$-\dfrac{3}{2}EI\cdot\alpha_T\cdot\dfrac{T_u - T_o}{h}$	$\dfrac{3}{2}EI\cdot\alpha_T\cdot\dfrac{T_u - T_o}{h}$

Literatur

Lehrbücher

Duddeck, H., Ahrens, H. (1991, 1994, 1998): Statik der Stabtragwerke. In: Betonkalender. Ernst & Sohn, Berlin.

Hirschfeld, K. (2006): Baustatik, Theorie und Beispiele, 5. Auflage. Springer-Verlag, Berlin.

Krätzig, W., Harte, R., Meskouris, K., Wittek, U. (1999): Tragwerke 1 – Theorie und Berechnungsmethoden statisch bestimmter Stabtragwerke, 4. Auflage. Springer-Verlag, Berlin.

Krätzig, W. (1998): Tragwerke 2 – Theorie und Berechnungsmethoden statisch unbestimmter Stabtragwerke, 3. Auflage. Springer-Verlag, Berlin.

Petersen, C. (2002): Statik und Stabilität der Baukonstruktionen, Nachdruck der 2. Auflage. Verlag Friedrich Vieweg & Sohn, Braunschweig.

Tabellenwerke

(jährlich): Betonkalender, Ernst & Sohn, Berlin.

Guldan, R. (1959): Rahmentragwerke und Durchlaufträger, 6. Auflage. Springer-Verlag, Wien.

Hahn, J. (1985): Durchlaufträger, Rahmen, Platten und Balken auf elastischer Bettung, 14. Auflage. Werner-Verlag, Düsseldorf.

Kleinlogel, A., Haselbach, A. (1979): Rahmenformeln, 16. Auflage. Verlag von Wilhelm Ernst & Sohn, Berlin.

Schneider, K.-J. (Hrsg.) (2006): Bautabellen mit Berechnungshinweisen und Beispielen, 17. Auflage. Werner-Verlag, Düsseldorf.

Wetzell, O. W. (Hrsg.) (2007): Wendehorst, Bautechnische Zahlentafeln, 32. Auflage. B. G. Teubner/Beuth, Stuttgart Berlin.

Zellerer, E. (1978): Durchlaufträger – Schnittgrößen für Gleichlasten, 4. Auflage. Verlag von Wilhelm Ernst & Sohn, Berlin München.

Zellerer, E. (1975): Durchlaufträger – Einflusslinien, Momentenlinien, Schnittgrößen, 2. Auflage. Verlag von Wilhelm Ernst & Sohn, Berlin München Düsseldorf.

Sachverzeichnis